BIM应用实例教程丛书

安装工程
BIM算量
通用流程与实例教程

广联达安装产品部 / 编著

化学工业出版社
·北京·

内 容 简 介

《安装工程BIM算量通用流程与实例教程》以流程为特色，全书、每章节均有流程图，以便读者宏观掌控内容。本书通过真实案例来讲解软件的使用，主要分为5个章节，读者可通过第1章的学习，了解广联达BIM安装计量软件常规功能的操作；通过第2章、第3章的案例工程实战的学习，掌握电气、采暖、给排水、消防、通风空调专业的构件建模流程及翻模功能的使用；通过第4章、第5章的学习，掌握工程量套取清单定额的操作流程及与BIM相结合的相关应用。本书配套图纸、视频课及总流程图，请扫二维码获取。

本书可作为建设单位、施工单位、设计及监理单位安装工程预算人员和管理人员的培训用书，也可作为高校工程管理、工程造价等专业的教材。

图书在版编目（CIP）数据

安装工程BIM算量通用流程与实例教程/广联达安装产品部编著. —北京：化学工业出版社，2020.7

（BIM应用实例教程丛书）

ISBN 978-7-122-36984-0

Ⅰ.①安…　Ⅱ.①广…　Ⅲ.①建筑安装-工程造价-教材

Ⅳ.①TU723.3

中国版本图书馆CIP数据核字（2020）第084704号

责任编辑：刘丽菲　　　　　　　　　　装帧设计：刘丽华
责任校对：王素芹

出版发行：化学工业出版社（北京市东城区青年湖南街13号　邮政编码100011）
印　　刷：北京京华铭诚工贸有限公司
装　　订：三河市振勇印装有限公司
787mm×1092mm　1/16　印张19½　字数490千字　2021年1月北京第1版第1次印刷

购书咨询：010-64518888　　　　　　　　售后服务：010-64518899
网　　址：http://www.cip.com.cn

凡购买本书，如有缺损质量问题，本社销售中心负责调换。

定　　价：69.80元

目前工程造价作为承接 BIM 设计模型和向施工管理输出模型的中间阶段，起着至关重要的作用。 BIM 技术的应用，颠覆了以往传统的造价模式，造价从业人员必须逐渐转型，接受和学习 BIM 技术，掌握新的 BIM 造价方法。

广联达安装计量自 2009 年至今，历经 10 余年，为二十余万的安装造价人员提供了全面、专业、高效的建模算量平台。 目前最新的广联达安装 BIM 算量软件提供了安装工程的建模计量服务，可以快速、精准建立安装工程电气专业、给排水专业、采暖燃气专业、消防专业和通风空调专业中的设备、管线、附属构件等三维模型，并完成构件的工程量计量；亦可通过直观、高效、智能的模型检查来对模型进行校核调整，实现一站式的 BIM 安装计量。

作者经调查发现，很多从事安装算量计价的专业人士苦于没有大中型建筑工程的安装算量实践机会，或虽然参与了大中型建筑安装工程安装算量和计价，却难以在短时间内全面了解广联达最新版安装算量软件所有核心操作流程和方法。 本书通过实际工程案例，以广联达安装 GQI2019 为应用平台，融实践与应用为一体，通过实际工程案例的引入，较完整地介绍了软件的操作流程和在实际案例中的具体使用方法，希望能够通过本书使入门的读者尽快掌握软件使用方法。

本书由广联达安装产品部编著，以流程为特色，每个章节均有流程图，以便读者宏观掌控内容。 全书分为 5 个章节，读者可通过第 1 章的学习，了解广联达 BIM 安装计量软件的常规功能的操作。 通过第 2 章、第 3 章的案例工程实战指导的学习，掌握电气、采暖、给排水、消防、通风空调专业的构件建模流程及翻模功能的使用。通过第 4 章、第 5 章的学习，掌握工程量套取清单定额的操作流程及与 BIM 相结合的相关应用。

本书配套图纸、视频课及总流程图，可扫二维码获取。

启程造价培训学院提供了机电安装专业图纸作为部分案例工程实战指导的业务资料，武树春老师给本书提供了很多建议并编制了总流程图，在此一并表示感谢。

由于编著者水平有限，书中难免存在不妥之处，敬请读者批评指正。

编著者

2020. 8

第4章　工程量套取清单及定额的应用指导　/ 261

第5章　广联达 BIM 安装计量与 BIM 相结合的应用指导　/ 278

参考文献　/ 306

第①章

广联达BIM安装计量整体介绍

本章主要介绍广联达 BIM 安装计量的核心优势、发展历程、处理范围、操作指南以及在不同算量模式下的算量流程和软件整体操作界面（图 1-0-1）。

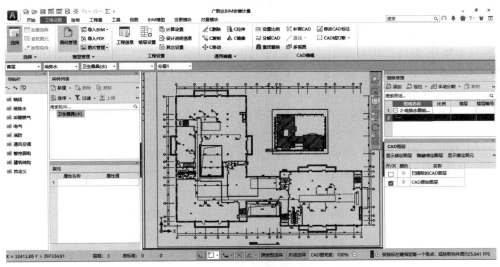

图 1-0-1

1.1　广联达 BIM 安装计量整体概述

1.1.1　概述

广联达 BIM 安装计量为机电安装工程提供预算工程量的计量，其拥有的核心优势如图 1-1-1。

全专业：支持安装六大专业工程量的计算，包括强电、弱电、给排水、通风空调、消防电和水以及采暖燃气。

全模式：支持全专业 BIM（building information modeling）三维模式算量，还支持智能手算模式算量，适合具备不同电算化造价水平的技术人员使用。其中表格算量零学习成本，与手工计算思路一样，可 15min 学会并掌握。

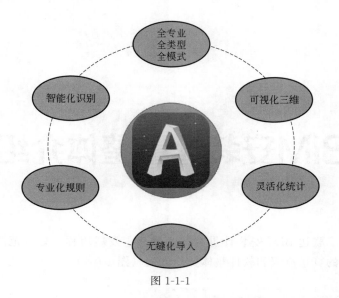

图 1-1-1

全类型：兼容市场上所有电子版图纸的导入（CAD 图纸、天正图纸、MagiCAD 模型、Revit 模型、PDF 图纸、图片）。

智能化识别：各专业设备一键识别，电气管线多回路识别、给排水管道自动识别、通风管道自动识别、喷淋管道按喷头个数识别等。

可视化三维：支持全楼层、全分层及区域三维，而且设备以体呈现，与设备相连立管自动生成。

专业化规则：内置 2008 清单规范和 2013 清单规范的计算规则，同时提供可灵活调整的设置选项，为造价数据提供专业性和准确性的保障。

灵活化统计：报表格式设置灵活，不论按系统还是按回路都可出报表。计算过程可见，就像手算草稿一样，而且每个结算结果都可以和图元对应，方便查量、核量。

无缝化导入：与广联达云计价无缝对接，数据可互相导入。

1.1.2　广联达 BIM 安装计量发展历程

广联达 BIM 安装计量已有十余年的发展历程（图 1-1-2），并始终致力于优化三维模型的机电安装专业工程量计量，为全国行业内所有安装预算员提供了强大、智能、高效的机电工程算量平台。

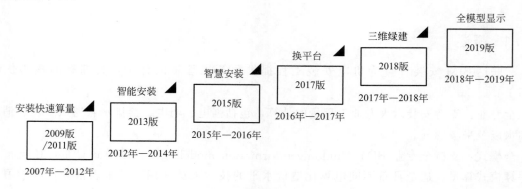

图 1-1-2

从 2007 年开始，安装计量的主创专家们为安装业务经验的积累和三维模型算量平台的搭建，打通业务和技术的壁垒，付出了诸多努力。

在 2009 年，产品上市初期，通过了近十家样板客户的验证。最初在北京、河北、山西、重庆、广东五个样板省市进行小范围的上市使用，得到了近万名用户的认可。

2010—2014 年，广联达安装计量产品响应用户的实际安装业务计量需求，在专业化、智能化、灵活化方面不断优化与提升，积累了近 10 万名用户。

2016 年是广联达 BIM 安装计量具有里程碑意义的一年。此前两年时间，安装计量产品从 Delphi 算量平台升级到 C＋＋语言的全新算量平台，在安装计量专业全面性以及软件操作的体验性方面都有了质的飞跃。

2017—2019 年广联达 BIM 安装计量的用户数量已增至 20 万。在这三年中，随着全社会信息化技术水平的迅猛发展，BIM、云技术、大数据、人工智能也为广联达 BIM 安装计量更好地服务于全国的安装预算员提供了强有力的技术支持。

在未来，广联达 BIM 安装计量依然会致力于机电业务的智能化计量，并以机电 BIM 三维模型信息化应用为发力点，将在机电行业的全生态业务领域作出卓越的贡献。

1.1.3 广联达 BIM 安装计量处理范围

1.1.3.1 电气专业

（1）动力系统

① 计量范围。在工民建项目建筑安装工程电气专业图纸中，常见的电气动力系统的计量范围一是从低压配电柜引出的电缆及其敷设至配电箱部分；二是从配电箱引出的动力回路和插座回路。这两部分构件通常计入动力系统的计量范围。通常也有一些划分规则，会将插座回路计入照明系统（本书中照明回路和插座回路归为照明系统）。

② 计量构件。在广联达 BIM 安装计量中，电气动力系统的计量构件有：配电箱（柜）、电气设备、电线导管、电缆导管、桥架通头、综合管线、母线、支架等（图 1-1-3）。

图 1-1-3

（2）照明和插座系统

① 计量范围。在工民建项目建筑安装工程电气专业图纸中，常见的照明系统的计量范围是：从照明配电箱引出的照明及插座回路部分；应急配电箱引出的疏散照明及公共照明回路部分。通常也有一些划分规则，会将插座回路计入照明系统（本书中照明回路和插座回路计入照明系统）。

② 计量构件。在广联达 BIM 安装计量中，照明和插座系统的计量构件有：照明灯具、开关插座、电线导管、桥架通头、综合管线、支架等（图 1-1-4）。

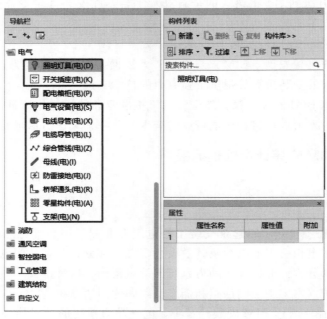

图 1-1-4

（3）防雷接地系统

"防雷接地"分为两个概念：一是防雷，防止因雷击而造成损害；二是静电接地，防止静电产生危害。

① 计量范围。防雷接地装置部分的组成如下。

雷电接收装置：直接或间接接收雷电的金属杆（接闪器），如避雷针、避雷带（网）、架空地线及避雷器等。

引下线：用于将雷电流从接闪器传导至接地装置的导体。

接地线：电气设备、杆塔的接地端子与接地体或零线连接用的正常情况下不载流的金属导体。

接地体（极）：埋入土中并直接与大地接触的金属导体。分为垂直接地体和水平接地体。

接地装置：接地线和接地体的总称。

接地网：由垂直和水平接地体组成的具有泄流和均压作用的网状接地装置。

接地电阻：接地体或自然接地体的对地电阻的总和，称为接地装置的接地电阻，其数值等于接地装置对地电压与通过接地体流入地中电流的比值。同时，接地电阻也是衡量接地装置性能的标志。

在工民建项目建筑安装工程电气专业图纸中，防雷接地系统的计量范围是图纸中的"防雷平面图"和"接地平面图"中的所有构件内容。

② 计量构件。在广联达 BIM 安装计量中，防雷接地系统的计量构件有避雷针、避雷网、支架、避雷引下线、均压环、接地母线、接地模块、筏板基础接地、总等电位端子箱、局部等电位端子箱、接地跨接线等。对于防雷接地专业，软件中不包含的构件，也可以自行建立（图 1-1-5）。

图 1-1-5

（4）弱电系统

随着计算机技术的飞速发展，软硬件功能的迅速强大，各种弱电系统工程和计算机技术的完美结合，使弱电系统以往的各种分类不再像以前那么清晰。

① 计量范围。常见的弱电系统主要包括：

a. 综合布线系统；

b. 计算机网络系统；

c. 智能消防工程系统；

d. 程控交换机系统；

e. 数字无线对讲系统；

f. 有线电视分配网络系统；

g. 数字监控视频系统；

h. 保安报警系统；

i. 门禁一卡通系统；

j. 电子巡更系统；

k. 楼宇自动控制系统；

l. 智能照明系统等。

② 计量构件。在广联达 BIM 安装计量中，弱电系统的计量构件有弱电器具（可以自行增加类型，图 1-1-6）、弱电设备（可以自行增加类型，图 1-1-7）、配电箱柜、弱电线缆、综合管线、配管、桥架、桥架通头、接线盒、支架等（图 1-1-8）。

图 1-1-6

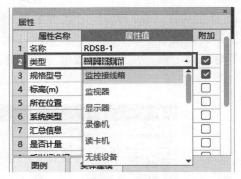

图 1-1-7

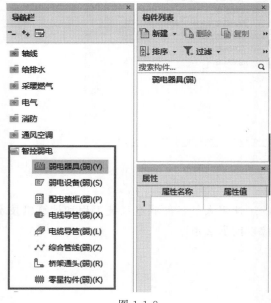

图 1-1-8

（5）火灾报警系统

火灾自动报警系统是人们为了能尽早发现并通报火灾，以便及时采取有效措施控制和扑灭火灾，而设置在建筑物中或其他场所的一种自动消防设施，是人们同火灾作斗争的有力工具。火灾自动报警系统通常由火灾探测器、区域报警控制器和集中报警控制器以及联动模块等组成。探测器的作用是对火灾进行有效探测，控制器的作用是进行火灾信息处理和报警控制，联动模块的作用是联动消防装置。

① 计量范围。火灾报警系统，一般由火灾探测器、区域报警器和集中报警器组成；也可以根据工程的要求同各种灭火设施和通信装置联动，以形成中心控制系统，即由自动报警、自动灭火、安全疏散诱导、系统过程显示、消防档案管理等组成一个完整的消防控制系统。

火灾探测器是探测火灾的仪器。在火灾发生的阶段，将伴随产生烟雾、高温和火光，烟、热和光可以通过探测器转变为电信号报警或使自动灭火系统启动，以及时扑灭火灾。

区域报警器能将所在楼层之探测器发出的信号转换为声光报警信号，并在屏幕上显示出发生火灾的房间号；同时还能监视若干楼层的集中报警器输出信号或控制自动灭火系统。

集中报警器是将接收到的信号以声光方式显示出来，其屏幕上也具体显示出着火的楼层和房间号，其上停走的时钟记录下首次报警时间点。利用本机专用电话，还可迅速发出指示和向消防部门报警。此外，也可以控制有关的灭火系统或将火灾信号传输给消防控制室。

② 计量构件。在广联达 BIM 安装计量中，弱电系统的计量构件有消防器具（可以自行增加类型，图 1-1-9）、消防设备、配电箱柜、消防弱电线缆、综合管线、配管、桥架、桥架通头、接线盒、支架等（图 1-1-10）。

1.1.3.2　水专业

（1）给排水系统

给排水系统是为人们的生活、生产、市政和消防提供用水和废水排除设施的总称。给排水系统是任何建筑都必不可少的重要组成部分。

① 计量范围。在工民建项目建筑安装工程给排水专业中，一般包括两大系统：生活给水系统、生活排水系统。

其中生活给水系统包括生活给水、生产给水、消防给水。

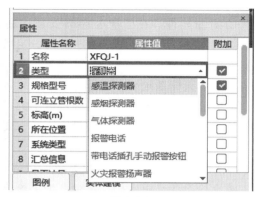

图 1-1-9

其中生活排水系统包括生活污水、工业废水、屋面雨水。

② 计量构件。在广联达 BIM 安装计量中，给排水系统的计量构件有卫生器具、设备、管道、阀门法兰、管道附件、通头管件、定尺接头、套管、阻火圈、穿墙穿板预留孔洞、定尺支架、实体支架等（图 1-1-11）。

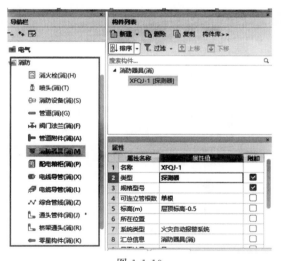

图 1-1-10

图 1-1-11

（2）消防喷淋系统

消防喷淋系统是一种消防灭火装置，是应用十分广泛的一种固定消防设施，它具有价格低廉、灭火效率高等特点。根据功能不同可以分为人工控制和自动控制两种形式。该系统安装有报警装置，可以在火灾发生时自动发出警报。

自动控制消防喷淋系统是一种在发生火灾时能自动打开喷头喷水灭火并同时发出火灾报警信号的消防灭火设施。自动喷淋灭火系统具有自动喷水、自动报警和初期火灾降温等优点，并且可以和其他消防设施同步联动工作，因此能有效控制、扑灭初期火灾，现已广泛应用于建筑消防工程中。

① 计量范围。自动喷淋灭火系统由水池、阀门、水泵、气压罐控制箱、主干管道、屋顶水箱、分支次干管道、信号蝶阀、水流指示器、分支管、喷头、排气阀、末端排水装置等

组成。

② 计量构件。在广联达 BIM 安装计量中，消防系统的计量构件有喷头、消防设备、管道、阀门法兰、管道附件、通头管件、定尺接头、套管、穿墙穿板预留孔洞、定尺支架、实体支架等（1-1-12）。

（3）消火栓系统

消火栓系统是室内管网向火场供水的、带有阀门的接口，为工厂、仓库、高层建筑、公共建筑及船舶等室内固定消防设施，通常安装在消火栓箱内，与消防水带和水枪等器材配套使用。

① 计量范围。室内消火栓系统的组成有：

消火栓设备：由水枪、水带、消火栓组成。

消防给水管网：由引入管、消防干管、消防立管以及相关阀门、阀件组成。

② 计量构件。在广联达 BIM 安装计量中，消防系统的计量构件有消火栓、消防设备、管道、阀门法兰、管道附件、通头管件、定尺接头、套管、穿墙穿板预留孔洞、定尺支架、实体支架等（图 1-1-13）。

图 1-1-12

图 1-1-13

1.1.3.3 暖通专业

（1）采暖系统

为了维持室内所需要的温度，必须向室内供给相应的热量，这种向室内供给热量的工程设备称为采暖系统。通常分为散热器采暖和地采暖两种形式。

① 计量范围。采暖系统由热源、热媒输送管道和散热设备组成。

热源：制取具有压力、温度等参数要求的蒸汽或热水的设备。

热媒输送管道：把热量从热源输送到热用户的管道系统。

散热设备：把热量传送给室内空气的设备。

② 计量构件。在广联达 BIM 安装计量中，采暖系统的计量构件有设备、管道、阀门法兰、管道附件、通头管件、定尺接头、套管、穿墙穿板预留孔洞、定尺支架、实体支架等（图 1-1-14）。

（2）通风空调系统

通风系统：通风是借助换气稀释或通风排除等手段，控制空气污染物的传播与危害，实现保障室内外空气环境质量的一种建筑环境控制技术。通风系统可实现通风这一功能，包括进风口、排风口、送风管道、风机、降温及采暖器件、过滤器、控制系统以及其他附属设备在内的一整套装置。

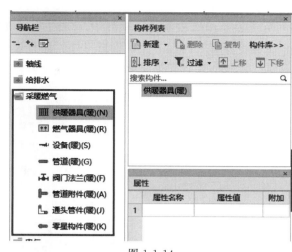

图 1-1-14

空调系统：用人为的方法控制室内空气的温度、湿度、洁净度和气流速度的系统。可使某些场所获得具有一定温度、湿度和空气质量的空气，以满足使用者及生产过程的要求，可改善劳动卫生和室内气候条件。

通风系统一般分为送风系统和排风系统。

① 送风系统的组成。

新风口：指新鲜空气入口。

空气处理室：空气在此进行过滤、加热、加湿等处理。

通风机：将处理后的空气送入风管内。

送风管：将通风机送来的空气送到各个房间。送风管上安装有调节阀、送风口、防火阀、检查孔等部件。

回风管：也称排风管，将浊气吸入管道内送回空气处理室。管道上安装有回风口、防火阀等部件。

送（出）风口：将处理后的空气均匀送入房间。

吸（回、排）风口：将房间内浊气吸入回风管道，送回空气处理室处理。

管道配件（管件）：弯头、三通、四通、异径管、法兰盘、导流片、静压箱等。

管道部件：各种风口、阀、排气罩、风帽、检查孔、测定孔和风管支架、吊架、托架等。

② 排风系统的组成。

排风口：将浊气吸入排风管内。有吸风口、侧吸罩、吸风罩等部件。

排风管：输送浊气的管道。

排风机：将浊气用机械能量从排风管中排出。

风帽：安装在排风管的顶部，防止空气倒灌及雨水灌入排风管的部件。

除尘器：用排风机的吸力将带灰尘及有害颗粒的浊气吸入除尘器中，将尘粒集中排除。如旋风除尘器、袋式除尘器、滤尘器等。

其他管件和部件：同送风系统。

（3）空调系统组成

空调系统主要由三部分组成：空气处理设备、空气输送设备、空气分配装置。除了上述三个主要部分外，还有为空气处理服务的热源和热媒管道系统，冷源和冷媒管道系统，以及自动控制和自动检测系统。

在广联达 BIM 安装计量软件中，空调系统的计量构件有通风设备、通风管道、空调水管、空调冷媒管、阀门法兰、管道附件、通头管件、分歧器、定尺接头、套管、穿墙穿板预留孔洞、定尺支架、实体支架等（图 1-1-15）。

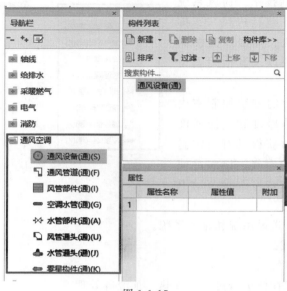

图 1-1-15

1.2 广联达 BIM 安装计量不同算量模式及算量流程的介绍

广联达 BIM 安装计量是以三维建模为主的算量软件，目前软件中有三种算量模式，分别是智能表格、简约模式、经典模式（图 1-2-1）。本节会详细介绍这三种算量模式的算量流程，以及三种算量模式在实际安装工程工程量计量活动中的业务应用场景，包括适用的人群、适用的专业、适用的阶段。

GQI2019三种模式

图 1-2-1

1.2.1 GQI2019 简约模式的应用范围

1.2.1.1 适用的人群

对于刚刚接触广联达安装计量三维模型算量的初学者，可以选择简约模式来完成安装工程的构件计量，简约模式是在"工作面层"完成所有单层的设备和管线的三维模型建模算量。

实际算量时需要注意，在实际工程中，对于各个单层会出现楼层层高不一致的情况。对于工作面层的层高，建议定义为单层中较高的楼层高度。在识别点式设备时将设备高度定义准确；快速识别线式管线图元时，注意将管线高度定义准确。

使用简约模式，可以快速完成工程量的计取，而且简约模式也是三维算量最为基础的算量模式。

1.2.1.2 适用的专业

简约模式下的算量对于初学者来说是非常便于上手操作的。

（1）安装的专业组成

对于安装工程中的电气、给排水、采暖、通风空调、消防、智控弱电等专业，使用广联达 BIM 安装计量选择算量模式时，往往还要考虑专业特性。

（2）简约模式适用的专业

下面以水专业举例作详细的分析并作为算量模式的推荐。读者可以根据实际情况做好算量模式的选择。

① 水专业。第一，水专业往往分为排水系统、给水系统、污水系统、雨水系统等，且不同的系统设计人员往往会将其设计在同一个平面图内。

第二，水专业的立干管会在系统图中标记其标高、管径、阀门敷设等情况，其立干管的计量较为简单，往往通过表格计量就可以满足快速计量的需求。

根据以上两点分析，在水专业中的出量更适用简约模式的工作面层。将各平面图的水平管和变标高支立管快速完成算量，其主干立管可以根据工程特点所需，在智能表格中进行计量，或者分配楼层后通过快速布置立管来完成立干管的快速建模。

② 总结。对于不同专业适用于哪种算量模式，本书仅仅是根据常规化的工程情况作出分析和推荐，读者可以根据所负责的专业特性，以及工程计量要求等因素作出选择。

1.2.1.3 适用的阶段

（1）工程造价管理阶段的划分

工程造价管理贯穿工程的整个生命周期，跨越时间长，各个阶段具有其特点。根据我国的具体情况并借鉴国外的先进经验，可将项目工程的生命周期分为设计阶段、招投标阶段、施工阶段、竣工结算阶段、运营维护阶段。

（2）简约模式适用的阶段

分别根据招投标阶段和竣工结算阶段举例作详细的分析并作为算量模式的推荐。读者可以根据实际情况做好算量模式的选择。

① 招投标阶段。第一，招投标阶段的工程量计量周期往往很紧张。甲方一般会委托造价咨询机构协助招标工程量的计算，施工单位也需要在规定的时间内完成投标文件中经济标

部分的建安工程量计取。

第二，对于招投标阶段的工程量计算工作往往会占 60%～70% 的工作内容。

根据以上两点分析，招投标阶段的安装工程的工程量计取，可以选择广联达 BIM 安装计量的简约模式来计算构件工程量，以满足在紧张的计量周期内快速出量的需求。

② 竣工结算阶段。第一，竣工结算阶段的计量周期会比招投标阶段稍长，但总体来讲还是比较紧张。施工单位需要在甲方要求的时间内完成工程项目结算的计量与计价等相关资料的准备。甲方一般会委托中介造价咨询机构协助完成竣工结算阶段的相关工程的计量、计价和其他资料的审核。

第二，在中介造价咨询机构角度考虑，在竣工结算阶段，对于工程量计量方面的审核，要全面完成所有计量工作，且重点审核工程项目中造价高的核心构件工程量。

根据以上两点分析，竣工结算阶段安装工程的工程量计取，可以选择广联达 BIM 安装计量的简约模式来计算构件工程量，以满足在紧张的计量周期内快速出量的需求，以及有重点地完成核心工程构件的计量复核。

③ 总结。对于不同的工程造价管理阶段适用哪种算量模式，本书仅仅是根据常规的工程情况作出分析和推荐，读者可以根据所负责的工程项目的特性，以及造价管理各阶段的具体要求等因素作出选择。

1.2.2　GQI2019 简约模式算量流程详述

广联达 BIM 安装计量中简约模式的算量流程为：新建工程→导入图纸→计算工程量→分配楼层→定位→汇总报表出量。

对于"分配楼层"和"定位"这两个流程可以根据不同的工程、算量阶段、业务需求等因素去做选择。

广联达 BIM 安装计量中简约模式的算量流程也可以简化为：新建工程→导入图纸→计算工程量→汇总报表出量。

广联达 BIM 安装计量中简约模式的算量的特点为：从软件使用的便捷角度分析，用户对于软件的使用可以满足上手即算量的需求，即 30min 学会安装算量；从高效的软件操作方面分析，其操作的便利性满足安装计量高效快速出量的需求。

下面详细进行流程的分析和注意事项的说明，简约模式的具体操作流程如图 1-2-2。

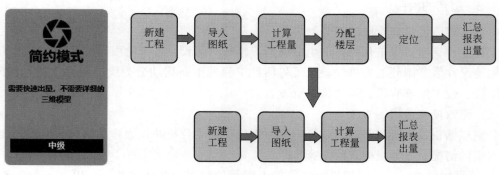

图 1-2-2

1.2.2.1　新建工程

打开广联达 BIM 安装计量软件，在整体界面的左侧，点击"新建"，弹出"新建工程"对话框。在对话框中填写工程信息，需要注意的是"算量模式"在"新建工程"中就要进行确定（图 1-2-3）。

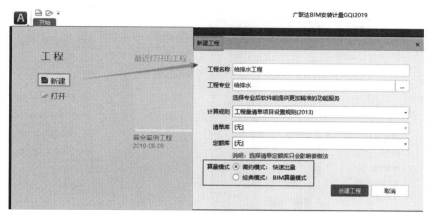

图 1-2-3

也可以在整体界面的左上角，点击"打开"，在对话框中选择当前计算机中的工程文件。还可以在"最近打开的工程"界面中打开最近的常用工程，软件会根据时间默认显示 8 个最近打开过的工程。

另外，根据互联网的云技术，通过登录广联云账号，软件还支持将工程文件储存在个人空间。这样一来，在接入互联网的情况下，可以登录账号将个人的工程文件进行上传下载。目前，工程文件也支持企业空间的储存和下载，具体的企业空间权限规则不赘述。

（1）工程信息

① 新建工程。在"新建工程"对话框中填写当前工程的工程信息情况。如工程名称、工程专业、计算规则（必选）、清单库、定额库、算量模式（图 1-2-3）。

工程专业可多选，根据当前项目情况勾选对应的专业名称（图 1-2-4）。

② 算量模式。在"算量模式"中，选择"简约模式：快速出量"，在简约模式中进行三维模型建模算量。"简约模式"与"经典模式"目前是无法互相转换的，所以在建立工程时需要将算量模式确定好。

（2）工程信息的编辑

① 工程类型的编辑。选择了安装专业的工程类型，如果在新建工程后，希望添加其他的专业类型，可以点击导航栏的"编辑专业"按钮，在弹出的"安装专业编辑"窗体中继续勾选其他的专业类型（图 1-2-5）。当前案例工程选择了给排水专业，新建工程后，根据图纸情况如果希望将消防和通风空调专业在一个工程文件中建模，则可以增加专业类型，增加后（图 1-2-6）的专业类型就添加到模块

图 1-2-4

导航栏中。

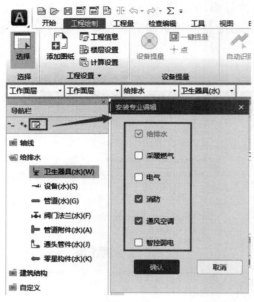

图 1-2-5

图 1-2-6

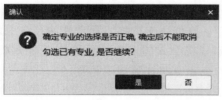

图 1-2-7

需要注意的是"轴线""建筑结构""自定义"是模块导航栏中的公共节点，不可做编辑，软件会给出提示（图 1-2-7），其有助于提高安装工程建模算量的精细度、完整度。

② 工程信息的编辑。在"工程绘制"页签的"工程设置"功能包中，触发"工程信息"选项，（图 1-2-8），会弹出"工程信息"窗体（图 1-2-9），可以对工程名称、清单库、定额库进行二次编辑，对于工程类别、结构类型、建筑特征等信息也可以完善编辑，其对工程量结果无影响。

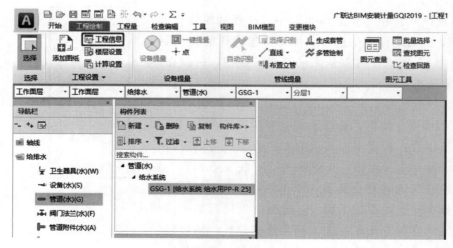

图 1-2-8

图 1-2-9

③ 计算规则的变更。有时建立工程后，用户已经开始进行建模算量，随之发现之前选错了清单计算规则，软件支持工程计算规则的修改。

若对计算规则进行更改，需要通过"快捷功能栏"中的"导出 GQI"功能来完成（图 1-2-10）。

图 1-2-10

选择需要修改的清单计算规则，选择工程文件保存地址，创建工程后，会将修改规则后的工程保存至目标保存路径中（图 1-2-11），修改工程文件计算规则完成。

1.2.2.2　识别设备管线

（1）识别设备

在进行设备提量之前，在软件中的【视图】页签中的"界面显示"功能包中调出"CAD 图层"（图 1-2-12），平面图中 CAD 的图元交错复杂，可以通过"CAD 图层"中的"显示指定图层"将要识别的设备所在的 CAD 图层选择并显示，其他图层会进行相应的隐藏

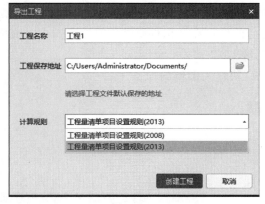

图 1-2-11

（图 1-2-13）。

图 1-2-12

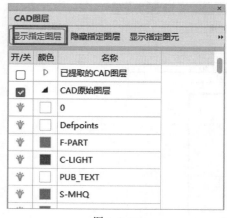

图 1-2-13

这样在识别设备过程中，可以减少非目标设备图层的干扰，提升设备识别的效率和准确率。

① 设备提量。在【绘制】页签的“识别”功能包中，触发＜设备提量＞功能，选择绘图区中要识别的设备 CAD 图元。此功能可以将该图例的图元一次性完成工程量的计取，并且支持跨楼层的识别（图 1-2-14）。

＜设备提量＞功能对于 CAD 图例，支持的类型有三种：

第一种：单独的 CAD 块作为设备图例；

第二种：单独的 CAD 块＋标识作为设备图例；

第三种：CAD 线条组成的设备图例。

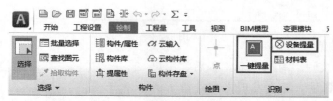

图 1-2-14

② 一键提量。在【绘制】页签的“识别”功能包中，触发＜一键提量＞功能（图 1-2-14），弹出“构件属性定义”窗口，软件可以遍历绘图区中所有 CAD 块图元，根据其在 CAD 中的名称及属性，自动提取到“构件名称”列中，并且对“对应构件”也会做自动的匹配。之后根据材料表中的设备信息，将要识别的设备构件的信息在“构件属性定义”窗口中补充完全，可以一次性完成全部设备的提量（图 1-2-15、图 1-2-16）。

在 CAD 图中“一键提量”功能支持的是 CAD 块作为图例的设备。

	图例	对应构件	构件名称	规格型号	类型	标高(m)
1		开关(可连多立管)	开关		开关	层底标高+1.4
2		灯具(只连单立管)	单管荧光灯	220V 36W	单管荧光灯	层顶标高
3	E	灯具(只连单立管)	安全出口标志灯	220V 36W	安全出口标志灯	层顶标高
4		灯具(只连单立管)	自带蓄电池壁装单管荧光灯	220V 36W	自带蓄电池壁装单管荧光灯	层顶标高
5		灯具(只连单立管)	单向疏散指示灯	220V 36W	单向疏散指示灯	层顶标高
6		灯具(只连单立管)	单向疏散指示灯-1	220V 36W	单向疏散指示灯-1	层顶标高
7	E	灯具(只连单立管)	应急壁灯	220V 36W	应急壁灯	层顶标高
8		灯具(只连单立管)	防水防尘灯	220V 36W	防水防尘灯	层顶标高
9		灯具(只连单立管)	墙上座灯	220V 36W	墙上座灯	层顶标高
10		灯具(只连单立管)	自带电源的应急照明灯	220V 36W	自带电源的应急照明灯	层顶标高
11	IR	开关(可连多立管)	红外感应开关(应急)		红外感应开关(应急)	层底标高+1.4
12		灯具(只连单立管)	红外感应式吸顶灯(应急)	220V 36W	红外感应式吸顶灯(应急)	层顶标高
13	E	灯具(只连单立管)	带蓄电池单管荧光灯	220V 36W	带蓄电池单管荧光灯	层顶标高

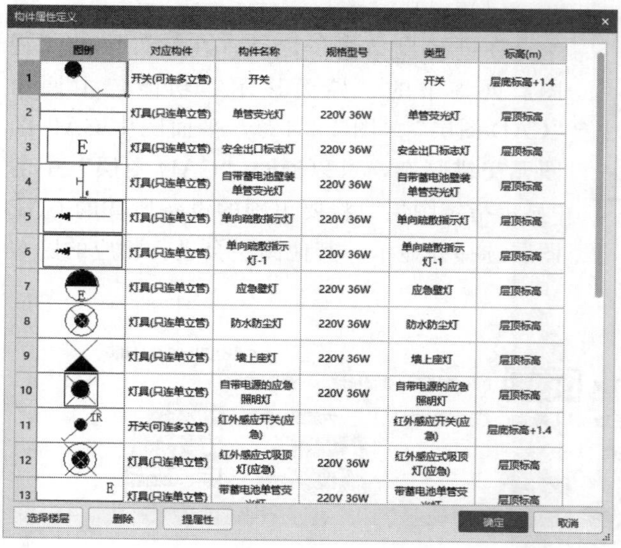

图 1-2-15

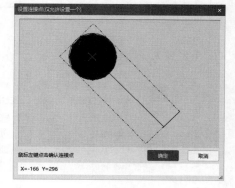

图 1-2-16

（2）识别管线

设备识别完毕后，进行管线的识别。安装专业的管线根据其专业、系统的不同，其敷设原则也是各异的。在软件中根据不同的专业有相应的快速识别管线的功能。

① 给排水专业。给排水专业中的管线识别一般用"自动识别""直线""布置立管""多管绘制"等功能来快速完成给排水管线工程量的计取（图 1-2-17）

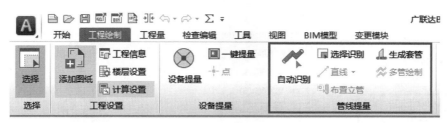

图 1-2-17

② 电气专业。电气专业中的管线识别一般用"多回路""识别桥架""设置起点""桥架配线"等功能来快速完成电气管线工程量的计取（图 1-2-18）。

图 1-2-18

③ 通风空调专业。通风空调专业中的管线识别一般用"系统编号""选择识别（风）""风管通头识别""冷媒管"等功能来快速完成通风管线工程量的计取（图 1-2-19）。

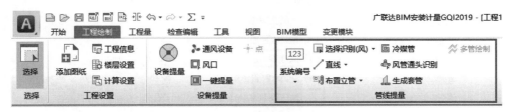

图 1-2-19

④ 消防专业。消防专业中的管线识别一般用"喷淋提量""报警管线提量""识别桥架""设置起点""桥架配线"等功能来快速完成消防水专业和消防电专业管线工程量的计取（图 1-2-20）。

图 1-2-20

（3）识别管线附属构件

管道的依附构件如阀门法兰、管道附件、套管、接线盒等需要先将管线识别完毕后，再进行识别。

① 给排水专业和采暖燃气专业。给排水专业和采暖燃气专业中的管道附件、构件类型如图 1-2-21、图 1-2-22。管道上的阀门识别后的样式如图 1-2-23。

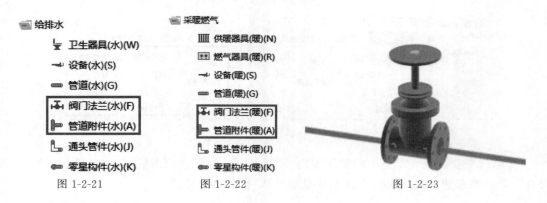

图 1-2-21　　　　　　　　图 1-2-22　　　　　　　　图 1-2-23

② 消防专业和通风空调专业。消防专业和通风空调专业中的管道附件、构件类型如图 1-2-24、图 1-2-25。通风管道上的风口识别后的样式如图 1-2-26。

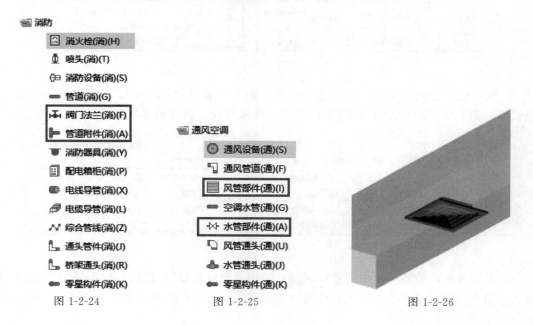

图 1-2-24　　　　　　　　图 1-2-25　　　　　　　　图 1-2-26

1.2.2.3　分配楼层

设备、管线、管道附件工程量计量完毕后，如果需要将工作面层中的平面三维模型分别分配到各个单层中，以继续完成竖向安装构件的模型建立，可通过"分配楼层""定位"功能来完成。

在软件中【工程量】页签的"三维模式"功能包中，触发"分配楼层"，分别框选要分配的平面图，图纸的名称会自动读取或者手动识别并输入，选择好对应楼层后，即分配完成

（图 1-2-27、图 1-2-28）。

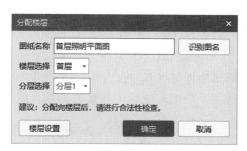

图 1-2-27

图 1-2-28

1.2.2.4　定位图纸

各个单层需要有统一的定位点，这样才能保证竖直方向的构件图元可以上下连接正确。

（1）如何定位图纸

在软件中【工程量】页签的"三维模式"功能包中，触发"定位"，选择平面图中一个公共的定位点，一般选择两个固定轴网编号的交点作为定位点（图 1-2-29）。

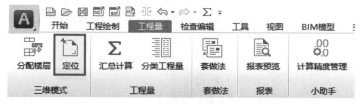

图 1-2-29

需要注意的是选择的轴网编号交点，一定是所有楼层都共有的定位点。

选择好定位点后，点击鼠标右键，平面图会将定位点自动移动到当前绘图区的（0,0）点位置。在此位置会出现一个红色的叉，此时定位的操作完成。

（2）如何修改定位点

如果定位点选择错误，也可以通过一些功能来完成修正（图 1-2-30），如在软件中的【工程绘制】页签的"常用 CAD 工具"功能包中，触发"C 移动"功能。

图 1-2-30

选中当前平面图全部的 CAD 图元，然后在平面图中选择目标要更正的定位点位置，点击鼠标右键确认后，拖动整个选择的 CAD 图元至绘图区的（0，0）点位置，此时就完成了定位点的修改。

1.2.2.5 汇总出量

在简约模式下完成了三维模型的建模后，需要进行汇总计算才能进行安装设备、管线、附属构件等工程量的计取。在软件中的【工程量】页签，"工程量"功能包中，触发＜汇总计算＞功能，进行工程量的汇总（图 1-2-31）。

图 1-2-31

（1）查看图元工程量

图 1-2-32

在软件中的【工程绘制】页签的"图元工具"功能包中，触发＜图元查量＞功能，可以查看绘图区的图元工程量。当选择单个图元时，支持查看图元的详细计算式，可以清晰地查看工程量计算结果的来源（图 1-3-32、图 1-3-33、图 1-3-34）。

（2）分类工程量

在软件中的【工程量】页签的"工程量"功能包中，触发＜分类工程量＞功能，可查看安装工程设备管线工程量（图 1-2-35、图 1-2-36、图 1-2-37）。

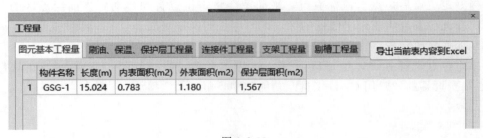

图 1-2-33

	构件名称	长度(m)	内表面积(m2)	外表面积(m2)	保护层面积(m2)
1	GSG-1	15.024	0.783	1.180	1.567

图 1-2-34

构件名称	工程量名称	倍数	工程量	计算式
GSG-1	长度(m)	1	48.453	(48.453)*1:(L1)*倍数
	内表面积(m2)	1	2.527	(PI * 0.01660 * 48.453)*1:(π*D1*L1)*倍数
	外表面积(m2)	1	3.805	(PI * 0.02500 * 48.453)*1:(π*D2*L1)*倍数
	保护层面积(m2)	1	5.054	(PI*(0.02500 + 2*0.000 + 2*0.000 * 0.05 + 0.0032 + 0.005)*48.453)*1:(π*(D+2δ+2δ*5%+2d1+3d2)*L1)*倍数
	支架数量(个)	1	69.000	(ΣRound(L/d))*倍数
	内部接头数量(个)	1	8.000	(Ceil(L / 6.000) - 1)*倍数

图 1-2-35

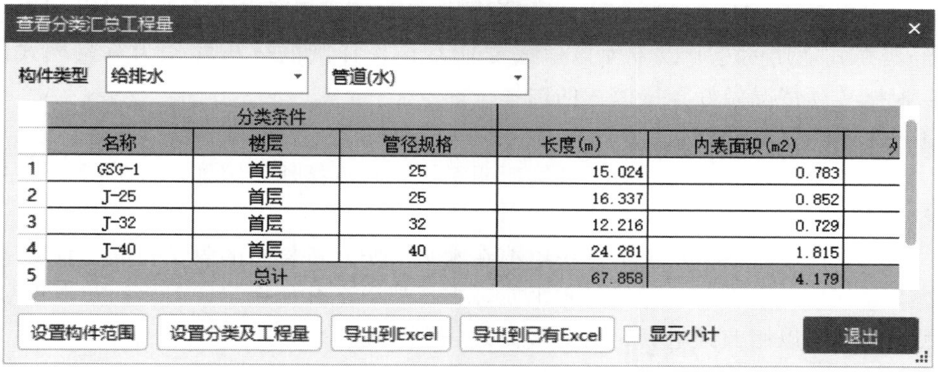

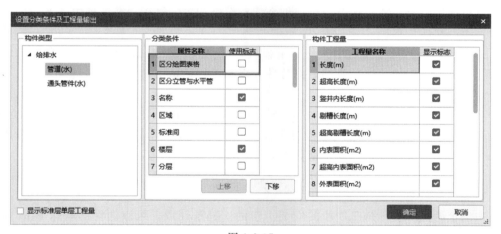

图 1-2-36

图 1-2-37

1.2.3 GQI2019 经典模式算量流程详述

1.2.3.1 GQI2019 经典模式的应用场景

（1）适用的人群

① 信息化知识水平较高的使用者。使用广联达 BIM 安装计量进行三维模型算量的人员中，计算机操作水平稍高一些的人群，例如使用过广联达安装算量 GQI2019 之前版本（GQI2015、GQI2013 等）的用户，可以选择经典模式来完成安装模型建模工程量计算。

② 有 BIM 需求的使用者。部分进行三维模型算量的用户，建模算量的同时需要在全模

型的基础上进行与 BIM 有关的应用，比如碰撞检查、剖析面管理等。

建模算量完成后，在后续的工作中如有将算量模型转入至 BIM 5D 或者 Revit 软件中的需求，可以选择经典模式来完成安装模型建模工程量计算。

无论是哪类人群使用经典模式，选择经典模式计量不但可以达到精细化算量的要求，而且可以帮助使用者完成 BIM 模型的快速翻模，为后续 BIM 的深入应用打好基础。

（2）适用的专业

① 安装的专业组成。安装工程中有电气、给排水、采暖、通风空调、消防、智控弱电等专业。使用广联达 BIM 安装计量选择算量模式时，往往还要考虑专业特性的因素。

② 经典模式适用的专业。下面以电气专业举例作详细的分析并作为算量模式的推荐。读者可以根据实际情况做好算量模式的选择。

a. 电气专业。

第一，电气专业往往分为动力系统、照明系统、防雷接地系统等，且不同系统的设计人员往往将其设计在不同的平面图内。

第二，其算量难点在于动力部分中电缆在水平、竖直桥架中的敷设长度，且低压配电柜往往在地下室部位，引出的电缆通过水平及竖直桥架引至其他楼层，引出的节点很多，手工计量会很麻烦，所以用三维电算化的算量模式非常方便。

根据以上两点分析，电气专业需要根据实际工程情况建立楼层并完成竖向工程量的计取，且各个楼层中的线缆敷设关系通过软件专业的线缆计算功能模块可以明确。所以电气专业的出量更适用经典模式，本节中会详细介绍对图纸相关的管理，能够使电气专业的构件计量更加易用、快捷、精确。

b. 总结。对于不同专业适用哪种算量模式，本书仅仅是根据常规化的工程情况作出分析和推荐，读者可以根据所负责的专业特性，以及工程计量要求等因素做选择。

（3）适用的阶段

① 施工阶段。其一，施工阶段的工程量计量周期往往较长。在中标后，施工企业的造价员会对当前项目的实际施工成本进行重新复盘测算。相对来讲此阶段的算量时间比较宽裕，且为了测算精准，往往需要精细化地进行建模算量。

其二，对施工阶段的 BIM 计量模型会进行复用，复用于施工技术所需的模型碰撞管理、管综方案输出等场景。

根据以上两点分析，施工阶段的安装工程的工程量计取，可以选择广联达 BIM 安装计量的经典模式来计算构件工程量，以满足精细化建模算量、模型流转复用的需求。

② 进度结算阶段。其一，在施工过程中的进度结算阶段，合同上往往约定的是按照实际进度结算的形式作为结算款的拨付依据。在进度结算时，往往需要统计当前结算周期内的施工进度工程量，例如根据楼层、根据进度流水的工作节点完成当前进度结算周期内的工程量计取。

其二，在此阶段会进行甲方与施工方、施工方与施工专业分包方、审计方与施工方、审计方与施工专业分包方的对量工作。为了对量工作进展顺利，需要进行精细化建模，且模型的属性信息要详细真实。

根据以上两点分析，施工进度结算阶段安装工程的工程量计取，可以选择广联达 BIM 安装计量的经典模式来计算构件工程量，以满足进度结算的工程量统计及工程量对量的需求。

③ 总结。对于不同的工程造价管理阶段适用于哪种算量模式，本书仅仅是根据常规化的工程情况作出分析和推荐，读者可以根据所负责的工程项目的特性，以及造价管理各阶段的具体要求等因素做好选择。

1.2.3.2　GQI2019 经典模式算量流程

（1）新建工程

打开"新建工程"在"算量模式"中，选择"经典模式：BIM 算量模式"，在"经典模式"中进行三维模型建模算量。

（2）图纸管理

在【工程设置】页签中"模型管理"功能包中，触发＜图纸管理＞功能，在绘图区右侧会弹出"图纸管理"的泊靠窗体，进行 CAD 图纸的管理（图 1-2-38）。

图 1-2-38

① 添加图纸。在【图纸管理】的泊靠窗体中，点击"添加"按钮，在弹出的窗体中选择要添加的目标 CAD 图（图 1-2-39）。

图纸添加完毕后，可以在绘图区中整体预览 CAD 图纸的内容，在【图纸管理】窗体中增加图纸节点，图纸名称显示的是当前添加的 CAD 图的文件名称（图 1-2-40）。

图 1-2-39

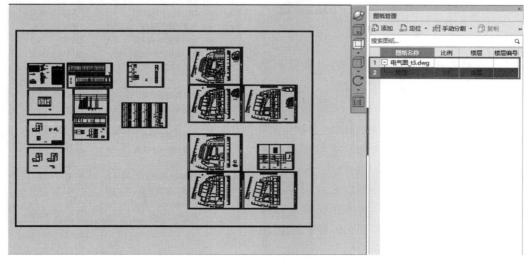

图 1-2-40

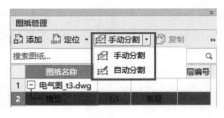

图 1-2-41

② 分割图纸。在"图纸管理"泊靠窗体中有"手动分割""自动分割"两种分割方式,下面逐个进行详细讲解(图 1-2-41)。

a. 自动分割。选择"自动分割",软件会自动判断 CAD 图的图纸外边框,将其作为自动分割的单元图纸(图 1-2-42)。

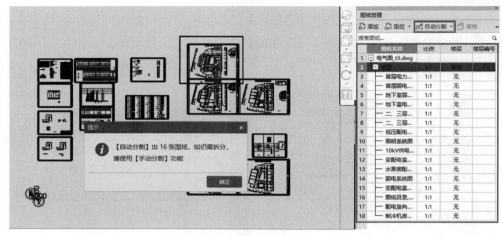

图 1-2-42

图纸自动分割后,会弹出"提示",告知用户当前绘图区自动分割成功的图纸张数(图 1-2-43)。

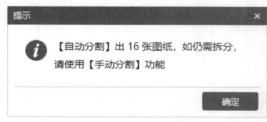

图 1-2-43

自动分割成功的图纸,其分割边框显示的颜色异于没有分割成功的图纸边框。

分割成功的图纸,软件会自动读取图纸名称,且每张图纸作为一个图纸节点,会在"图纸管理"的泊靠窗体中显示各个分割成功的图纸节点。分割图纸完成(图 1-2-44)。

b. 手动分割。选择"手动分割",需要按照界面下方状态栏的提示,按住鼠标左键框选要拆分的 CAD 图,正拉框选择要分割的图纸范围(图 1-2-45)。

此时,随着框选完毕后弹出"请输入图纸

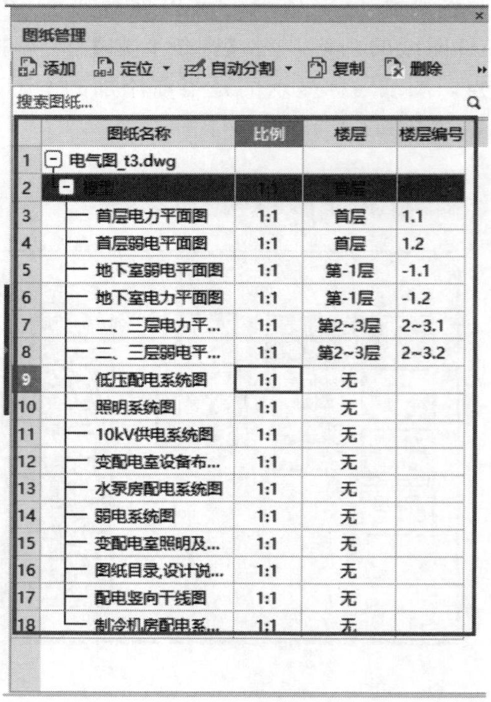

图 1-2-44

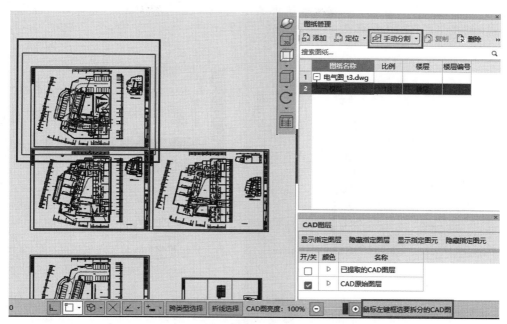

图 1-2-45

名称"的对话框，图纸名称自动从平面图中读取；也支持手动识别图名或手动输入图名，给当前分割的图纸选择对应楼层。确定完成后，在右侧"图纸管理"泊靠窗体中会出现当前手动分割的图纸节点（图 1-2-46）。

　　c. 分层模式。在"图纸管理"的泊靠窗体中上方的功能栏上，有"楼层编号"标识，其为图纸的模式。当其未勾选时，其图纸模式为"分层模式"，给各个图纸节点赋予正确的楼层后，需要为其选择"分层"。一般情况下同一个楼层的图纸需要赋予其分层层数，例如首层电力平面图为"分层 1"、首层弱电平面图为"分层 2"。不同楼层间，同类型的图纸分层层数是一致的。例如首层电力平面图为"分层 1"、地下室电力平面图也对应为"分层 1"。在后续建模时，相同楼层的 CAD 图在不同的分层建模，其模型可以在同一楼层整体显示，以满足 BIM 建模需求（图 1-2-47）。

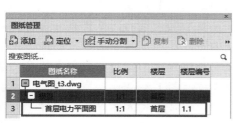

图 1-2-46

图 1-2-47

　　"分层模式"的图纸分配各个楼层后，可以在绘图区上方查看当前图纸的分层层数以及图纸的名称，首层的"分层 1"为"首层电力平面图"（图 1-2-48），首层的"分层 2"为"首层弱电平面图"（图 1-2-49）。

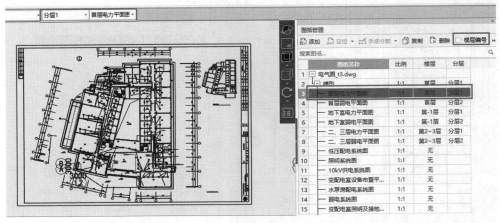

图 1-2-48

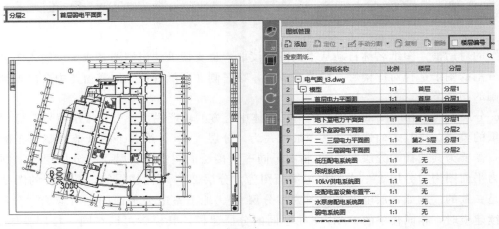

图 1-2-49

d. 楼层编号模式。在"图纸管理"泊靠窗体中上方的功能栏上，当"楼层编号"勾选时，其图纸模式为"楼层编号"模式，可以给各个图纸节点赋予正确的编号。例如："1.1"表示第一层的图纸排列在（0，0）点位置的图纸，"1.2"表示第一层排列在 1.1 图纸右侧位置（中间有一定间距）的图纸，以此类推（图 1-2-50）。

楼层编号模式的图纸分配各个楼层后，可以在绘图区查看（图 1-2-51），左侧图纸为首层楼层编号为 1.1 的"首层电力平面图"，其右侧为楼层编号为 1.2 的"首层弱

图 1-2-50

电平面图"。在一个楼层同一个分层上进行建模，模型清晰易查，便于算量核量。

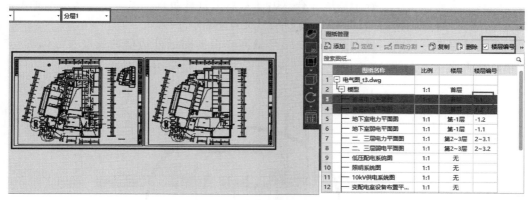

图 1-2-51

e. 定位图纸。在"图纸管理"泊靠窗体中上方的功能栏上，有"定位"功能，其使用场景是找到公共的定位点，使得上下楼层定位一致，在建模算量时以使上下楼层的模型位置可以正确对接，保证 BIM 算量模型的精准以及安装构件工程量的准确（图 1-2-52）。

图 1-2-52

触发"定位"后，选择各楼层平面图中的公共点位置，一般情况下会选择墙体、柱子的交点或者两个轴网交点作为定位点（图 1-2-53）。

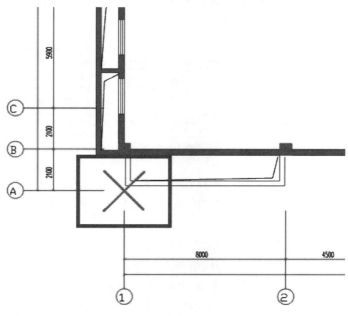

图 1-2-53

f. 分配图纸。鼠标双击"图纸管理"窗体中的"图纸节点",或者"切换楼层",图纸会自动分配到对应的楼层中。各个楼层会在(0,0)点上自动布置一个"口"字形的轴网,定位点会与"口"字形轴网的"1""A"轴网编号交点重合。

如果是楼层编号模式,另一个"口"字形轴网会根据图纸外边框的长度在(0,0)点位置右侧自动生成(图1-2-54)。

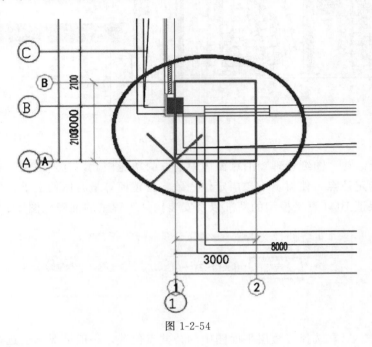

图 1-2-54

(3) 识别设备管线

① 识别设备。经典模式中在【绘制】页签的"识别"功能包中,触发"设备提量"功能,完成设备的快速建模(图1-2-55)。

图 1-2-55

② 识别管线。设备识别完毕后,进行管线的识别。安装专业的管线根据其专业、系统的不同,其敷设原则也是各异的。在软件的经典模式下,根据不同的专业有相应的快速识别管线的功能。

a. 给排水专业。经典模式中在给排水专业中的【绘制】页签的"识别"功能包中,触发"自动识别""立管识别"等功能,来完成给排水专业管线的建模(图1-2-56)。

b. 电气专业。经典模式中在电气专业中的【绘制】页签的"识别"功能包中,触发"系统图""多回路""识别桥架""设置起点""选择起点""桥架配线"等功能,来完成电气管线的建模(图1-2-57)。

图 1-2-56

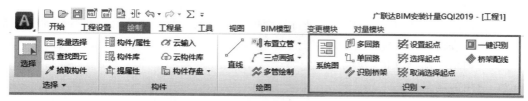

图 1-2-57

c. 通风空调专业。经典模式中在通风空调专业中的【绘制】页签的"识别"功能包中，触发"自动识别""系统编号""风管通头识别"等功能，来完成通风专业管道建模（图 1-2-58）。

图 1-2-58

d. 消防专业。经典模式中在消防专业中的【绘制】页签的"识别"功能包中，触发"喷淋提量""标识识别"等功能，来完成消防水管道的建模（图 1-2-59）。

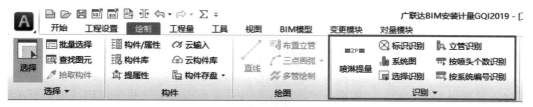

图 1-2-59

经典模式在消防专业中的【绘制】页签→"识别"功能包中，触发"报警管线提量""多回路""识别桥架""设置起点""选择起点""桥架配线"等功能，来进行消防电管线的建模（图 1-2-60）。

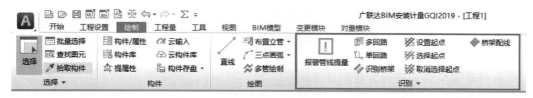

图 1-2-60

e. 识别管线的附属构件。参考简约模式下管道敷设构件的建模。

（4）汇总出量

参考简约模式下的汇总出量。

1.2.4 GQI2019 智能表格模式算量流程详述

1.2.4.1 GQI2019 智能表格模式的应用场景

（1）适用的人群

有部分使用广联达 BIM 安装计量进行三维模型算量的人员，由于计算机操作水平稍弱，可以选择智能表格模式来完成工程量的计算。智能表格算量模式与手工算量模式接近，总体来讲分为"列项"和"算量"两个步骤。

（2）适用的场景

① 快速出量的阶段。在安装专业工程量计量周期很紧张的情况下，可以选择广联达 BIM 安装计量的智能表格模式来完成工程量的计算。

② 无 BIM 建模要求。对三维 BIM 建模算量没有要求的情况下，可以选择广联达 BIM 安装计量的智能表格模式来完成工程量的计算。

③ 工程规模较小。对于工程规模较小的项目（建筑面积 20000m² 以内），可以选择广联达 BIM 安装计量的智能表格模式来完成工程量的计算。因为规模小，对智能化的算量要求也不高。

④ 对三维建模算量作补充。一般使用广联达 BIM 安装计量对三维建模算量完成后，还会涉及一些图纸上不可见的零星构件的计量，使用者可以选择在智能表格中完成。

⑤ 安装图纸设计规范性低。一般对于安装专业的图纸，若 CAD 管线设计不太规范、用三维智能建模的功能识别管线匹配率低时，可以考虑用二维智能表格模式来进行工程量的快速出量。

1.2.4.2 GQI2019 智能表格模式算量流程

（1）设备算量

① 添加构件。在广联达 BIM 安装计量软件"表格输入"界面，计算设备之前，首先添加要计算的构件（图 1-2-61）。例如新建灯具后，将其名称、类型、规格型号等属性填写正确。对应的模块导航栏中的"照明灯具（电）"构件类型前会有五角星标记，其表示在"照明灯具（电）"构件类型上，智能表格中有相应的工程量。

② 数数量（智能识别设备）。在"表格输入"界面中，点击"数数量"功能（图 1-2-62）。在绘图区选择要计算的设备图例，点击鼠标右键后软件会自动将与当前选择设备一样的图例全部批量完成工程量提取。图例上显示一个"米"字图形，表示被识别过的设备，且其工程量会自动填写至当前灯具工程量列（图 1-2-63）。

若图纸的设备图例与设计样式有一些微小差距，但其表示为同一种设备，可以采用"数数量"里面的"点绘制"功能逐个布置设备，来完成设备的算量。

（2）管线算量

设备计算完毕后，进行管线的计算。

首先需要添加管线构件，将管线的名称、系统类型、规格型号、材质、敷设方式等属性填写正确（图 1-2-64）。

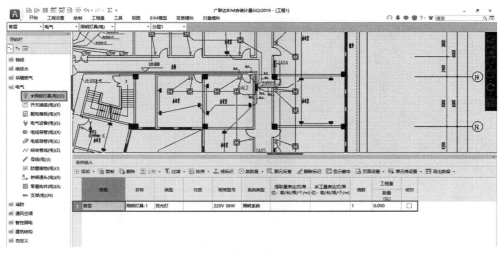

图 1-2-61

图 1-2-62

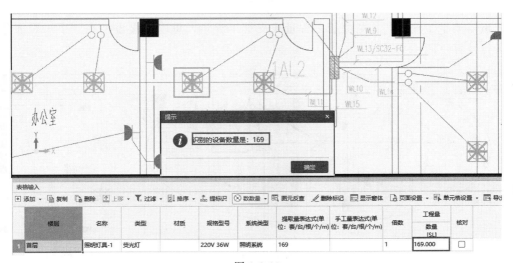

图 1-2-63

在"表格输入"界面中，点击"提取长度"功能（图 1-2-65），其下拉功能有"提取长度"和"绘制长度"。选择"提取长度"功能，选择需要计算的 CAD 线，软件会自动将选择的 CAD 线进行计量，且其会自动延伸至两端的设备中心点（已经有"米"字标识的设备），保证了管线计量的精确性。

管线的工程量表达式会显示在"提取量表达式"单元格中，如果在计量的过程中，有部

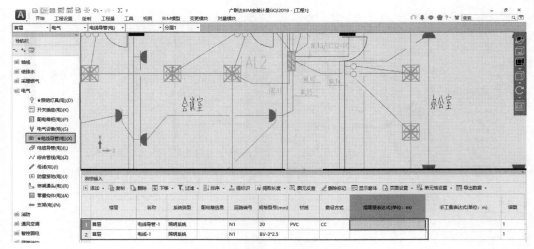

图 1-2-64

图 1-2-65

分工程量需要手工输入，比如立管工程量或支管工程量，可以直接添加在"手工量表达式"中来进行计算（图 1-2-66）。

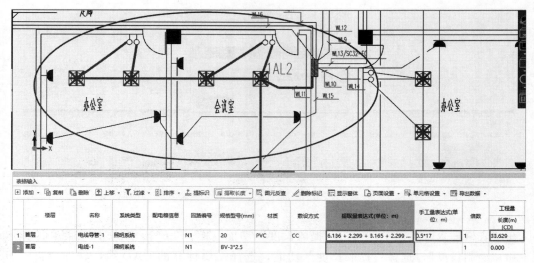

图 1-2-66

在进行管线的补充计量或者手绘计量时，可以用软件提供的"绘制长度"功能来完成管线工程量的计取。同样，计量结果会在下方的工程量表达式单元格中显示。

（3）汇总出量

参考简约模式下的汇总出量。

简约模式、经典模式、智能表格模式的共性算量流程为列项、识别、检查、提量（图 1-2-67）。根据不同专业的特性，以及所处的算量阶段，如何选择算量模式（图 1-2-68），读者朋友可以对本书后面的内容进行精读了解。

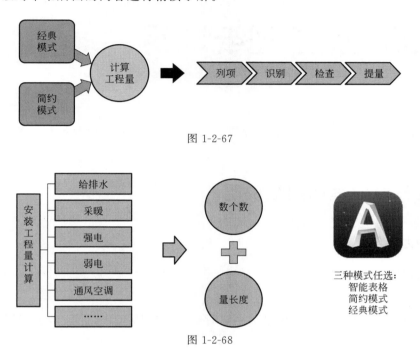

图 1-2-67

图 1-2-68

第❷章

案例工程施工图纸说明

本章介绍安装专业案例工程的图纸情况。对案例图纸的概况以及各专业案例工程算量范围进行梳理。

2.1 电气专业案例图纸说明

2.1.1 动力系统

2.1.1.1 识图解析

（1）设计说明相关信息。

① 建筑概况。以某工程施工图纸为例进行解析，包括地下一层、地上三层。地下室层高为 4.5m，首层层高为 4.2m，二、三层层高为 3.8m，局部为 3.3m。总建筑面积 11151.7m²，建筑高度 13m（图 2-1-1）。

设计说明

一、建筑概况

本工程为广联达软件园研发楼，地下一层，地上三层，地下为汽车库、变配电室、消防泵房、制冷机房等。首层为办公室、消防控制室、会议室、新风机房等。

二、三层为办公室、会议室、新风机房等。地下室层高：4.5m，首层层高：4.2m，二、三层层高3.8m，局部为3.3m。

本工程总建筑面积11151.70m²，建筑高度为：13m

除设备用房外均有吊顶。

结构形式：框架结构，基础为梁板式筏板基础。

图 2-1-1

② 设计依据。通过设计依据可以了解到此工程所遵循的国家现行规范、标准，行业及地方的标准，并且从中可以看到工程的结构型式，方便为后面的配管、配线工程捋清分析思路。设计依据还可以为识图及算量时提供参考（图 2-1-2）。

③ 设计范围。本工程设计范围包括变配电、动力配电及控制照明、防雷、接地等系统。通过设计范围可以明确算量涵盖的内容、电源分界点位置。

（2）图纸目录及材料表信息。

① 图纸目录。图纸目录主要反映本套图纸的图名、图号，方便在识图过程中有针对性地找到对应图纸。

二、设计依据

《供配电系统设计规范》　　　　　　　GB 50052—95

《低压配电设计规范》　　　　　　　　GB 50054—95

《建筑物防雷设计规范》　　　　　　　GB 50057—94（2000年版）

《建筑照明设计规范》　　　　　　　　GB 50034—2004

《消防安全疏散标志设置标准》　　　　DBJ 01—611—2002

《民用建筑电气设计规范》　　　　　　JGJ/T 16—92

《建筑设计防火规范》　　　　　　　　GBJ 16—87　　（2001年版）

《有线电视系统工程技术规范》　　　　GB 50200—94

《建筑及建筑群综合布线系统工程设置规范》　GB/T 50311—2000

《火灾自动报警系统设计规范》　　　　GB 50116—98

《建筑电气工程施工质量验收规范》　　GB 50303—2002

其他有关国家现行规程、规范及北京市地方标准

甲方提供设计条件

其他专业提供的技术资料及条件

图 2-1-2

在本例图纸目录中，电施-2："10kV供电系统图"为园区管网系统图，仅作了解即可。电施-7、电施-8、电施-9、电施-10为建筑物内动力系统图，需要优先了解。电施-12～电施-14为动力平面图，需要结合系统图对照查看线路走向（图 2-1-3）。

图纸目录

序号	图号	图名	备注	序号	图号	图名	备注
1	电施-1	图纸目录，设计说明及主要设备材料表		18	电施-18	弱电系统图	
2	电施-2	10kV供电系统图		19	电施-19	地下室弱电平面	
3	电施-3	变配电室设备布置平面及剖面图		20	电施-20	首层弱电平面	
4	电施-4	变配电室照明及接地平面图		21	电施-21	二、三层弱电平面图	
5	电施-5	防雷平面图		22	电施-22	消防系统图	
6	电施-6	接地平面图		23	电施-23	地下室消防平面图	
7	电施-7	低压配电系统图		24	电施-24	首层消防平面图	
8	电施-8	配电竖向干线图		25	电施-25	二、三层消防平面图	
9	电施-9	制冷机房配电系统图					
10	电施-10	水泵房配电系统图					
11	电施-11	照明系统图					
12	电施-12	地下室电力平面图					
13	电施-13	首层电力平面图					
14	电施-14	二、三层电力平面图					
15	电施-15	地下室照明平面图					
16	电施-16	首层照明力平面图					
17	电施-17	二、三层照明平面图					

图 2-1-3

② 材料表信息。材料表作为整套图纸设备的识图基础，需要详细了解材料表中各图例名称、规格、单位、数量、备注等信息，确保在识图过程中不被经验误导。对于动力系统，从材料表中了解到 AA1-7、B1APL1-5 均为低压配电柜，B1APF、B1APS、1AP、B1APW、1-3APX 均为低压配电箱。根据设计范围要求，工程量从 AA1-7 开始计算（图 2-1-4）。

（3）系统图。

① 配电干线图。电气系统图包括供配电系统干线图及配电系统图。干线图如图 2-1-5 所示，主要作为配电箱与配电箱连接的示意图。通过示意图可以判断出动力柜出线后的线路走向。

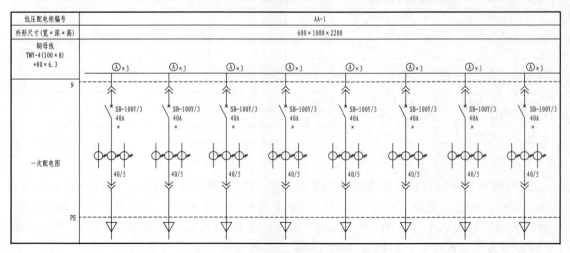

序号	图例	名称	规格
1	AH1、3	高压环网开关柜	SoreRing系列
2	1TM	干式变压器	SCB9-1000 D.Yn11 Uk%=6 10+2×2.5%/0.4kV
3	AA-1、7 ACP	低压配电柜	GGK4
4	B1APL1、5	低压配电柜	GGD
5	B1APF、B1APS 1AP、B1APW 1～3APX	低压配电箱	

主要设备材料表

图 2-1-4

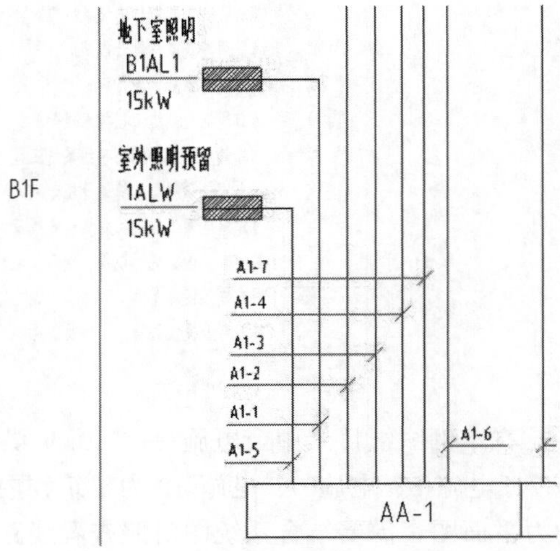

图 2-1-5

AA-1 配电柜内引出 6 趟电缆回路，给当前层照明箱及室外照明箱供电。AA-2 配电柜内引出 4 趟电缆回路，从 B1 层引出后通过桥架连接引入到 1 层，给首层 1AL1～1AL4 照明箱供电。AA-3 配电柜内 3 趟电缆回路从配电柜引出，通过桥架敷设至 2 层，给 2 层的 2AL1～2AL3 配电箱供电。

② 配电系统图。对照着上面的配电干线图，在系统图中可以看到每个配电箱下回路的相关信息。这些信息包括配电箱规格、箱内元器件、回路数量、回路编号、线缆规格型号、线缆穿管的材质及规格、管线敷设方式、末端负荷等。

配电系统图分为两类，一类为竖向系统图（图 2-1-6），一类为横向系统图。竖向系统图中回路信息以竖向结构呈现，一般在动力系统图中比较常见；而横向系统图的回路信息均是

图 2-1-6

在一条横线上写明，常见于照明系统图。

根据之前干线图（图 2-1-5）所讲解的配电箱之间供电方式，可以在本例配电系统图上了解到配电箱之间每趟回路的相关信息。

如 AA-1 配电箱下 A1-1 回路，是给 B1AL1 配电箱供电，该回路的电缆型号规格为WDZ-YJ（F）E-0.6/1kV-5×10，即无卤阻燃的 YJ（F）E-5×10 的电缆。SC32，即管径32mm 的镀锌钢管暗敷设（图 2-1-7）。

回路编号	A1-1	A1-2	A1-3	A1-4
回路名称	地下室照明 B1AL1	地下室照明 B1AL2	地下室照明 B1AL3	地下室照明 B1AL4
设备安装容量（kW）	15	15	15	15
需用系数 Kx	1	1	1	1
计算容量（kW）	15	15	15	15
功率因数 Cosϕ	0.85	0.85	0.85	0.85
计算电流（A）	26	26	26	26
电缆型号及规格 WDZ-YJ(F)E -0.6/1kV	5×10	5×10	5×10	5×10
穿管管径	SC32	SC32	SC32	SC32

图 2-1-7

（4）平面图。

① 平面图的定位。系统图看完后，需要回到平面图来了解实际图纸走向。不同图纸对动力图纸的命名不一样，图纸名称位置也不同（图 2-1-8），关注图框中图纸名称可以更快定位到要找寻的图纸。

工程名称	广联达软件园研发办公楼
图纸名称	地下室电力平面图

地下一层电气干线平面图　1:100

图 2-1-8

看动力系统建议从起点端开始看起。何为起点端呢？即电缆接入建筑物后所接配电柜楼层位置。从此端开始可以从源头捋清整个动力系统线缆走向。

② 动力平面图。在动力平面图上，一般要先找变配电室或变配电间，动力配电柜一般存放在此处。案例图纸中，变配电室位置如图 2-1-9。从变配电室动力配电柜引出的线缆，暗敷设后进入桥架进行桥架敷设。

（5）系统图与平面图的结合。

① 二者结合的必要之处。平面图上无法给出

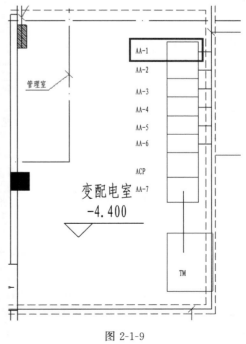

图 2-1-9

每个配电箱引出回路的最终位置在何处，尤其是桥架连接的回路，桥架内不会绘制线缆走向，需要结合系统图找到末端位置。平面图上经常有回路标记错误的情况，如何发现其是否有误呢？可以结合系统图来查看。最常见的错误不外乎回路编号书写不一致、配电箱系统图与平面图回路数量对应不上、系统图与平面图敷设方式标记不一致。类似问题图纸中较常见，为了保证算量的准确性，针对这些问题需要找设计方予以修正。

　　② 二者结合实践。单看平面图 AA-2 配电箱引出的 A2-1 回路不知该"上天"还是"入地"。只有结合系统图，才能精准定位 AA-2 配电箱引出的回路都是给首层 1AL1 照明配电箱供电（图 2-1-10、图 2-1-11）。

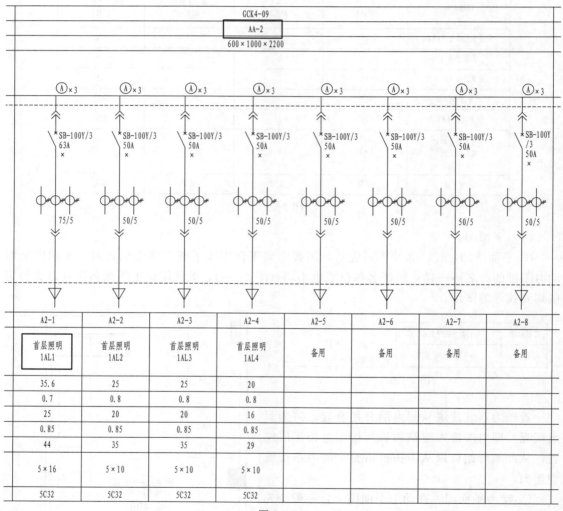

A2-1	A2-2	A2-3	A2-4	A2-5	A2-6	A2-7	A2-8
首层照明 1AL1	首层照明 1AL2	首层照明 1AL3	首层照明 1AL4	备用	备用	备用	备用
35.6	25	25	20				
0.7	0.8	0.8	0.8				
25	20	20	16				
0.85	0.85	0.85	0.85				
44	35	35	29				
5×16	5×10	5×10	5×10				
5C32	5C32	5C32	5C32				

图 2-1-10

　　此时结合平面图找到桥架引上位置，地下一层的回路就算走完了。下面需要切换到首层图纸继续跟踪线缆走向。

　　可以看到 AA-2 配电柜下的 A2-1 回路从 AA-2 引出后，沿桥架敷设至客梯位置的值班室位置引入到一层的强电小室中。从一层的强电小室引出后继续沿桥架敷设到 1AL1 配电箱，出桥架位置沿层顶暗敷设配管至 1AL1 配电箱内（图 2-1-12）。

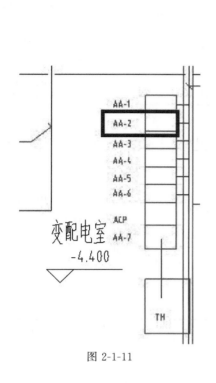

图 2-1-11

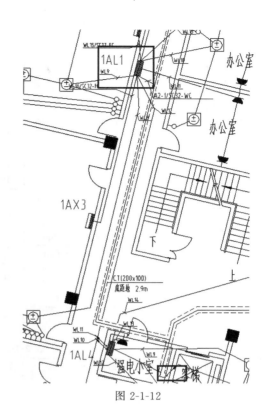

图 2-1-12

2.1.1.2　案例工程算量范围梳理

（1）CAD 图纸中可见工程量

① 低压配电柜及配电箱。AA1-7、B1APL1-5 均为低压配电柜，B1APF、B1APS、1AP、B1APW、1-3APX 均为低压配电箱，需要根据配电箱的尺寸按台数计算。清单规则见表 2-1-1。

表 2-1-1

项目编码	项目名称	项目特征	计量单位	工程量计算规则	工作内容
030404004	低压开关柜(屏)	1.名称 2.型号 3.规格 4.种类 5.基础型钢形式、规格 6.接线端子材质、规格 7.端子板外部接线材质、规格 8.小母线材质、规格 9.屏边规格	台	按设计图示数量计算	1.本体安装 2.基础型钢制作、安装 3.端子板安装 4.焊、压接线端子 5.盘柜配线、端子接线 6.屏边安装 7.补刷(喷)油漆 8.接地

其中低压配电柜 AA1-7 系统图要求落地安装，照明配电箱距地安装高度 1.5m 暗敷设于墙内（图 2-1-13）。

② 电力电缆。从 AA1-7 引出的电力电缆按照图示尺寸延长米进行计算。根据北京市 2012 定额要求，桥架内线缆与配管内线缆分开计算。而案例汇总平面图走向，桥架内敷设线缆与配管内穿线需要分开统计。清单规则见表 2-1-2。

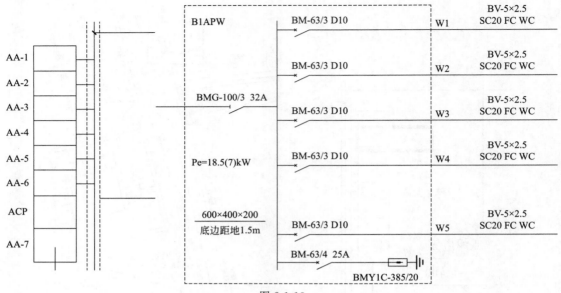

图 2-1-13

表 2-1-2

项目编码	项目名称	项目特征	计量单位	工程量计算规则	工作内容
030408001	电力电缆	1. 名称 2. 型号 3. 规格 4. 材质 5. 敷设方式、部位 6. 电压等级(kV) 7. 地形	m	按设计图示尺寸以长度计算(含预留长度及附加长度)	1. 电缆敷设 2. 揭(盖)盖板
030408002	控制电缆				

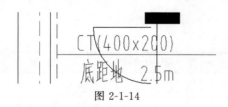

图 2-1-14

③ 电缆桥架。桥架安装按照图示尺寸计算，不同规格应分开统计，还需要考虑桥架敷设高度。不同位置的桥架按照其自身高度灵活调整。对于竖向电缆敷设根据图 2-1-14 所示位置计算立向桥架长度。表 2-1-3 为清单规则。

表 2-1-3

项目编码	项目名称	项目特征	计量单位	工程量计算规则	工作内容
030411001	配管	1. 名称 2. 材质 3. 规格 4. 配置形式 5. 接地要求 6. 钢索材质、规格	m	按设计图示尺寸以长度计算	1. 电线管路敷设 2. 钢索架设(拉紧装置安装) 3. 预留沟槽 4. 接地
030411002	线槽	1. 名称 2. 材质 3. 规格			1. 本体安装 2. 补刷(喷)油漆

续表

项目编码	项目名称	项目特征	计量单位	工程量计算规则	工作内容
030411003	桥架	1. 名称 2. 型号 3. 规格 4. 材质 5. 类型 6. 接地方式	m	按设计图示尺寸以长度计算	1. 本体安装 2. 接地

④ 电缆配管。由系统图可知，从桥架内引出的电缆于层顶暗敷设，其配管为"SC32"，即材质为镀锌钢管，管径 32mm。按照图示长度计算，电缆的预留长度应单独考虑。

（2）CAD 图纸中未见工程量

① 穿刺线夹。穿刺线夹一般在树干式系统图中比较常见。由总配电装置处送出的配电线路像树干一样配置，干线与支线衔接位置使用穿刺线夹连接，或者整趟回路使用预分支电缆成品安装。

根据清单规则电缆穿刺线夹按电缆头编码列项，电缆井、电缆排管、顶管，应按现行国家标准《市政工程工程量计算规范》GB 50857 相关项目编码列项统计，具体见表 2-1-4。

表 2-1-4

项目编码	项目名称	项目特征	计量单位	工程量计算规则	工作内容
030408006	电力电缆头	1. 名称 2. 型号 3. 规格 4. 材质、类型 5. 安装部位 6. 电压等级(kV)	个	按设计图示数量计算	1. 电力电缆头制作 2. 电力电缆头安装 3. 接地
030408007	控制电缆头	1. 名称 2. 型号 3. 规格 4. 材质、类型 5. 安装方式			

② 电缆预留。电缆预留清单中包括 12 项值（表 2-1-5），在遇到对应场景时依照对应的规则计算。目前根据标记的回路末端走向，可以知道案例工程中存在 6 个项目需要计算（表 2-1-6），其他项目预留不在此案例中计算。

表 2-1-5

序号	预留计算	预留长度
1	电缆敷设弛度、波形弯度交叉	2.5%
2	电缆进入建筑物	2.0m
3	电力电缆终端头	1.5m
4	电缆进控制、保护屏及模拟盘、配电箱等	宽＋高
5	高压开关柜及低压配电盘、箱	2.0m
6	电缆接电动机	0.5m

表 2-1-6

序号	项　目	预留(附加)长度	说　明
1	电缆敷设弛度、波形弯度、交叉	2.5%	按电缆全长计算
2	电缆进入建筑物	2.0m	规范规定最小值
3	电缆进入沟内或吊架时引上(下)预留	1.5m	规范规定最小值
4	变电所进线、出线	1.5m	规范规定最小值
5	电力电缆终端头	1.5m	检修余量最小值
6	电缆中间接头盒	两端各留 2.0m	检修余量最小值
7	电缆进控制、保护屏及模拟盘、配电箱等	高+宽	按盘面尺寸
8	高压开关柜及低压配电盘、箱	2.0m	盘下进出线
9	电缆至电动机	0.5m	从电动机接线盒算起
10	厂用变压器	3.0m	从地坪算起
11	电缆绕过梁柱等增加长度	按实计算	按被绕物的断面情况计算增加长度
12	电梯电缆与电缆架固定点	每处 0.5m	规范规定最小值

③ 电缆终端头。终端头与接线端子是密不可分的，尤其是电缆终端头的计算，其工作内容中已经包括了接线端子的项目，不能重复计算。在北京市定额中，电缆终端头根据电缆的形式以及电缆位置的不同，需分开计算（图 2-1-15）。

A3-1	A3-2	A3-3	A3-4
二层照明 2AL1	二层照明 2AL2	二层照明 2AL3	三层照明 3AL1
52	25	25	52
0.7	0.8	0.8	0.7
37	20	20	37
0.85	0.85	0.85	0.85
66	35	35	66
4×25+1×16	5×10	5×10	4×25+1×16
SC40	SC32	SC32	SC40

图 2-1-15

2.1.2　照明和插座系统

2.1.2.1　识图解析

（1）图纸介绍

① 图纸概述。本节讲解的案例工程图纸属于某装饰工程，建筑面积 12343m^2。该工程为二次装修改造工程，仅对部分照明、插座及空调内机等设备配电，对于应急照明回路仅对末端点位及线路进行调整，如图 2-1-16。本节内容也将围绕着这几部分进行讲解。

② 照明系统相关要求。在设计说明中还可以了解到灯具要求采用高效节能三基色荧光灯和筒灯。

二、设计概述：

　　本工程为广联达上海总部大楼装饰工程（一层至五层），建筑面积为12343平米。

　　普通照明、普通插座、空调内机等室内装饰工程设备配电；配电桥架配置见一次设计；

　　原消防设备配电、防雷接地等非本范围内设备配电、接地保留。

　　强电间原配电箱、垂直母排、照明及插座（包括弱电间）配电等布置见一次设计图纸与现场。

　　消防报警系统以原建筑一次设计为准，我方仅做末端点位位置及管线路由调整，根据装饰设

计大开间办公区原顶喷黑，梁高超过600mm，被梁隔断的每个梁间区域应至少设置一只探测器，

当梁间净距小于1m时，可不计梁对探测器保护面积的影响。

　　应急照明、疏散指示系统以原建筑一次设计为准，我方仅做末端点位位置及管线回路、路由调整。

图 2-1-16

照明配线要求参考原有土建选用电线电缆，应急照明系统要求采用 WDZCN-BYJ-2×2.5+E2.5，穿 SC20 管（图 2-1-17）；照明、插座及空调内机导线选用 WDZC-BYJ-2×2.5+E2.5，穿 SC20 管。当导线根数 2～4 根时穿 SC20 管，5～7 根线穿 SC25 管，超过 8 根时单独考虑（图 2-1-18）。

五、导线敷设参考原土建设计选用电线电缆：

　　1.照明配线：应急疏散照明导线选用WDZCN-BYJ-2×2.5+E2.5铜导线穿SC20管；一般照明空调

图 2-1-17

内机导线选用WDZC-BYJ-2×2.5+E2.5铜导线穿SC20管；详见配电系统图。

　　2.普通插座配线：导线一般选用WDZC-BYJ-2×2.5+E2.5铜导线穿SC20管，详见配电系统图。

　　3.每根保护管内导线根数不应大于8根(2～4)根穿SC20管，(5～7)根穿SC25管，超过8根应分别穿管保护。

图 2-1-18

③ 材料表信息。一般设计说明信息中都会列出点式设备的材料表，在该材料表中可以了解到对应平面图中各类设备详细信息。但是某些工程的设计说明信息中仅对插座、开关、配电箱、接线盒、空调设备等固定样式的图例进行说明，由于灯具在各楼层存在设计差异，需要查看各层平面图的材料表才可明确（图 2-1-19）。

图例	名称及说明	安装及备注
	照明配电箱(原配电箱)	强电间内原位置不调整
10A	单相二、三眼安全型电源插座	底边离地0.3m 墙或家具设备带暗装(以装饰定位为准)
10A	单相二、三极暗插座(电视机)	下口距地1.3m(标注除外、以装饰定位为准)
10A	单相二、三极暗插座(投影仪)	吸顶安装
	86型电源接线盒	下口距地1.3m(以装饰定位为准)
10A	单联单控大翘板照明开关	底边离地1.3m 距门框边不小于0.15m
10A	双联单控大翘板照明开关	底边离地1.3m 距门框边不小于0.15m
10A	三联单控大翘板照明开关	底边离地1.3m 距门框边不小于0.15m
10A	四联单控大翘板照明开关	底边离地1.3m 距门框边不小于0.15m
LEB	局部等电位箱	底边离地0.3m 一般台盆下安装
	灯具控制示意线	
	应急灯/疏散指示配电回路	
	空调设备定位及型号规格以相关专业为准	

注：具体相关设备材料表详见各配电平面图。

图 2-1-19

注意：图例表中灯具控制示意线及应急灯/疏散指示配电回路的 CAD 线均是引导施工使用，识别过程中不考虑。

（2）系统图

① 动力系统图。案例工程图纸属于在主动力柜中增加扩容回路，连接新配电箱，如 n1 回路，使用 WDZB-YJV-4×16＋E16 的电缆沿桥架敷设，出桥架后穿 SC40 的配管吊顶内敷设至 1AL-1 箱（图 2-1-20）。

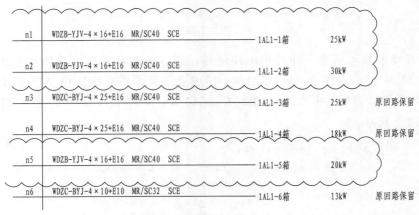

n1	WDZB-YJV-4×16+E16　MR/SC40　SCE	1AL1-1箱	25kW	
n2	WDZB-YJV-4×16+E16　MR/SC40　SCE	1AL1-2箱	30kW	
n3	WDZC-BYJ-4×25+E16　MR/SC40　SCE	1AL1-3箱	25kW	原回路保留
n4	WDZC-BYJ-4×25+E16　MR/SC40　SCE	1AL1-4箱	18kW	原回路保留
n5	WDZB-YJV-4×16+E16　MR/SC40　SCE	1AL1-5箱	20kW	
n6	WDZC-BYJ-4×10+E10　MR/SC32　SCE	1AL1-6箱	13kW	原回路保留

图 2-1-20

在系统图中电缆以 WDZB-YJV-4×16＋E16 进行显示的时候，其意思为：W——无卤，D——低烟，Z——阻燃，B——阻燃级别 B 级，YJV——铜芯聚乙烯绝缘护套，4 根 16mm^2＋接地线 16mm^2 的电缆。在预算中，对于电缆的规格统计按照 5×16 进行考虑即可。

② 照明系统图。照明系统图中可以看到新增 1AL1 配电箱中的 N1 回路，其导线规格为 WDZC-BYJ2×2.5＋E2.5，穿 JDG20 的钢管。水平管在吊顶内敷设、立管沿墙敷设连接照明灯具及开关（图 2-1-21）。

N1	iC65N/C16/1P	L1	WDZC-BYJ-2×2.5+E2.5-JDG20　WC/SCE	0.8kW	照明
N2	iC65N/C16/1P	L2	WDZC-BYJ-2×2.5+E2.5-JDG20　WC/SCE	0.8kW	照明
N3	iC65N/C16/1P	L3	WDZC-BYJ-2×2.5+E2.5-JDG20　WC/SCE	0.2kW	照明
N4	iC65N/C20/1P	L1	WDZC-BYJ-2×4+E4-JDG25　WC/SCE	2kW	浴霸
N5	iC65N/C20/1P	L2	WDZC-BYJ-2×4+E4-JDG25　WC/SCE	2kW	浴霸
N6	iC65N/C20/1P	L3	WDZC-BYJ-2×4+E4-JDG25　WC/SCE	2kW	浴霸
N7	iC65N/C20/1P	L1	WDZC-BYJ-2×4+E4-JDG25　WC/SCE	2kW	浴霸

图 2-1-21

（3）平面图

2.1.1 节中讲解了动力系统平面图，本节讲解案例工程的照明平面图，照明回路走向比较明确。

以 1AL1-1 配电箱下照明回路为例，可以看到该配电箱下回路均在给当前办公区不同灯具供电。图纸中没有横向或纵向跨越的情况，所以可以明确找到末端设备（图 2-1-22）。

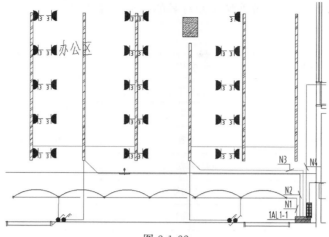

图 2-1-22

（4）系统图与平面图的结合

前面分析了照明回路的走向，以 N1 为例，可以看到 1AL1-1 下的 N1 回路给办公区的筒灯供电，系统图中 N1 回路的敷设方式为 WC/SCE，即水平配管沿吊顶内敷设，连接开关的立管沿墙敷设。在后面识别时配管高度按照吊顶高度进行考虑即可，并且立向连接灯具的立管不需要考虑其他材质，跟水平向一致即可（图 2-1-23、图 2-1-24）。

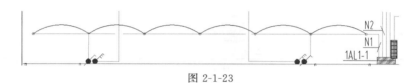

图 2-1-23

图 2-1-24

2.1.2.2　案例工程算量范围梳理

（1）CAD 图纸中可见工程量

① 照明灯具。根据清单规范要求，照明灯具以套进行计算。具体见表 2-1-7。

表 2-1-7

项目编码	项目名称	项目特征	计量单位	工程量计算规则	工作内容
030412001	普通灯具	1.名称 2.型号 3.规格 4.类型	套	按设计图示数量计算	本体安装
030412002	工厂灯	1.名称 2.型号 3.规格 4.安装形式			

　　材料表中灯具类型，除灯带外均按照灯具的类型及样式，以"套"计算。灯带按照"延长米"计算（图 2-1-25）。

▨▨▨▨	线型灯	LED，36W
⊕	筒灯	LED，15W
◈	防雾筒灯	LED，15W
▓	浴霸	2kW（照明、通风）
田	600×600面板灯	LED，36W
- - - - - - - -	LED灯带	LED，14W/m
⊕	吸顶灯	LED，18W
├────┤	T5灯管	LED，14W
◈	轨道射灯	LED，30W

图 2-1-25

　　② 开关。照明开关根据面板上开关个数，区分单联、单联双控、双联、三联、四联开关分开进行计算。由于面板上开关梳理会影响回路穿线根数，所以应根据开关的数量＋1 计算穿线根数（图 2-1-26）。

╱ ╱ ╱ ╱	（单联、双联、三联、四联）开关	10A，AC250V
╱	单联双控开关	10A，AC250V

图 2-1-26

　　③ 插座。插座根据用途区分电源插座、电视机插座和投影仪插座，应分开统计工程量，以"个"进行计算（图 2-1-27）。

▼ 10A	单相二、三眼安全型电源插座	底边离地0.3m 墙或家具设备带暗装（以装饰定位为准）
▼TD 10A	单相二、三极暗插座（电视机）	下口距地1.3m（标注除外、以装饰定位为准）
⊕ 10A	单相二、三极暗插座（投影仪）	吸顶安装

图 2-1-27

　　④ 电线。电线计算时，依据清单规范（表 2-1-18），配线根据设计实际尺寸以单根线长度进行计算，包含预留长度。

表 2-1-8

项目编码	项目名称	项目特征	计量单位	工程量计算规则	工作内容
030411004	配线	1. 名称 2. 配线形式 3. 型号 4. 规格 5. 材质 6. 配线部位 7. 配线线制 8. 钢索材质、规格	m	按设计图示尺寸以单线长度计算（含预留长度）	1. 配线 2. 钢索架设（拉紧装置安装） 3. 支持体（夹板、绝缘子、槽板等）安装

续表

项目编码	项目名称	项目特征	计量单位	工程量计算规则	工作内容
030411005	接线箱	1. 名称 2. 材质 3. 规格 4. 安装形式	个	按设计图示数量计算	本体安装
030411006	接线盒				

注：1. 配管、线槽安装不扣除管路中间的接线箱（盒）、灯头盒、开关盒所占长度。

2. 配管名称指电线管、钢管、防爆管、塑料管、软管、波纹管等。

3. 配管配置形式指明配、暗配、吊顶内、钢结构支架、钢索管、埋地敷设、水下敷设、砌筑沟内敷设等。

4. 配线名称指管内穿线、瓷夹板配线、塑料夹板配线、绝缘子配线、槽板配线、塑料护套配线、线槽配线、车间带形母线等。

5. 配线形式指照明线路，动力线路，木结构，顶棚内，砖、混凝土结构，沿支架、钢索、屋架、梁、柱、墙，以及跨屋架、梁、柱。

6. 配线保护管遇到下列情况之一时，应增设管路接线盒和拉线盒：（1）管长度每超过 30m，无弯曲；（2）管长度每超过 20m，有 1 个弯曲；（3）管长度每超过 15m，有 2 个弯曲；（4）管长度每超过 8m，有 3 个弯曲。垂直敷设的电线保护管遇到下列情况之一时，应增设固定导线用的拉线盒：（1）管内导线截面为 50mm^2 及以下，长度每超过 30m；（2）管内导线截面为 70mm^2～95mm^2，长度每超过 20m；（3）管内导线截面为 120mm^2～240mm^2，长度每超过 18m，在配管清单项目计量时，设计无要求时上述规定可以作为计量接线盒、拉线盒的依据。

7. 配管安装中不包括凿槽、刨沟，应按清单规范附录 D.13 相关项目编码列项。

8. 配线进入箱、柜、板的预留长度见清单规范表 D.15.7-8。

导线规格为 WDZC-BYJ-2×2.5＋E2.5 的线缆，在做预算的时候，应根据当地规则忽略接地线 E2.5，直接按照 WDZC-BYJ-3×2.5 进行考虑（图 2-1-28）。

1AL1-2/30kW
（参考尺寸：450W×660H×130D） 点墙暗装，底边距地15m

N1	iC65N/C16/1P	L1	WDZC-BYJ-2×2.5+E2.5-JDG20　WC/SCE	0.8kW	照明
N2	iC65N/C16/1P	L2	WDZC-BYJ-2×2.5+E2.5-JDG20　WC/SCE	0.8kW	照明
N3	iC65N/C16/1P	L3	WDZC-BYJ-2×2.5+E2.5-JDG20　WC/SCE	0.2kW	照明
N4	iC65N/C20/1P	L1	WDZC-BYJ-2×4+E4-JDG25　WC/SCE	2kW	浴霸
N5	iC65N/C20/1P	L2	WDZC-BYJ-2×4+E4-JDG25　WC/SCE	2kW	浴霸
N6	iC65N/C20/1P	L3	WDZC-BYJ-2×4+E4-JDG25　WC/SCE	2kW	浴霸
N7	iC65N/C20/1P	L1	WDZC-BYJ-2×4+E4-JDG25　WC/SCE	2kW	浴霸
	iC65N/C16/1P				备用

图 2-1-28

⑤ 电线配管。根据清单计算规则，配管的工程量以实际图示尺寸计算。不去除接线盒所占长度，且不包含凿槽、刨沟等工程量。

图纸中配管规格为 JDG25，即为套接紧定式镀锌钢导管，直径 25mm，以实际图示长度进行计算（表 2-1-9）。

表 2-1-9

项目编码	项目名称	项目特征	计量单位	工程量计算规则	工作内容
030411001	配管	1. 名称 2. 材质 3. 规格 4. 配置形式 5. 接地要求 6. 钢索材质、规格			1. 电线管路敷设 2. 钢索架设(拉紧装置安装) 3. 预留沟槽 4. 接地
030411002	线槽	1. 名称 2. 材质 3. 规格	m	按设计图示尺寸以长度计算	1. 本体安装 2. 补刷(喷)油漆
030411003	桥架	1. 名称 2. 型号 3. 规格 4. 材质 5. 类型 6. 接地方式			1. 本体安装 2. 接地

⑥ 浴霸。清单中对于浴霸按照小电器进行考虑，根据图示数量以"套"进行计算。

（2）CAD 图纸中未见工程量

① 接线盒。

a. 接线盒的分类。接线盒是一个统称，从分类上讲包括普通型接线盒、接插型接线盒、防溅型接线盒、防水型接线盒等。从安装位置上来讲，接线盒一般安装在现浇地板下、梁侧、墙内等（图 2-1-29、图 2-1-30）。

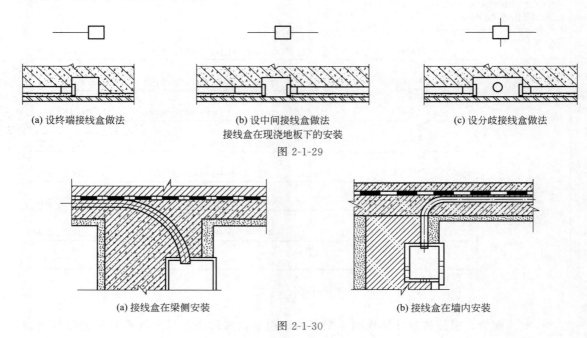

(a) 设终端接线盒做法　　　(b) 设中间接线盒做法　　　(c) 设分歧接线盒做法
接线盒在现浇地板下的安装
图 2-1-29

(a) 接线盒在梁侧安装　　　(b) 接线盒在墙内安装
图 2-1-30

灯头盒（图 2-1-31）主要用于分线给灯具。施工中在灯头盒位置会预留电线为后续连接灯具做准备。灯头盒一般是明敷的，方便施工中找到对应灯具点位，所以计算的时候根据灯具数量统计灯头盒的数量。

开关盒与插座底盒作为分接线位置，一般暗敷在墙内（图 2-1-32）。计算的时候一般根据开关及插座数量进行统计。

图 2-1-31

图 2-1-32

　　b. 接线盒计算原则。安装电气设备（开关、插座、灯具等）的位置应设置接线盒、线缆分支或在导线规格改变时设接线盒，水平管敷设时，应根据长度及弯折个数计算接线盒。

　　c. 计算方式。以个数计算。为了核对量方便可以按照安装部位分开计算，如开关、插座、灯具等分开统计；或者按照材质区分计算，如塑料盒、钢制接线盒、八角盒等。

　　② 剔槽。实际施工中电气导管在砌块墙内暗敷设需要计算剔槽（也叫开槽）。对于剔槽清单计算规范要求按照设计图示尺寸以长度计算（表 2-1-10）。

表 2-1-10

项目编码	项目名称	项目特征	计量单位	工程量计算规则	工作内容
030413002	凿(压)槽	1. 名称 2. 规格 3. 类型 4. 填充(恢复)方式 5. 混凝土标准	m	按设计图示尺寸以长度计算	1. 开槽 2. 恢复处理

　　关于剔槽，一般是依据图纸说明进行考虑，当图纸上没有明确要求时，根据现场情况进行补充。对于剔槽的计算按照延长米进行考虑，实际施工中多管踢宽槽的情况，不在此进行讲解（图 2-1-33）。

　　③ 管线预留。根据清单要求，电气照明管线在进入箱、柜时需要预留一定电线。根据实际图纸情况进行分开考虑，当前案例工程中，电线需要从配电箱引出至末端设备，每趟回路的电线需要计算半个周长的预留长度（表 2-1-11）。

图 2-1-33

表 2-1-11　　　　　　　　　　　　　　　　　　　　单位：m/根

序号	项　目	预留长度/m	说　明
1	各种开关箱、柜、板	高+宽	盘面尺寸

续表

序号	项　目	预留长度/m	说　明
2	单独安装（无箱、盘）的铁壳开关、闸刀开关、启动器、线槽进出线盒等	0.3	从安装对象中心算起
3	由地面管子出口引至动力接线箱	1.0	从管口计算
4	电源与管内导线连接（管内穿线与软、硬母线接点）	1.5	从管口计算
5	出户线	1.5	从管口计算

2.1.3　防雷接地系统

2.1.3.1　识图解析

（1）防雷图

① 防雷装置组成。建筑物防雷装置通常由接闪器、避雷带、引下线、均压环组成，工作原理是通过接闪器将雷电引入大地，从而防止建筑物被雷击。

② 图纸说明详情。从设计说明中可以获取防雷接地的相关措施，根据措施内容查阅设计提供的图集做法，并根据做法计算相应工程量（图 2-1-34）。

八、防雷接地与安全

根据《建筑物防雷设计规范》[GB 50057—94(2000年版)]，经计算建筑物年预计雷击次数为0.07>0.06次。故按三类防雷建筑物设计防雷。

屋顶敷设避雷带，利用建筑物柱内结构钢筋做引下线，利用筏形基础内主钢筋做接地体。详见防雷装置平面图。

低压配电系统的接地型式为TN-S系统。要求PE线和N线自变电所低压开关柜开始分开，不再相连。

防雷接地、电气安全接地以及其他需要接地的设备，均共用接地装置，接地电阻不大于0.5Ω。

在电缆桥架内敷设一条40×4的镀锌接地扁钢作为线路接地干线。

图 2-1-34

系统图常见内容包括建筑物的防雷级别、避雷带与接闪器的安装位置、引下线的施工要求等。

根据平面图中相关介绍可以知道，接闪器与避雷带位置通过是否有金属栏杆进行判断。有金属栏杆的地方以金属栏杆作为接闪器，此处算量需要根据各地方计算规则进行焊接数量的统计。无金属栏杆的地方安装避雷带及避雷带支架支、堆等。

高出屋面的金属物、构筑物均要与避雷带连接。代表金属栏杆、金属管道、风机设备、室外配电箱（柜）等一系列的图元均要绘制并连接到避雷带上（图 2-1-35）。

注：

1. 根据《建筑物防雷设计规范》[GB 50057—94(2000年版)]，经计算建筑物年预计雷击次数为0.07>0.06次。本建筑物按三类防雷建筑物考虑。

2. 利用高出屋面的金属栏杆（焊接成连续的电气通路）作接闪器，无金属栏杆处采用ϕ10圆钢做避雷带。编号1～19#处利用结构柱内的钢筋（>2ϕ16为一组）做引下线，自顶至底焊成连续的电气通路，其上端与避雷带和金属栏杆相焊接，底部与接地体焊接。

3. 避雷带支架安装参见99D501-1第2-09页，间距1.0m，转弯处0.5m。

4. 高出屋面的金属物构筑物，均需与避雷带连接。

图 2-1-35

引下线应在建筑物上至女儿墙下至接地筏板基础的范围连接。由于引下线利用建筑物钢筋进行引下，是自上而下的一个整体，不能设置断接卡子，要在作为引下线的柱主筋上另焊一根圆钢引至外侧的墙体上，在距地 1.8m 位置设置接地电阻测试箱（图 2-1-36）。

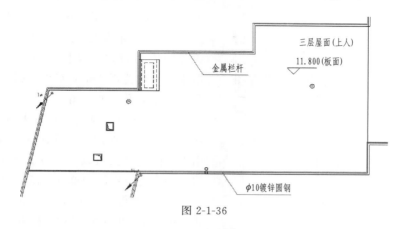

图 2-1-36

在接地平面图中可以看到测试板位置。位置同上述要求距地 1.8m。

本节仅对避雷网相关内容进行讲解，以金属栏杆作为接闪器不作为讲解内容。

（2）接地图

① 接地装置组成。建筑物接地装置通常包括接地体（又称接地极）、接地线、等电位联结、均压带等。作用同避雷装置，在此不多描述。

② 图纸说明详情。设计说明中可以了解到本建筑物接地体是以筏形基础内主筋进行接地，属于自然接地体；室内金属物接地连接到等电位端子箱，并且在桥架内敷设一条 40mm×4mm 的镀锌扁钢作为桥架接地线，最终连接到筏形基础接地体中（图 2-1-37）。

低压配电系统的接地型式为 TN-S 系统。要求 PE 线和 N 线自变电所低压开关柜开始分开，不再相连。

防雷接地、电气安全接地以及其他需要接地的设备，均共用接地装置，接地电阻不大于 0.5Ω。

在电缆桥架内敷设一条 40×4 的镀锌接地扁钢作为线路接地干线。

九、等电位联结

为用电安全，本建筑物作总等电位联结，在地下室变配电室内安装一总等电位联结端子箱，把进出本建筑物的公用设施的

金属管道，配电柜的 PE 母排等，通过等位联结端子板互相连通。在消防控制室、电气小室、浴室等场所需作局部等电位。具体做法与要求参见

图集 02D501-2《等位电联结安装》。

在配电变压器高、低压侧各相上装设避雷器；电梯电源箱内、弱电机房及室外照明配电箱要加装 SPD 电涌保护器。

图 2-1-37

从平面图上可以了解到筏板基础上通过接地线连接，并在编号为 2、3、4、5、6、7、10、11、13# 点墙外侧地坪 0.5m 处做测试板，并且将接地线引出到建筑物外，埋深应在 0.8~1m 之间（图 2-1-38）。

注：

1. 在 2，3，4，6，7，10，11，13# 点墙外侧距室外地坪 0.5m 处做测试板，其做法见图集 99D501-1 第 2-22 页，做法 B。在与外墙防雷引下线相对应的室外埋深 0.8m 处由该引下线 甩出一根 40×4 镀锌扁钢，其做法见图集 92DQ13-22。

2. 接地电阻不大于 0.5Ω，施工完毕经实测，若不能满足，需增设人工接地体。

3. 施工时，各专业应密切配合。

图 2-1-38

预埋测试板尺寸为 150mm×60mm×6mm 的钢板，预埋在 -4.8m 位置。根据图示数量计算（图 2-1-39）。

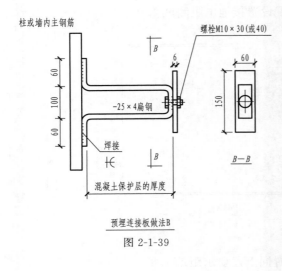

预埋连接板做法B

图 2-1-39

2.1.3.2 案例工程算量范围梳理

(1) CAD 图纸中可见工程量

① 避雷带及支架。避雷带以 φ10mm 的镀锌圆钢为材料，以长度进行计算。支架根据避雷带位置以 1m 为间距进行布置，拐弯处每 0.5m 布置一个（图 2-1-40）。

② 引下线。自女儿墙至接地筏形基础连接，以延长米或数量进行计算，需要注意说明引下线的规格及组数，一般引下线以 2 根为一组，还应注意定额的单位转换（图 2-1-41）。

③ 接地母线。室外 −0.8m 位置敷设一根 40mm×4mm 的镀锌扁钢。根据图集 92DQ13−22 的要求，计算 1.2m 长度值（图 2-1-42）。

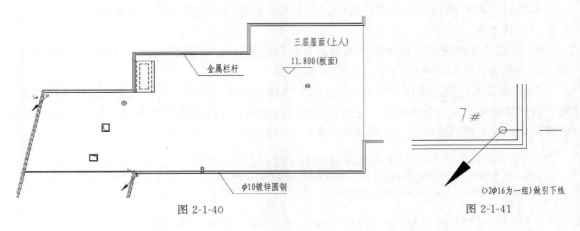

图 2-1-40

图 2-1-41

④ 等电位联结。等电位联结包括总等电位联结、辅助等电位联结及局部等电位联结三类。分别以个数计算（图 2-1-43）。

⑤ 预埋件。预埋板根据图集以 150mm×60mm×6mm 的钢板制作而成，以个数计算（图 2-1-44）。

⑥ 测试板测试。测试板根据图集要求，以 150mm×60mm×6mm 的钢板制作而成，以个数计算（图 2-1-45、图 2-1-46）。

(2) CAD 图纸中未见工程量

① 门、窗、栏杆接地。

② 防雷跨接。高出屋面的金属结构需要做防雷跨接处理，以"处"进行计算（图 2-1-47）。

③ 预留工程量。根据清单要求，接地母线、引下线、避雷网按照全长×3.9% 预留工程量（表 2-1-12）。在计算完接地母线、避雷网、引下线后需要考虑整体长度再计算整体 3.9% 的预留。

利用柱内主筋做引下线引出防水层做法

图 2-1-42

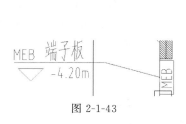

图 2-1-43

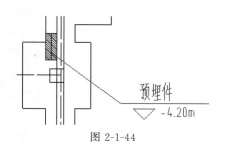

图 2-1-44

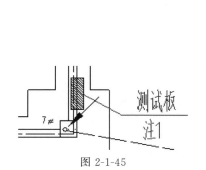

图 2-1-45

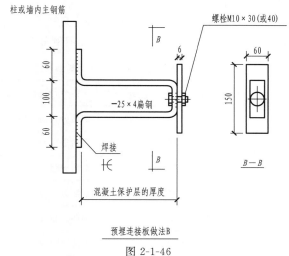

图 2-1-46

4. 高出屋面的金属物构筑物,均需与避雷带连接。

图 2-1-47

表 2-1-12 单位:m

项　　　目	附加长度	说　　　明
接地母线、引下线、避雷网附加长度	3.9%	按接地母线、引下线、避雷网全长计算

2.1.4 火灾报警系统

2.1.4.1 识图解析

（1）图纸介绍

以某工程的施工图纸为例进行解读:本工程为某大楼装饰工程（一层至五层）,建筑面积12343m²。其中消防报警系统以原建筑一次设计为准,本次设计仅根据装饰设计要求按照相关规范调整末端点位的位置以及管线的路由。

根据建筑类别、使用性质、火灾危险性、疏散及扑救难度,本工程火灾自动报警系统采用总线型集中报警联动控制系统。系统通过点型火灾报警探测器和手动报警按钮相结合的方式进行火灾自动报警,系统设置声光报警及消防专用电话并对消火栓、水喷淋、防排烟等系统进行监控。消防干线线路经桥架引至一层消防控制中心。

对于设计说明中提到的总线制说明：总线型集中报警联动控制系统是目前主流的报警控制方式，在总线制报警系统中信号二总线由两根线组成，可以为探测器、报警按钮等报警设备单独供电和通信，总线制系统节省了施工中的线缆成本并且为后期维护带来了便利。

《火灾自动报警系统设计规范》GB 50116—2013 中对火灾自动报警系统的定义：探测火灾早期特征、发出火灾报警信号，为人员疏散、防止火灾蔓延和启动自动灭火设备提供控制与指示的消防系统。

（2）系统图。火灾自动报警系统的系统图主要表达的是各部分消防设备（如烟感、温感、报警按钮、各类模块）的连接与配线关系，但不能表达出各类报警设备的详细安装位置、规格型号等信息。

① 读取火灾报警系统图需要了解的信息。了解材料表中各类报警器具的图例，最好熟记常见的图例。常见的火灾报警系统设备图例如表 2-1-13。

表 2-1-13

序号	图例	名称	型号与规格	安装方式	备注
1		智能感烟探测器	消防分包商提供	吸顶	
2		智能感温探测器	消防分包商提供	吸顶	
3		带电话插孔的手动报警按钮	消防分包商提供	挂壁安装,底边距地 1.3m	
4		火灾声光报警器	消防分包商提供	挂壁安装,底边距地 2.3m	
5		火灾报警扬声器	消防分包商提供	吸顶	功率不小于 5W
6		消防接线端子箱	消防分包商提供	距地 1.5m,挂墙式	
7		火灾楼层显示盘	消防分包商提供	距地 1.3m,挂墙式	
8	SI	总线短路隔离器	消防分包商提供	消防接线端子箱内	
9	I/O	模块箱	消防分包商提供	详见消防系统电施图	
10	I/D	输入输出模块	消防分包商提供	详见消防系统电施图	
11		消火栓按钮		安装消火栓箱中	
12		水流指示器		详见水施图	
13		信号检修阀		详见水施图	
14	FHM	防火门监控模块	弱电分包商提供	详见消防系统电施图	
15	280℃	280 度防火阀		详见暖施图	
16		防烟防火阀(70℃熔断关闭)			土建已预留
17		正压送风口(70℃熔断关闭)			土建已预留
18	P	压力开关			土建已预留
19	JL1	防火卷帘			土建已预留
20		光束感烟探测器(发射端)			土建已预留
21		光束感烟探测器(接收端)			土建已预留

常见的报警系统图例，如智能感烟探测器加上"EX"指防爆要求的报警设备（一般设置在有防爆要求的特殊场所），如表 2-1-14。

表 2-1-14

序号	图例	名称	图例	名称	安装方式
1	⌐S⌐	智能感烟探测器	⌐S⌐EX	防爆感烟探测器	吸顶

② 读取火灾报警系统图。了解各类 CAD 线型所代表的管线类型以及敷设方式（图 2-1-48）。

—— S —— 报警及联动总线：WDZCN-RYJS-2×1.5mm²-SC25-CC/WC

—— D —— 24V电源线：WDZCN-BYJ-2×2.5mm²-SC25-CC/WC

—— S+D —— 报警及联动总线+24V电源线：WDZCN-RYJS-2×1.5mm²+WDZCN-BYJ-2×2.5mm²-SC25-CC/WC

—— BC —— 消防广播线：WDZCN-RYJS-2×1.5mm²-SC25-CC/WC

—— F —— 消防电话线：WDZCN-RYJS-2×1.5mm²-SC25-FC/WC

—— M —— 监控通信总线+24V电源线：WDZCN-RYJS-2×1.5mm²+WDZCN-BYJ-2×2.5mm²-SC25-CC/WC

图 2-1-48

在本例工程中所使用的主要线型有：报警及联动总线（S）、24V 电源线（D）、报警及联动总线＋24V 电源线（S＋D）（通常 S＋D 表示一根管内同时穿报警及联动总线和电源线，即一管共线）、消防广播线（BC）、消防电话线（F）、监控通信总线＋24V 电源线（M）。结合系统图与表 2-1-13 材料表中的图例可以判断出每个报警器具所连接的线缆规格型号以及对应线缆的起点信息。

比如图中消防广播线（图 2-1-49）。

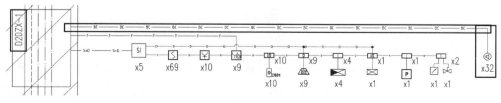

图 2-1-49

起点是由 D2DZX-1 引出，连接了 32 个火灾报警扬声器（其中 32 个为设计时的数量，可以用来参考，但是实际的数量需要以平面图为准）。

此例子只是为了让读者对火灾报警系统图有一个基本的了解，在火灾报警系统图中最不好理解的点主要在于 SD 线与 S 线、D 线之间的配线关系，下面用图 2-1-50 进行说明。

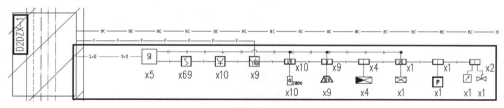

图 2-1-50

在图 2-1-48 中同样的一段路径的起点是由 D2DZX-1 引出的报警及联动总线＋24V 电源线（S＋D 线）连接了短路隔离器（SI）。之后其中的报警及联动总线连接了感烟探测器、消火栓报警按钮、手动报警按钮、输入输出模块、声光报警器的输出模块、输入模块。其中的24V 电源线连接了输入输出模块、声光报警器的输出模块。

目前火灾报警控制系统主流的配电方式是报警及联动控制总线来同时负责探测器、手动报警按钮以及各类模块的通信供电（部分特殊的探测器、输入输出模块、声光报警装置等需要单独的消防电源供电）。

（3）平面图

消防报警平面图与电气平面图一样，主要描述的是消防线路、探测器和设备的位置关系。平面图图例并不像建筑图可以表示尺寸，多为示意之用，比如探测器的实际尺寸并不会像图例那样大。

结合材料表可以确定平面图各个报警设备所处的空间位置以及相应的安装高度。

如表 2-1-13 材料表中第 5 项的火灾报警扬声器，安装方式为吸顶安装，功率要求不小于 5W。

了解了以上信息之后，在平面图中就可以找到每个扬声器的安装位置以及明确每个扬声器之间通过 BC 线进行连接（图 2-1-51）。

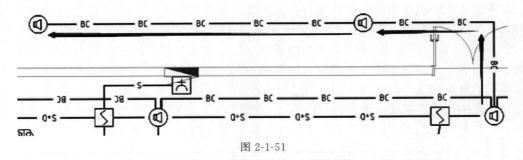

图 2-1-51

（4）系统图与平面图的结合

① 看图的整体流程。通过对报警系统图和平面图的分析，我们对火灾自动报警系统的对应关系已经有了基本的理解。接下来按照与系统图所对应的报警器具的连接关系来结合平面图举例。

——BC—— 消防广播线：WDZCN-RYJS-2×1.5mm²-SC25-CC/WC
图 2-1-52

同样的火灾报警扬声器，平面图说明它们通过 BC 线进行连接，系统图（图 2-1-52）说明 BC 线的规格型号为：WDZCN-RYJS-2×1.5mm²，穿 SC25 的焊接钢管沿墙、顶板暗敷设。

明确了火灾报警扬声器的安装位置，以及它们之间的配线关系、路由走向，再结合《通用安装工程工程量计算规范》GB 50856—2013 的工程量计算规则就可以对消防广播线进行工程量的计算了。

② 火灾报警施工图的阅读方法。结合材料表熟悉报警系统的图例符号，搞清楚每个图例和符号所代表的内容。此部分知识可以通过查看制图标准《建筑电气制图标准》GB/T 50786—2012 来进行拓展补充。读图时，各部分图纸应该协调配合阅读。

对于案例工程，图纸目录与设计说明可以帮助我们去了解工程名称、项目内容、设计深度、工程概况以及图纸中未能表达清楚的相关事项；通过查看材料表去了解各报警设备以及材料的特性、规格型号等；查看报警系统图可了解报警系统各部分配线关系以及主要报警设备之间的连接情况；查看平面布置图可了解各部分报警器具、设备的具体安装位置情况。在读图时应根据需要，将各部分图纸结合起来，以达到对整个工程全面了解的目的。

2.1.4.2 案例工程算量范围梳理

（1）CAD 图纸中可见工程量

通过以上叙述我们对案例工程的自动报警系统已经有了基本的了解。本书按照《通用安装工程量计算规范》GB 50856—2013 并结合案例图纸进行讲解，首先是依据清单的内容罗列出在案例工程图纸中需要计算的内容。

① 需要统计数量的部分（表 2-1-15）。

表 2-1-15

项目编码	项目名称	项目特征	计量单位	工程量计算规则	工作内容
030904001	点型探测器	1. 名称 2. 规格 3. 线制 4. 类型	个	按设计图示数量计算	1. 底座安装 2. 探头安装 3. 校接线 4. 编码 5. 探测器调试
030904003	按钮	1. 名称 2. 规格	个	按设计图示数量计算	1. 安装 2. 校接线 3. 编码 4. 调试
030904004	消防警铃				
030904005	声光报警器				
030904006	消防报警电话插孔（电话）	1. 名称 2. 规格 3. 安装方式	个（部）		
030904007	消防广播（扬声器）	1. 名称 2. 功率 3. 安装方式			
030904008	模块（模块箱）	1. 名称 2. 规格 3. 类型 4. 输出形式	个（台）		

各类探测器、手动报警按钮、消火栓按钮、声光报警器、总线短路隔离器、火灾楼层显示盘、消防接线端子箱的计算规则都是按设计图示数量计算，在统计数量的时候需要注意名称、规格、安装方式等。

② 需要统计长度的部分。消防报警系统配管配线接线盒均应按电气设备安装工程相关项目编码列项（表 2-1-16）。

表 2-1-16

项目编码	项目名称	项目特征	计量单位	工程量计算规则	工作内容
030411001	配管	1. 名称 2. 材质 3. 规格 4. 配置形式 5. 接地要求 6. 钢索材质、规格	m	按设计图示尺寸以长度计算	1. 电线管路敷设 2. 钢索架设(拉紧装置安装) 3. 预留沟槽 4. 接地
030411002	线槽	1. 名称 2. 材质 3. 规格			1. 本体安装 2. 补刷(喷)油漆
030411003	桥架	1. 名称 2. 型号 3. 规格 4. 材质 5. 类型 6. 接地方式			1. 本体安装 2. 接地

配管、配线的计算规则见表 2-1-17,本项目中的配管、配线,如报警及联动总线的 SC25 管道工程量,WDZCN-BYJ-2.5mm^2 的导线工程量,WDZCN-RYJS-2×1.5mm^2 的导线工程量参照本规则。

表 2-1-17

项目编码	项目名称	项目特征	计量单位	工程量计算规则	工作内容
030411004	配线	1. 名称 2. 配线形式 3. 型号 4. 规格 5. 材质 6. 配线部位 7. 配线规则 8. 钢索材质、规格	m	按设计图示尺寸以单线长度计算(含预留长度)	1. 配线 2. 钢索架设(拉紧装置安装) 3. 支持体(夹板、绝缘子、槽板等)安装

(2)CAD 图纸中未见工程量

① 需要统计数量的部分(表 2-1-18)。

表 2-1-18

项目编码	项目名称	项目特征	计量单位	工程量计算规则	工作内容
030411005	接线箱	1. 名称 2. 材质 3. 规格 4. 安装形式	个	按设计图示数量计算	本体安装
030411006	接线盒				

导管预埋的接线盒;电力电缆的终端头。

② 需要统计长度的部分(表 2-1-19)。

表 2-1-19

单位:m/根

序号	项目	预留长度	说 明
1	各种箱、柜、盘、板、盒	高+宽	盘面尺寸

续表

序号	项目	预留长度	说　明
2	单独安装的铁壳开关、自动开关、刀开关、启动器、箱式电阻器、变阻器	0.5	从安装对象中心算起
3	继电器、控制开关、信号灯、按钮、熔断器等小电器	0.3	从安装对象中心算起
4	分支接头	0.2	分支线预留

　　按照计算规则导线进入配电箱柜之后的预留长度；在导线进入箱柜中，需要计算对应外部进出线的预留长度，对应计算规则中的要求就是需要额外计算盘面尺寸的（高＋宽）。

　　按照计算规则电缆进入配电箱柜之后的也需要考虑相对应的预留以及附加长度（2.5％）；由于平面图纸中只能看到平面，计量是要注意考虑各报警器具与水平管线的标高差值的计算。

2.2　水专业案例图纸

2.2.1　给排水系统

2.2.1.1　识图解析

　　（1）图纸介绍

　　① 建筑给水排水施工图的组成。建筑给水排水施工图是进行给水排水工程施工的指导性文件，它采用图形符号、文字标注、文字说明相结合的形式，将建筑中给水排水管道的规格、型号、安装位置、管道的走向布置以及用水设备等相互间的联系表示出来。根据建筑的规模和要求不同，建筑给水排水施工图的种类和图样数量也有所不同，常用的建筑给水排水施工图主要包括说明性文件、系统图、平面图、详图、给水排水支管图，具体见图 2-2-1。

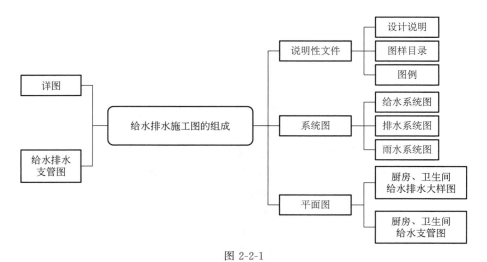

图 2-2-1

　　说明性文件包括给水排水工程的设计说明、图样目录、图例等。

　　设计说明主要阐述整个给水排水工程设计的依据、施工原则和要求、建筑特点、安装标准和方法、工程等级、工艺要求及有关设计的补充说明等。

图样目录包括序号、图样名称、编号和张数等。

图例即图形符号，一般只列出与设计有关的图例，包括给水排水管道的标志、管道附件、用水设备的图例，以供造价人员参考。

给水排水工程系统图包括给水系统图、排水系统图、雨水系统图等，它是用符号和线段概略表示给水排水管道的竖向布置、管道的走向以及楼层标高的一种简图，是表现系统中各管道和用水设备的上下、左右、前后之间空间位置及其相互连接关系的图样。

通过系统图，可以清楚地了解整个建筑物内给水排水管道的竖向布置情况以及管道的规格、管道在每层的敷设高度、管道在每层将要连接的设备等情况，可以了解整个工程的供水、排水全貌和管路走向关系。

② 设计总说明中的重点关注信息。关于给排水设计总说明中的重点关注信息，以"广联达大厦给排水图纸"为例。给排水设计总说明一般包括设计说明、施工说明、图纸目录、主要给排水设备一览表、图例表等几个部分。

a. 设计说明。在设计说明中，一般会详细说明楼层布置、建筑高度、设计依据、设计范围、给排水包含的多个系统组成等，我们应该重点关注数据类和标准范围类信息，目的是对整体的工程算量有准确的了解，为后续建模算量打下基础，做到心中有数，设计说明信息如图 2-2-2。

设计说明
本图为广联达软件园研发办公楼给排水施工图。本工程地下一层，地上三层，地下一层为设备用房、职工餐厅及车库，地上为办公用房。
本工程建筑面积：11151.7m，建筑高度13m，建筑物耐火等级为二级，为多层办公建筑。
一、设计依据
1、《建筑给水排水设计规范》(GB50015-2003)
2、《建筑排水硬聚氯乙烯管道工程技术规程》GJJ/T29-98
3、《建筑灭火器配置设计规范》(GB50140-2005)
4、《建筑设计防火规范》(GB50016-2006)
5、《自动喷水灭火系统设计规范》(GB50084-2001)(2005年版)
6、《建筑给水聚丙烯管道工程技术规范》GB/T50349-2005
7、甲方提供的施工图设计任务书及其他设计要求
8、建筑及有关专业提供的作业图及设计资料。
二、设计范围
本设计范围包括室内给排水设计及消防设计。
三、给排水系统
本建筑设有生活给水系统、中水给水系统、排水系统、消火栓给水系统、喷淋系统、雨水排水系统，并配有手提式灭火器。

图 2-2-2

b. 施工说明。在施工说明中，一般会详细说明尺寸标高计算原则、管道材料及连接方式、卫生器具、阀门及附件、管道敷设、刷油防腐、管道保温、管道工作压力、卫生器具及排水构筑物安装图集、其他施工说明等，我们应该重点关注数据类和设备属性类等信息，目的是保证后续安装工程建模算量的精细化和准确性，给排水施工图如图 2-2-3。

c. 图纸目录。图纸目录是 CAD 图纸中所有图纸的分类目录列表，包含图号和图名。本例选用的"广联达大厦"图纸就包含了 16 张图（图 2-2-4）。

d. 主要给排水设备一览表。包含本工程图纸中主要设备的设备名称、型号规格、数量和备注等，可以清晰地查看各类设备的属性，以便于算量工作的准确开展，主要给排水设备一览表如图 2-2-5。

施工说明

一、一般说明

1、图中尺寸除标高以米计外，其余以毫米计。

2、图中标高为相对标高，±0.00相当于绝对标高47.25m，室内外地面标高差0.45m，给水管道标高指管中心标高，排水管道标高指管道内底标高。

二、管道材料及连接方式

1、中水给水管道及生活给水管道干管及立管采用内筋嵌入式衬塑钢管，卡式快装连接，卫生间内暗装及埋地敷设支管及热水管采用PP-R管，热熔连接，冷水管为S4.0级，热水管为S3.2级。图中PP-R管道管径标注为公称直径，如按外径采购，管径应放大一号。

2、废水及生活污水立管采空壁消音硬聚氯乙烯(PVC-U)管，横支管采用PVC-U排水管，粘接。立管底部横干管采用柔性接口机制铸铁管。

3、消火栓给水管道采用焊接钢管，焊接或法兰连接。

4、喷淋管道采用内外壁热浸镀锌钢管，管径小于DN100丝接，管径大于或等于DN100卡箍连接。

5、屋面雨水内排水管道采用焊接钢管，焊接。下沉庭院内连接雨水口至集水坑管道采用高密度聚乙烯双壁波纹管，橡胶圈接口。

6、其他管道包括压力排水管道、水箱溢流管道及放空管道等采用热浸镀锌钢管，丝接。

三、卫生洁具

1、本工程卫生洁具由甲方确定，所有卫生洁具和配件必须是建设部认定的节水产品。

2、卫生洁具需预留洞处请在施工时与土建专业密切配合。

四、阀门及附件

1、管径≤DN50采用铜截止阀，管径>DN50采用全铜闸阀或蝶阀，工作压力1.6MPa。

图 2-2-3

图纸目录

图号	图名	图号	图名
水施-1	图目录、图例、主要设备表及设计说明	水施-9	三层喷淋平面图
水施-2	地下一层给排水及消火栓平面图	水施-10	水箱间层给排水及消防平面图
水施-3	首层给排水及消火栓平面图	水施-11	消防泵房及屋顶水箱间大样图
水施-4	二层给排水及消火栓平面图	水施-12	卫生间大样图(一)
水施-5	三层排水及消火栓平面图	水施-13	卫生间大样图(二)
水施-6	地下一层喷淋平面图	水施-14	生活给水及中水给水系统图
水施-7	首层喷淋平面图	水施-15	排水系统图
水施-8	二层喷淋平面图	水施-16	消防给水系统图

图 2-2-4

主要给排水设备一览表

序号	设备名称	型号规格		单位	数量	备注
1	消火栓泵(稳压缓冲消防泵)	XBD5.5/15-15-HY	$Q=0\sim15L/s$　$H=55m$　$P=15kW/台$	台	2	配螺栓、进出口阀门、压力表等，不包括控制柜，如包括控制柜，控制要求见电气专业图纸
2	喷淋泵(稳压缓冲消防泵)	XBD5.5/35-30-HY	$Q=0\sim35L/s$　$H=55m$　$P=30kW/台$	台	2	配螺栓、进出口阀门、压力表等，不包括控制柜，如包括控制柜，控制要求见电气专业图纸
3	消火栓及喷淋系统增压稳压装置ZWL-1-XZ-10型	包括囊型隔膜式气压罐1台，型号为SQL1000×0.6，工作压力比0.7，消防贮水容积450L，增压泵2台，型号为25LGW3-10×4，$Q=0.67\sim1.31L/s$；$H=41.6\sim30.8m$，$P=1.5kW$；安全阀、增压泵出口蝶阀、止回阀、电接点压力表等		套	1	安装参见标准图集98S205稳压罐体作保温，保温厚度50mm不包括控制柜，如包括控制柜，控制要求见电气专业图纸
4	高强组合式搪瓷钢板水箱(消防水箱)	4000×3000×2000		台	1	带内外爬梯，玻璃液位计等，水箱采用50mmPVC/NBR橡塑海绵保温材料保温
5	反冲洗潜污泵	100JYWQ-80-13-2000-5.5，$Q=80m/h$，$H=13m$，$P=5.5kW$		台	2	1用1备，固定式安装，配控制柜控制要求见电气图
6	反冲洗潜污泵	50JYWQ-15-15-1200-1.5，$Q=15m/h$，$H=15m$，$P=15kW$		台	9	其中2台固定自嵌式安装，其他均为固定式安装，配控制柜，控制要求见电气图
7	反冲洗潜污泵	BO-JYQW-50-12-1600-4，$Q=50m/h$，$H=12m$，$P=4kW$		台	2	固定式安装，配控制柜，控制要求见电气图，用于消防泵房集水坑
8	全自动水质处理机	DSC-Ⅱ型，$P=0.3kW$		台	3	消防水箱1套，消防水池2台
9	电热水器	$P=3kW$		台	2	

图 2-2-5

e. 图例表。图例表（图 2-2-6）是最重要的一张表格，清楚地列出图纸中所包含的大部分图例所表示的设备名称，方便我们以此为标准来对设备赋予准确的属性，避免凭经验识别而造成图纸中图例识别错误，避免返工。

图例

图例	名称	图例	名称
——J——	生活给水管		弹簧止回阀
——Y——	雨水排水管		通气帽 立管检查口
---------W---------	生活污水管		地漏
——YP——	压力排水管		清扫口
——XF——	消火栓给水管		室内消火栓
——Z——	中水给水管		信号阀
——ZP——	自动喷水灭火系统给水管道	○L	水流指示器
——F——	废水管道		湿式报警阀
	闸阀		吊顶型喷头
	蝶阀		直立型喷头
	铜截止阀		自动排气阀
	止回阀	MFT/ABCS0	手推车式磷酸铵盐干粉灭火器
	可曲挠橡胶接头	○	排水检查井
	隔膜式液位阀		雨水口

图 2-2-6

③ 给排水图纸涉及的安装方式介绍。

a. 管道安装。管道安装过程中，常见的管材、管径和连接方式见表 2-2-1。

表 2-2-1

管材	管径	连接方式
PP-R/PVC	表示方法：De（外径）	热熔连接
镀锌钢管	表示方法：DN（公称直径） $DN \leqslant 100$ $DN > 100$	螺纹连接 沟槽连接
给水铸铁管	全部	承插连接

常见管径（mm）包括 15、20、25、32、40、50、65、80、100、125、150、200、250、300、400、500、600、700 等 18 个常用规格。

管道连接方式有沟槽连接和承插连接。沟槽连接是一种新型的钢管连接方式，也叫卡箍连接；承插连接主要用于带承插接头的铸铁管、混凝土管、陶瓷管、塑料管等。

根据 2013 版《建设工程工程量清单计价规范》编制给排水管道清单项目，如涉及管道除锈、油漆，支架的除锈、油漆，管道绝热、防腐等工作内容时，可参照《全国统一安装工程预算定额》第十一册的《刷油、防腐、绝热工程的工料机耗用量》进行计价。

防腐：防止金属管道锈蚀，在敷设前进行防腐处理。一般做法为刷防锈漆两道、银粉面漆两道，有防潮或是隔热要求的管道应先做防腐，后做保温。

保温：有防冻要求的生活给水管需做保温。保温层由绝热层和保护层组成。

冲洗：管道交付使用前须用水冲洗，冲洗速度大于或等于 1.5m/s。

试压：管道安装完毕后应做水压试验，在试验压力下，10min 内压力降不大于 0.05MPa，在工作压力下做外观检查，应不渗不漏。

b. 管卡、支架安装。用于地上架空敷设管道支承的一种结构件。支、托架如图 2-2-7，其中（a）是管卡，（b）是托架，（c）是吊环。

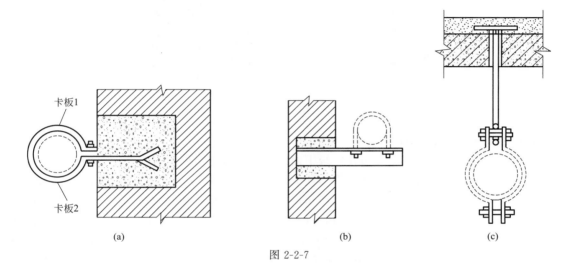

图 2-2-7

c. 套管安装。套管安装的作用包括：保护管道不被破坏；安装管道及维修管道方便；有水房间的套管，还有一定的防止水渗、流、淌到下层的作用。套管种类包括普通套管、防水套管，防水套管包括刚性防水套管、柔性防水套管。

d. 管道附件安装。水表：就是计量装置，应在有水量计量要求的建筑物装设水表，住宅建筑应在配水管和分户管上设置水表。

阀门：安装前应做强度和严密性试验。管径≤50mm，宜采用闸阀或球阀；管径＞50mm，宜采用闸阀或蝶阀。

管件：是将管子连接成管路的零件。管件包括大小头、弯头、三通、四通等，管件多用与管子相同的材料制成。

e. 设备安装。水泵：水泵是输送液体或使液体增压的机械。一般高层建筑、大型民用建筑、居住小区等都应设置备用泵。

水箱：用于储水和稳定水压。

储水池：是建筑给水常用的调节水量和储存水的构筑物，采用钢筋混凝土、砖石等材料建成，形状多为圆形和矩形。

f. 卫生器具安装。常见洗脸盆按安装方式可分为台式洗脸盆、立柱式洗脸盆、壁挂式洗脸盆；按照洗脸盆龙头安装孔划分，包括无孔洗脸盆、单孔洗脸盆、三孔洗脸盆。

洗脸盆排水管长度一般为 350mm，淋浴器为 1200mm，洗衣机为 1200mm，座便器为 350mm。

g.存水弯安装。存水弯是连接在卫生器具与排水支管之间的管件，作用是防止排水管内腐臭、有害气体、虫类等通过排水管进入室内。存水弯有水封，因此一般都包含在卫生器具中。管式存水弯包括 P 形和 S 形两种：P 形管式存水弯适用于所接的排水横管标高较高的位置，S 形管式存水弯适用于所接的排水横管标高较低的位置。

h.通气帽安装。通气帽一般安装在高出屋顶 700mm 的位置，是排水管道最顶端，作用是排除空气、使排水管内不进入杂物。通气帽图例与实物如图 2-2-8。

图 2-2-8

i.地面清扫口安装。地面清扫口如图 2-2-9。

地面清扫口安装要点：当悬吊在楼板下面的污水横管上有两个及两个以上的大便器或三个及三个以上的卫生洁具时，应在横管的起端设清扫口；清扫口装在楼板上应预留安装孔，并应使其盖板面与周围地面持平；为了便于拆装和清通操作，横管始端的清扫口与管道相垂直的墙面距离不得小于 0.15m；采用管堵代替清扫口时，与墙面的净距不得小于 0.4m；排水管道上设置清扫口时，若管径小于 100mm，其口径与管道同径；管径等于或大于 100mm 时，其口径尺寸应为 100mm；如横管托装有偏心异径管时，应使其凸肚朝下，保持管顶水平。

j.检查口安装。检查口如图 2-2-10。

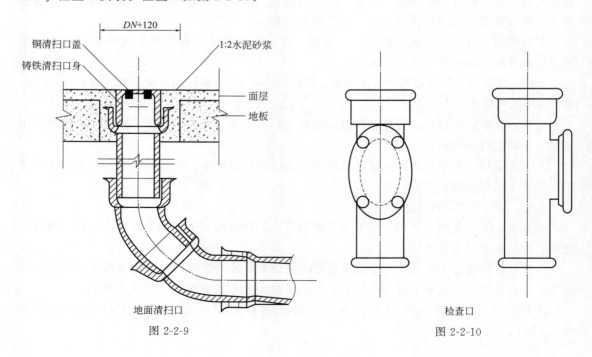

地面清扫口

图 2-2-9

检查口

图 2-2-10

检查口是一种设置在排水管一侧，带有盖板的开口管子配件，拆开盖板即可进行疏通工作，一般装在排水立管上。铸铁排水立管上检查口间距不大于 10m，塑料排水立管宜每六层设置一个检查口，但在最底层和设有卫生器具的两层以上建筑物的最高层必须设置检查口，平顶建筑可用通气口代替检查口。另外，立管如装有"乙"字管，则应在"乙"字管上部设检查口。当排水横支管管段超过规定长度时，也应设置检查口。在水流偏转角大于 45°的排水横管上，应设检查口或清扫口。立管上设置检查口应在地（楼）面以上 1.0m，并应高于该层卫生器具上边缘 0.15m。

k. 地漏安装。地漏安装要点：地漏安装应保持低于周围地面 5～10mm，装设在楼板上应预留安装洞；一般房屋在交付时排水的预留孔都比较大，需要修整排水预留孔，使其与买回的地漏完全吻合，其中，地漏箅子的开孔孔径应控制在 6～8mm，可防止头发、污泥、沙粒等污物进入；承接洗脸盆、浴缸、洗衣机和地面排水的多通道地漏的进水口根据实际使用情况安装，这种结构可以解决一个下水道口需要多个排水使用的问题；在无地漏的地方加地漏一般有加高地面布下水管和打穿楼板重新布下水管两种方法。地漏示意如图 2-2-11。

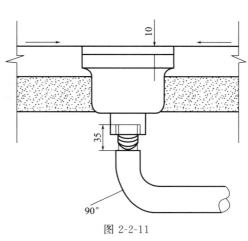

图 2-2-11

（2）系统图

① 给排水系统图识图方法。管道系统图（轴测图）主要反映管道在室内的空间走向和标高位置。给排水、采暖、煤气管道系统图是正面斜轴测图，左右方向的管线用水平线表示，上下走向的管线用竖线表示，前后走向的管道用 45°斜线表示（图 2-2-12）。

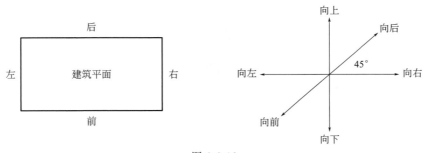

图 2-2-12

以"广联达大厦给排水图纸"为例，其给水工程系统图（局部）如图 2-2-13。

在识图过程中，可以通过找建筑物外墙来判断入户管，然后找入户后的阀门及水表。管道分为水平干管、立管、横支管三类。给水系统由以下几部分组成：

a. 引入管（进户管）；

b. 水表节点；

c. 管道系统（水平干管、立管、横支管）；

d. 给水附件（控制附件和配水附件）；

e. 升压和贮水设备（水泵、水箱、气压给水设备、水池）。

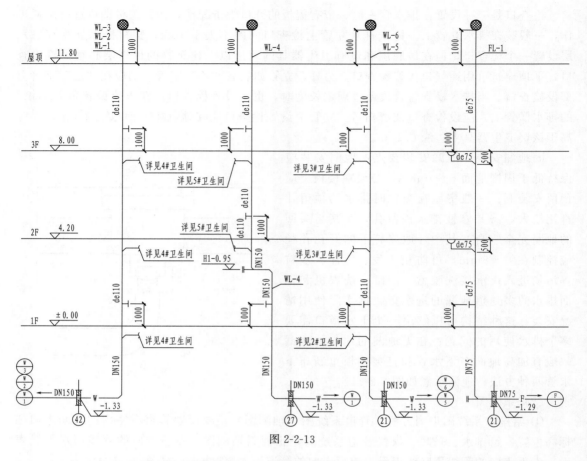

图 2-2-13

引入管是与室外供水管网连接的总进水管。水表是用来计量建筑用水量的装置。给水附件是指给水管道上的调节水量、水压，控制水流方向以及断流后便于管道、仪器和设备检修用的各种阀门，具体包括截止阀、止回阀、闸阀、球阀、安全阀、浮球阀、过滤器、减压孔板等。

升压和贮水设备的作用：当室外给水管网的水压、水量不足，或为了保证建筑物内部供水的稳定性、安全性，应根据要求设置水泵、气压给水设备、水箱等升压、贮水设备。水表节点如图 2-2-14。

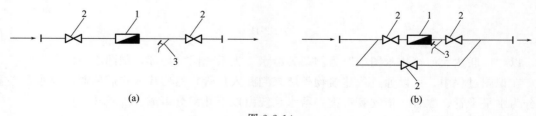

图 2-2-14

1—水表；2—阀门；3—泄水检查龙头

② 给排水系统图识图注意事项。室内管道的系统图（轴测图）主要反映管道在室内空间的走向和标高位置，一般左右方向用水平线表示，上下方向用竖线表示，前后

方向用 45°斜线表示。给排水系统图的识读应注意掌握以下内容：查明各部分给水管道的空间走向、管径、标高及阀门设置位置；查明各部分排水管道的空间走向、管路分支情况、管径尺寸及变化；查明横管坡度，管道各部分标高、存水弯形式、清通设施的设置情况。

读系统图时，需要明确各条给水引入管和排水排出管的位置、规格、标高，明确给水系统和排水系统的各组给水排水工程的空间位置及其走向，从而想象出建筑物整个给水排水工程的空间状况。

管道的标高一般在管子的起点和终点，坡度符号可标注在管子的上方和下方，其箭头所指一端是管子的低端，一般管径采用公称直径，在该段管子的起始端标注。

（3）平面图

① 给排水平面图识图方法。给排水平面图主要表达给水、排水管线和设备的平面布置情况。根据建筑规划，在设计图纸中，用水设备的种类、数量、位置，均要作出给水和排水平面布置；各种功能管道、管道附件、卫生器具、用水设备，如消火栓（箱）、喷头等，均应用各种图例表示；各种横干管、立管、支管的管径、坡度等，均应标出。平面图上管道都用单线绘出，沿墙敷设时不注管道距墙面的距离。室内给排水平面图的主要内容包括以下几点：

a. 建筑平面图；

b. 卫生器具的平面位置：如大、小便器（槽）等；

c. 各立管、干管及支管的平面布置以及立管的编号；

d. 阀门及管附件的平面布置，如截止阀、水龙头等；

e. 给水引入管、排水排出管的平面位置及其编号；

f. 必要的图例、标注等。

多层建筑的管道平面图原则上应分层绘制。若楼层平面的管道布置相同时，可绘制一个楼层管道平面图，但要说明的是，不管怎样，底层管道平面图均应单独绘制。屋面上的管道系统可附画在顶层管道平面图中或另外画一个屋顶管道平面图。另外，由于底层管道图中的室内管道需与户外管道相连，所以必须画一张较完整的平面图，把它与户外管道连接情况表达清楚；而各楼层的管道平面图只需把有卫生设备和管道布置的涮洗房间部分表达清楚即可。

建筑给排水工程如果是在原有给排水工程图纸的基础上进行的设备工程设计，那么室内给排水施工图就要在已有的建筑施工图基础上绘制给排水设备施工图，也就是把室内给水平面图和室内排水平面图合画在同一图上，统称为室内给排水平面图。此平面图表示室内卫生器具、阀门、管道及附件等相对于该建筑物内部的平面布置情况，它是室内给排水工程最基本的图样。

② 给排水平面图识图注意事项。

a. 布图方向与比例。给排水系统图的布图方向应与相应的给排水平面图一致，其比例也应相同。当局部管道按此比例不易表示清楚时，此处局部管道可不按比例绘制。

b. 建筑平面图。在抄绘建筑平面图时，其不同之处在于：不必画建筑细部，也不必标注门窗代号、编号；原粗实线所画的墙身、柱等，此时只用细实线画出。

c. 卫生器具平面图。卫生器具均用细实线绘制，且只需绘制其主要轮廓。

d. 给水排水管道平面图。平面图中的管道用单粗线绘制。建筑物的给水排水进口、出口应注明管道类别代号，其代号通常用管道类别的第一个汉语拼音字母表示，如"J"为给水，"P"为排水。当建筑物的给水排水进出口数量多于一个时，宜用阿拉伯数字编号。建筑物内穿过一层及多于一层楼层的立管用黑圆点表示，直径约为 $3d$，并在旁边标注立管代号，如"JL""PL"分别表示给水立管、排水立管。当建筑物室内穿过一层及多于一层楼的立管数量多于一个时，宜用阿拉伯数字编号。当给水管与排水管交叉时，应该连续画出给水管，断开排水管。

e. 标注。给排水平面图中需标注尺寸和标高。

（4）系统图与平面图的结合

① 给排水系统图与平面图结合识读方法。识读给排水施工图，需要将平面图与系统图对照起来看。水平管道在平面图中体现，立管在平面图中用圆圈表示，相应立管信息在系统图中可以看到，其标识包括标高、管径等，从干管引至各楼层横管与给排水大样图相连接，给排水大样图包括与卫生器具连接的水平管和立管。给排水管道、卫生器具、阀门及泵在材料表中的图例表示方法前面已有介绍。

要把施工图按给水、排水分开阅读。给水系统图可以从给水引入管起，顺着管道水流方向看；排水系统图可以从卫生器具开始，也顺着水流方向阅读。卫生器具的安装形式及详细配管情况要参阅设计选用的相关标准图集。给水管道水压试验项目已综合在管道安装项目内，不得另外设置项目。穿楼板的钢套管及内墙用钢套管按室外钢管焊接连接定额相应项目计算；外墙钢套管按照《全国统一安装工程预算定额》第六册《工业管道工程》定额相应项目计算（参照现行安装工程预算定额）。给水管道 $DN32\text{mm}$ 以上的钢管支架需要单独设置项目，并计算工程量（参照现行安装工程预算定额）。

② 给排水系统图与平面图结合识读案例。以"广联达大厦给排水图纸"为例，接下来将详细讲述如何进行给排水工程图纸的识图。

在广联达大厦给排水施工图的给水系统中，管道由室外引入，室内外界限以外墙皮 1.5m 为准，引入管采用 $DN70\text{mm}$ 热镀锌衬塑复合管，埋设深度为 −1.2m。过外墙设 $DN125\text{mm}$ 的刚性防水套管，引入室内后，经过埋地敷设的水平干管，分配水流至各给水立管 JL-1、JL-2、JL-3。JL-1～JL-3 立管分别引至一至四层的各个用水部位，各层给水横管于 $H+0.6\text{m}$ 处引出。给水管道应进行压力试验及消毒冲洗。

在广联达大厦给排水施工图的排水系统中，排水系统排出管采用 $DN100$ 的 UPVC 管，过外墙设 $DN125\text{mm}$ 的刚性防水套管，埋地敷设深度为 −1.2m。WL-1、WL-2 均为 $De110\text{mm}$ 的螺旋塑料管，各层排水横管由标高 $H-0.5\text{m}$ 处引出。卫生间安装洗脸盆、蹲便器、坐便器、小便斗、拖布池等卫生器具。压力排水管 WL-3 采用 $DN100\text{mm}$ 的排水铸铁管，由室外埋深 −1.2m 引出，过外墙设 $DN125\text{mm}$ 的刚性防水套管，引至潜行泵处。排水铸铁管、热镀锌钢管均刷沥青漆两道。

2.2.1.2 案例工程算量范围梳理

（1）CAD 图纸中可见工程量

① 给排水图纸可见工程量范围。在广联达大厦给排水施工图中，给排水图纸可见工程量范围包括管道、阀门、管道附件（水表、过滤器等）、卫生器具、地漏、清扫口、水泵、水箱、储水池。

② 给排水图纸可见工程量计算说明。参照广联达大厦给排水施工图的特点，需要注意以下计算说明。

a.根据现行《通用安装工程工程量计算规范》GB 50856—2013，结合给排水专业施工图纸，顺着水流，找出给排水系统管道走向，并且找出管道支架计算公式；计算给水管道JL-1～JL-3、排水管道 WL-1～WL-3、卫生间给排水支管、管道支架的工程量。给排水专业施工图中，给水管道由室外埋深-1.2m 处引入至给水水平干管，分配水流至各给水立管JL-1～JL-3。各层给水横管于+0.6m 处引出至各层卫生间，卫生间内给水支管引至卫生器具。排水系统由排出管引至室外，排出管埋深度为-1.2m，与排水立管 WL-1～WL-2 连接，各层排水横管由标高 $H=-0.55$m 处引至各层卫生间内卫生器具。管道支架计算公式：管道支架工程量 N（kg）=［管道长度（m）/管道支架间距（m）］×单个支架质量（暂时按照1.5kg/个考虑）。

b.根据现行《通用安装工程工程量计算规范》GB 50856—2013，结合给排水专业施工图纸，计算管道、阀门、管道附件（水表、过滤器等）、卫生器具、地漏、扫除口、水泵、水箱、储水池的工程量。给排水专业工程量计算时，管道、阀门、管道附件（水表、过滤器等）、卫生器具、地漏、扫除口、水泵、水箱、储水池等设备，均应该按照设计图示数量，以"个"为单位进行计算。

c.结合广联达大厦给排水案例工程的图纸信息，根据现行《通用安装工程工程量计算规范》GB 50856—2013，描述工程量清单项目特征，编制完整的给排水专业工程量清单。结合给排水专业施工图，项目编码为 12 位数，在计算规范原有的 9 位清单编码基础上，自行补充后 3 位编码。清单项目名称及项目单位、计算规则均应与计算规范中的规定保持一致。

（2）CAD 图纸中未见工程量

① 给排水图纸不可见工程量范围。在广联达大厦给排水施工图中，给排水图纸不可见工程量范围包括套管、管件、管卡和支架、管道的防腐、管道的保温、管道的刷漆、通气帽、管道的冲洗消毒、管道的水压试验、灌水试验、通球试验。

② 给排水图纸不可见工程量计算说明。参照广联达大厦给排水施工图的特点，需要注意以下计算说明。

根据现行《通用安装工程工程量计算规范》GB 50856—2013，结合给排水专业施工图纸，计算套管、管件、管卡和支架、管道的防腐、管道的保温、管道的刷漆、通气帽、管道的冲洗消毒、管道的水压试验、灌水试验、通球试验的工程量。给排水专业工程量计算时，普通套管按照长度以"m"为单位进行出量计算，其余套管按照数量以"个"为单位进行出量计算，管件、管卡、通气帽等设备按照数量以"个"为单位进行出量计算，管道的冲洗消毒、管道的水压试验、灌水试验、通球试验等一般不出量，但是可根据工程特殊需要进行出量计算。

2.2.2 消防喷淋系统

2.2.2.1 识图解析

（1）图纸介绍。以"广联达大厦消防喷淋图纸"为例，该建筑共计三层，负一层地面标高为-4.40m，层高为 4.40m；首层地面标高为±0.00m，层高为 4.20m；第二层地面标高为 4.20m，层高为 3.80m；第三层地面标高为 8.00m，层高为 3.8m。

自动喷水灭火系统有多种形式，如干式报警阀、预作用灭火装置、雨淋报警阀、湿式报警阀，适用于不同的气候环境和场所。一般最常用的是湿式报警阀，由阀本体、阀座、阀瓣等组成，由阀瓣自重关闭，将阀腔分为上下两部分。为防止水压波动，阀内设计了平衡结构。该系统平时管网中充满压力水，如被保护区发生火灾，喷头处的温度上升，玻璃球破裂（有多种温度型号，常用的为红色 68℃），一个或多个喷头喷洒水时，水开始在湿式系统中流动，管网内压力减小，阀组开启让水不断流向湿水区。同时启动水力警铃，压力开关发出报警信号传送到消防控制室。当消防控制主机设置成自动状态时，压力开关信号会自动启动水泵房的喷淋泵，水泵启动，向管网内供水，达到自动灭火的效果。

（2）系统图。从喷淋系统施工图中可以看到，管道由室外引入，室内外界限以外墙皮 1.5m 为准，引水管 P/1 采用 DN100mm 镀锌钢管，埋设深度为 −1.2m。过外墙设 DN125mm 刚性防水套管，埋地引入室内后，经一层的水平干管，水流至消防立管 PL-1。PL-1 立管分别引至地下一层至地上各层支管，各层横管沿板顶敷设至各个喷淋喷头。管道支架计算公式：管道支架工程量 $N(\text{kg})=[$ 管道长度（m）/管道支架间距（m）$]\times$ 单个支架质量（暂按 1.5kg/个考虑）。喷淋系统工程量计算时，套管、闸阀、警铃、水流指示器 DN100mm、信号蝶阀 DN100mm、自动排气阀 DN25mm、试水阀 DN20mm、末端试水装置 DN20mm、喷头均按照设计图示数量，以"个"为单位计算。喷淋图纸的局部系统如图 2-2-15。

（3）平面图

本例的"图例及主要设备材料表""设计说明"均包含在给排水图纸中，可查阅给排水专业中相关图纸介绍。喷淋平面图包括"负一层喷淋布置平面图""一层喷淋布置平面图""二层喷淋布置平面图""三层喷淋布置平面图""水箱间消防喷淋平面图"5 张图纸，设计范围为广联达大厦办公区域的喷淋工程。喷淋管道管径≤100mm，采用热镀锌钢管，螺纹连接安装；消防管道管径＞100mm，采用热镀锌钢管，沟槽连接安装。管道穿楼板或穿墙时，需要设置钢套管。根据图纸信息，各层喷淋水平管道安设在梁底下方。由于未获得本例的结构图纸，喷淋水平管道安装高度暂定为安装楼层的层顶高度−1.1m。掌握这些信息后就可以在软件上进行"工程设置"了。

（4）系统图与平面图的结合

识读消防喷淋施工图，应将平面图与系统图对照起来看，水平管道在平面图中体现，在平面图中立管用圆圈表示，相应立管信息在系统图中可以看到，其标识包括标高、管径等。消防水管道、水流指示器、警铃、信号蝶阀、自动排气阀、末端试水装置、喷头等在材料表中可以看到图例表示方法。

2.2.2.2 案例工程算量范围梳理

（1）CAD 图纸中可见工程量

① 消防喷淋图纸可见工程量范围。在广联达大厦消防喷淋施工图中，消防喷淋图纸可见工程量范围包括水喷淋管道、阀门法兰、管道附件（末端试水装置、水流指示器等）。

② 消防喷淋图纸可见工程量计算说明。参照广联达大厦消防喷淋图纸的特点，需要注意以下计算说明。

a.根据现行《通用安装工程工程量计算规范》GB 50856—2013，结合喷淋系统专业施工图纸，顺着水流，找出喷淋系统管道走向，并且找出管道支架计算公式；计算喷淋管 PL-1、各层喷淋支管、管道支架的工程量。

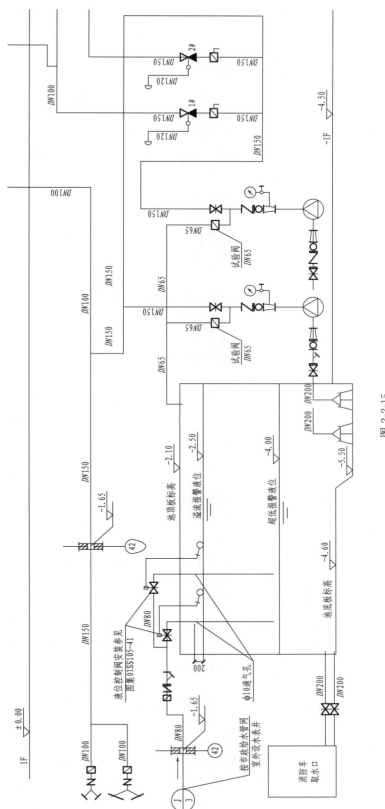

图 2-2-15

b. 根据现行《通用安装工程工程量计算规范》（GB 50856—2013）中计算规则，结合喷淋系统专业施工图纸，计算穿墙套管 $DN125mm$、闸阀 $DN100mm$、警铃、水流指示器 $DN100mm$、信号蝶阀 $DN100mm$、自动排气阀 $DN25mm$、试水阀 $DN20mm$、末端试水装置 $DN20mm$、喷头的工程量。结合喷淋系统专业施工图纸，新建喷淋镀锌管道、穿墙套管 $DN125mm$、闸阀 $DN100mm$、警铃、水流指示器 $DN100mm$、信号蝶阀 $DN100mm$、自动排气阀 $DN25mm$、试水阀 $DN20mm$、末端试水装置 $DN20mm$、喷头的构件信息，识别 CAD 图纸中包括的喷淋镀锌管道、穿墙套管 $DN125mm$、闸阀 $DN100mm$、警铃、水流指示器 $DN100mm$、信号蝶阀 $DN100mm$、自动排气阀 $DN25mm$、试水阀 $DN20mm$、末端试水装置 $DN20mm$、喷头等构件。

喷头是自动喷水灭火系统的关键部件，起着探测火灾、启动系统和喷水灭火的作用。分为闭式喷头和开式喷头。

报警阀的作用是接通或切断水源；输送报警信号，启动水力警铃；防止水倒流。其类型包括湿式、干式、雨淋阀、预作用报警阀。常见为湿式报警阀，主要由湿式阀、延迟器、水力警铃及压力开关组成。

水流指示器，其作用在于当失火时喷头开启喷水，或者管道发生损坏时，有水流过装有水流指示器的管道，则水流指示器即发出区域水流信号，起辅助报警作用。

末端试水装置由试水阀、压力表以及试水接头组成。末端试水装置安装在系统管网或分区管网的末端，是检验系统启动、报警及联动等功能的装置。

（2）CAD 图纸中未见工程量

① 消防喷淋图纸不可见工程量范围。在广联达大厦消防喷淋施工图中，消防喷淋图纸不可见工程量范围包括套管、管件、管卡和支架、管道的防腐、管道的保温、管道的刷漆、管道的冲洗消毒、管道的水压试验、灌水试验、通球试验。

② 消防喷淋图纸不可见工程量计算说明。参照广联达大厦消防喷淋图纸的特点，需要注意以下计算说明。

a. 2013 版《建设工程工程量清单计价规范》（以下简称《规范》）附录消防工程适用于采用工程量清单计价的新建、扩建的消防工程。消防管道如需探伤，应按《规范》附录中工业管道工程相关项目编码列项。

b. 消防管道上的阀门、管道及设备支架、套管制作安装，应按《规范》附录中给排水、采暖、燃气工程相关项目编码列项。管道支架、吊架、防晃支架的型式、材质、加工尺寸及焊接质量等，应符合设计要求和国家现行有关标准的规定。管道支架、吊架的安装位置不应妨碍喷头的喷水效果；管道支架、吊架与喷头之间的距离不宜小于 300mm，与末端喷头之间的距离不宜大于 750mm。配水支管上每一直管段、相邻两喷头之间的管段设置的吊架均不宜少于 1 个，吊架的间距不宜大于 3.6m。当管道的公称直径等于或大于 50mm 时，每段配水干管或配水管设置防晃支架不应少于 1 个，且防晃支架的间距不宜大于 15m；当管道改变方向时，应增设防晃支架。竖直安装的配水干管除中间用管卡固定外，还应在其始端和终端设防晃支架或采用管卡固定，其安装位置距地面或楼面的距离宜为 1.5～1.8m。

c. 管道及设备除锈、刷油、保温除注明外，均应按《规范》附录中刷油、防腐蚀、绝热工程相关项目编码列项。安装的消防管道刷油漆的量（S）按管道的表面积计取工程量，其计算公式为：$S = \pi DL$。式中，π 为圆周率；D 为设备或管道直径；L 为设备筒体高或管道延长米。

d. 消防工程措施项目，应按《规范》附录中措施项目相关项目编码列项。

2.2.3 消火栓系统

2.2.3.1 识图解析

（1）图纸介绍

以"广联达大厦消火栓图纸"为例，该建筑物共计三层，负一层地面标高为−4.40m，层高为4.40m；首层地面标高为±0.00m，层高为4.20m；第二层地面标高为4.20m，层高为3.80m；第三层地面标高为8.00m，层高为3.8m。

消防系统包括建筑消火栓系统、建筑水喷淋系统、建筑消防报警系统。消火栓系统主要由三大部分构成：感应机构，即火灾自动报警系统；执行机构，即灭火自动控制系统；避难诱导系统（后两部分也可称为消防联动系统）。现场消防设备种类繁多，从功能上可分为三大类：第一类是灭火系统，包括各种介质如液体、气体、干粉以及喷洒装置，是直接用于灭火的；第二类是灭火辅助系统，用于限制火势、防止灾害扩大的各种设备；第三类是信号指示系统，用于报警并通过灯光与声响来指挥现场人员的各种设备。对应于这些现场消防设备需要有关的消防联动控制装置。

消火栓系统分为室外消火栓系统、室内消火栓系统、消防枪灭火系统、消防炮灭火系统。

室外消火栓系统：室外消火栓，安装方式为地上式、地下式。地上式消火栓包括地上式消火栓、法兰接管、弯管底座；地下式消火栓包括地下式消火栓、法兰接管、弯管底座或消火栓三通。室外消火栓是设置在建筑物外面消防给水管网上的供水设施，主要供消防车从市政给水管网或室外消防给水管网取水实施灭火，也可以直接连接水带、水枪出水灭火。是扑救火灾的重要消防设施之一。

室内消火栓系统：室内消火栓，包括消火栓箱、消火栓、水枪、水龙头、水龙带接扣、自救卷盘、挂架、消防按钮；落地消火栓箱内有手提灭火器。室内消火栓是室内管网向火场供水的、带有阀门的接口，为工厂、仓库、高层建筑、公共建筑及船舶等室内固定消防设施，通常安装在消火栓箱内，与消防水带和水枪等器材配套使用。

消防枪灭火系统：消防枪主要有灭火和防身两大功能。当局部发生火灾时，立即用右手拇指打开保险，在2～6m内瞄准火源扣动扳机，灭火干粉便会射向火源，把火灾消灭在萌芽状态。该枪特别适用于扑灭石油产品、油漆、有机溶剂、可燃气体和电气设备等火灾的初发状态。

消防炮灭火系统：消防炮是远距离扑救火灾的重要消防设备，消防炮分为消防水炮（PS）、消防泡沫炮（PP）两大系列。消防水炮是喷射水，远距离扑救一般固体物质火灾的消防设备；消防泡沫炮是喷射空气泡沫，远距离扑救甲、乙、丙类液体火灾的消防设备。

消防水泵接合器，包括法兰接管及弯头安装，接合器用于井内阀门、弯管底座、标牌等附件安装。

（2）系统图

从消火栓系统图中可以看到，管道由室外引入，室内外界限以外墙皮1.5m为准，引入管X/1、X/2采用DN100mm镀锌钢管，埋设深度为−1.2m。过外墙设DN125mm刚性防水套管，埋地引入室内后，经一层的水平干管，分配水流至各消防立管XL-1、XL-2、XL-3、XL-4。XL-3～XL-4仅引至地下室消火栓，XL-1～XL-2立管分别引至地下一层至地上各层支管，各层横管于 $H+1.1m$ 处引出，接至各个消火栓。管道支架计算公式：管道支架工程量 $N(kg)=$[管道长度(m)/管道支架间距(m)]×单个支架质量（暂按 1.5kg/个考虑）。消火栓系统工程量计算时，套管、阀门、消火栓箱均按照设计图示数量，以"个"为单位计算。消火栓图纸的局部系统如图 2-2-16。

（3）平面图

消火栓管道工程采用的实例图纸为"广联达大厦消火栓图纸"，是一栋办公楼。该实例图纸共有 4 张，与给排水系统的图纸是设计在一起的，包括"地下一层给排水及消火栓平面图""首层给排水及消火栓平面图""二层给排水及消火栓给水平面图""三层给排水及消火栓给水平面图"，设计范围为办公楼内部的消火栓管道工程。消火栓管道管径≤100mm，采用热镀锌钢管，螺纹连接安装；消火栓管道管径>100mm，采用镀锌无缝钢管，沟槽连接安装。消火栓采用 SN65 型，栓口直径为 65mm，消火栓箱内还需要额外设置 2 个 3kg 磷酸铵盐手提式灭火器，管道穿楼板或穿墙时需要设置钢套管。

（4）系统图与平面图的结合

识读消火栓施工图，应将平面图与系统图对照起来看。系统图体现配电方式及所用的配管、导线的型号、规格，在平面图中表现消防器具、探测器、声光报警器、手动报警按钮（带电话插口）、消火栓启泵按钮的水平布置位置，线路敷设部位及敷设方法、数量。消防转接箱、探测器、声光报警器、手动报警按钮（带电话插口）、消火栓启泵按钮在材料表中可以看到相应的图例表示方法。

2.2.3.2 案例工程算量范围梳理

（1）CAD 图纸中可见工程量

① 消火栓图纸可见工程量范围。在广联达大厦消防喷淋施工图中，消火栓图纸可见工程量范围包括室内消火栓箱、消防器具、消火栓管道、消防水泵接合器、灭火器、阀门法兰、管道附件。

② 消火栓图纸可见工程量计算说明。参照广联达大厦消火栓图纸的特点，需要注意以下计算说明：

a.《建设工程工程量清单计价规范》附录中消防工程适用于采用工程量清单计价的新建、扩建的消防工程。其内容包括消防水管道、消防附件、消防器具等。

b. 根据现行《通用安装工程工程量计算规范》（GB 50856—2013）中计算规则，结合消火栓系统专业施工图纸，新建消火栓镀锌管道、穿墙套管 $DN125mm$、闸阀 $DN100mm$、消火栓的构件信息，识别 CAD 图纸中包括的消火栓镀锌管道、穿墙套管 $DN125mm$、闸阀 $DN100mm$、消火栓等构件。

c. 消防工程措施项目，应按《规范》附录中措施项目相关项目编码列项。

消火栓箱是将室内消火栓、消防水龙带、消防水枪及电气设备集装于一体，并明装、暗装或半暗装于建筑物内的具有给水、灭火、控制、报警等功能的箱状固定式消防装置。水龙带按照安置方式分为挂置式、卷盘式、卷置式和托架式。室内消火栓是具有内扣式接头的角形截止阀，分为单阀和双阀两种，进口向下和消防管道相连，出口与水龙带相连，直径规格有 $DN50mm$ 和 $DN65mm$ 两种，对应的水枪最小流量分别是 2.5L/s 和 5L/s。双出口消火栓规格为 $DN65mm$，对应每支水枪最小流量不小于 5L/s。

水泵接合器是消防车和机动泵向室内消防管网供水的连接口，水泵接合器的接口直径有 $DN65mm$ 和 $DN80mm$ 两种，分为地上式、地下式、墙壁式三种类型。

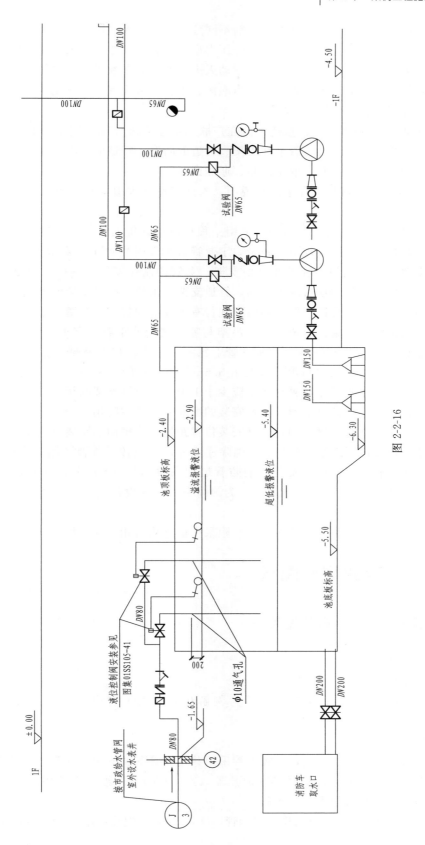

图 2-2-16

灭火器的种类很多，按充装的灭火剂不同分为水基型灭火器、干粉灭火器、二氧化碳灭火器、洁净气体灭火器；按驱动灭火器的压力型式分为贮气瓶式灭火器和贮压式灭火器；按其移动方式可分为手提式和推车式；按驱动灭火剂的动力来源可分为贮气瓶式、贮压式、化学反应式；按所充装的灭火剂则又可分为泡沫、干粉、卤代烷、二氧化碳、酸碱、清水等。

（2）CAD 图纸中不可见工程量

① 消火栓图纸不可见工程量范围。在广联达大厦消火栓施工图中，消火栓图纸不可见工程量范围包括套管、管件、管卡和支架、管道的防腐、管道的保温、管道的刷漆、管道的冲洗消毒、管道的水压试验、灌水试验、通球试验。

② 消火栓图纸不可见工程量计算说明。参照广联达大厦消火栓图纸的特点，需要注意以下计算说明。

a.《规范》附录中消防工程适用于采用工程量清单计价的新建、扩建的消防工程。消防管道如需进行探伤，应按《规范》附录中工业管道工程相关项目编码列项。

b. 消防管道上的阀门、管道及设备支架、套管的制作安装，应按《规范》附录中给排水、采暖、燃气工程相关项目编码列项。管道支架、吊架、防晃支架的型式、材质、加工尺寸及焊接质量等，应符合设计要求和国家现行有关标准的规定。管道支架、吊架的安装位置不应妨碍喷头的喷水效果；管道支架、吊架与喷头之间的距离不宜小于 300mm，与末端喷头之间的距离不宜大于 750mm。配水支管上每一直管段、相邻两喷头之间的管段设置的吊架均不宜少于 1 个，吊架的间距不宜大于 3.6m。当管道的公称直径等于或大于 50mm 时，每段配水干管或配水管设置防晃支架不应少于 1 个，且防晃支架的间距不宜大于 15m；当管道改变方向时，应增设防晃支架。竖直安装的配水干管除中间用管卡固定外，还应在其始端和终端设防晃支架或采用管卡固定，其安装位置距地面或楼面的距离宜为 1.5~1.8m。

c. 本章管道及设备除锈、刷油、保温除注明外，均应按《规范》附录中刷油、防腐蚀、绝热工程相关项目编码列项。安装的消防管道刷油漆的量（S）按管道的表面积计取工程量，其计算公式为：$S = \pi DL$。式中，π 为圆周率；D 为设备或管道直径；L 为设备筒体高或管道延长米。

d. 消防工程措施项目，应按《规范》附录中措施项目相关项目编码列项。

2.3 暖通专业案例图纸

2.3.1 采暖专业——散热器采暖

2.3.1.1 识图解析

（1）图纸介绍

① 工程概况。以某工程施工图纸为例解析：某员工宿舍楼，共三层，总建筑面积 1239.75m^2，建筑高度为 16.17m。

② 图纸解析。

a. 采暖方式为散热器采暖，供暖立管采用共用立管下供下回垂直双立管系统。

b. 散热器选用内腔无砂铸铁 760 散热器（ZT4-6-6），图纸中直接用数字表示散热器片数，各组散热器上均装设手动放气阀。

c. 管道及管材选型。管材选用镀锌钢管，$DN \leqslant 50$mm 螺纹连接，$DN > 50$mm 法兰连接。

　　d. 油漆及保温。油漆前除锈后刷红丹防锈漆两道，刷防锈漆一道；管道穿过非供暖区域（地沟内）时做保温，保温材料采用 30mm 厚离心玻璃棉。

　　e. 穿墙壁或楼板应设置钢制套管，套管直径比管道直径大两号，采暖管道穿越防火墙处应设置钢套管。

　　③ 图例说明。通过查看设计说明中的材料表（图 2-3-1），快速熟悉图纸中各个图例代表的含义，为后续算量做准备工作（图 2-3-1）。

序号	名称	图例	备注
1	采暖供水管	——NG——	热镀锌铜管
2	采暖回水管	------NH------	热镀锌铜管
3	固定支架	×—×	
4	温控阀	▷◁	供暖支管上
5	闸阀	▷◁	
6	截止阀(球阀)	▷●◁	
7	自动排气阀		ZP-1
8	球形锁闭阀	▷◁	铜质
9	热量计量表	—(R)—	
10	散热器	▭平面 ▭系统	
11	采暖供回水立管	○● (RL-n)	

图 2-3-1

（2）系统图

　　系统图也叫系统轴测图，与平面图配合，表明采暖系统的全貌。系统图包括水平方向和垂直方向的布置情况，散热器、管道及其附件（阀门、疏水器）均在图上表示出来。此外，图上还标注各立管编号、各段管径和坡度、散热器片数、干管的标高（图 2-3-2、图 2-3-3）。

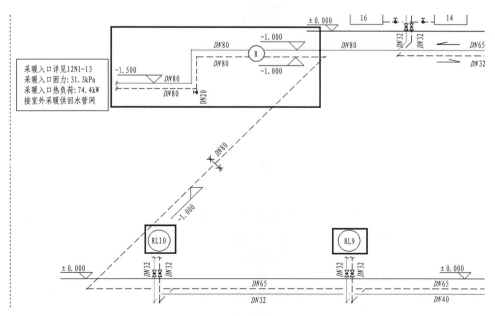

图 2-3-2

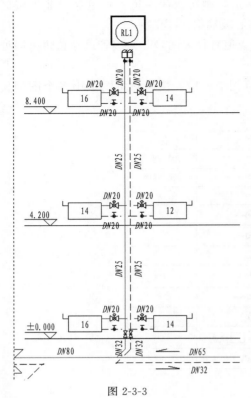

图 2-3-3

① 阅读供暖系统图时，一般从热力入口起，先看干管的走向，再逐一看各立管、支管位置（图 2-3-4）。

② 散热器与管道的连接方式为下供下回竖单管式（图 2-3-5）。

③ 回路系统中阀门的位置，一般从干管引至立管、从立管引至连接散热器的支管位置。阀门的规格同所属管道的规格（图 2-3-6）。

（3）平面图

平面图即平面布置图，通过平面图可以查看管道、设备及附件的具体布置位置。识读平面图的主要目的是了解管道、设备及附件的平面位置和规格、数量等（图 2-3-7）。

（4）系统图与平面图的结合

系统图与平面图要对照地看，平面图看具体走向及位置，系统图看管径、标高。

① 根据系统走向找到所在平面的具体位置，按照系统图标注的标高、管径量取平面图对应位置（图 2-3-8、图 2-3-9）。

② 结合系统图和平面图，列举出需要计算的内容。

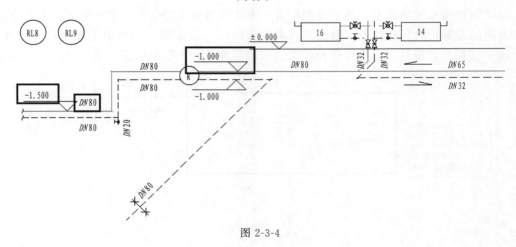

图 2-3-4

a. 管道计算。

ⅰ. 管道工程量按不同材质、不同连接方式、不同直径，按其中心线长度以"m"计算，不扣除阀门及管件（包括减压器、疏水器、伸缩器等）所占长度。

ⅱ. 室内管道的计算范围包括建筑物外墙皮 1.5m 以内的所有管道。

ⅲ. 在计算时首先量取供暖进户管、立管、干管，再量取回水管，最后量取立支管。

b. 散热器支管的计算。由于每组散热器片数不同、立管安装位置不同，支管的实际长度计算原则为：同侧连接的支管长度由立管中心量至散热器中心线（一般为窗或墙的中心线），再减去散热器整组长度的二分之一。

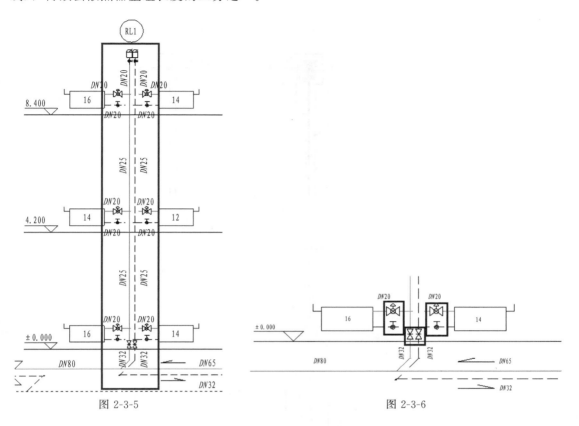

图 2-3-5

图 2-3-6

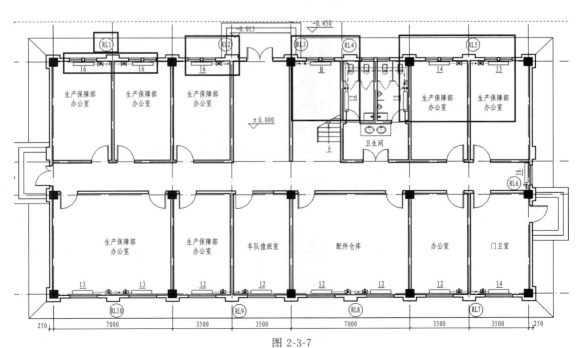

图 2-3-7

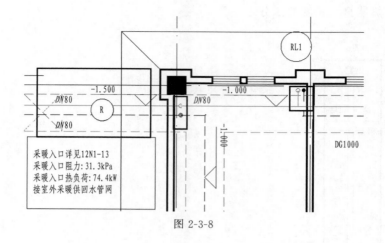

图 2-3-8

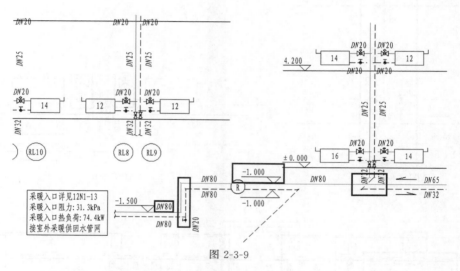

图 2-3-9

c. 散热器组安工程量计算。按不同类型的散热器以"片"计算。

d. 除污器等管道附件计算。按照不同管径，按"个"计算。

e. 散热器刷油计算。散热器表面积＝片数×每片散热器表面积。

f. 管道刷油计算。管道外表面积，不扣除管件及阀门等所占面积。

2.3.1.2 案例工程算量范围梳理

（1）CAD 图纸中可见工程量

① 需要统计数量的部分（表 2-3-1）。

表 2-3-1

项目编码	项目名称	项目特征	计量单位	工程量计算规则	工作内容
031005001	铸铁散热器	1. 型号、规格 2. 安装方式 3. 托架形式 4. 器具、托架除锈、刷油设计要求	片（组）	按设计图示数量计算	1. 组对、安装 2. 水压试验 3. 托架制作、安装 4. 除锈、刷油

续表

项目编码	项目名称	项目特征	计量单位	工程量计算规则	工作内容
031005002	钢制散热器	1. 结构形式 2. 型号、规格 3. 安装方式 4. 托架刷油设计要求	组（片）	按设计图示数量计算	1. 安装 2. 托架安装 3. 托架刷油
031005003	其他成品散热器	1. 材质、类型 2. 型号、规格 3. 托架刷油设计要求			
031003001	螺纹阀门	1. 类型 2. 材质 3. 规格、压力等级 4. 连接形式 5. 焊接方法	个		1. 安装 2. 电气接线 3. 调试
031003002	螺纹法兰阀门				
031003003	焊接法兰阀门				
031003013	水表	1. 安装部位（室内外） 2. 型号、规格 3. 连接形式 4. 附件配置	组（个）	按设计图示数量计算	组装
031003014	热量表	1. 类型 2. 型号、规格 3. 连接形式	块		安装

② 需要计算长度的部分表 2-3-2。

表 2-3-2

项目编码	项目名称	项目特征	计量单位	工程量计算规则	工作内容
031001001	镀锌钢管	1. 安装部位 2. 介质 3. 规格、压力等级 4. 连接形式 5. 压力试验及吹、洗设计要求 6. 警示带形式		按设计图示管道中心线以长度计算	1. 管道安装 2. 管件制作、安装 3. 压力试验 4. 吹扫、冲洗 5. 警示带铺设
031001002	钢管				
031001003	不锈钢管				
031001004	钢管				

（2）CAD 图纸中未见工程量

① 需要统计数量的部分（表 2-3-3）。

表 2-3-3

项目编码	项目名称	项目特征	计量单位	工程量计算规则	工作内容
031002003	套管	1. 名称、类型 2. 材质 3. 规格 4. 填料材质	个	按设计图示数量计算	1. 制作 2. 安装 3. 除锈、刷油

② 需要计算长度的部分（表 2-3-4）。

表 2-3-4

项目编码	项目名称	项目特征	计量单位	工程量计算规则	工作内容
031002001	管道支架	1. 材质 2. 管架形式	1. kg 2. 套	1. 以千克计量，按设计图示质量计算 2. 以套计量，按设计图示数量计算	1. 制作 2. 安装
031002002	设备支架	1. 材质 2. 形式			

2.3.2 采暖专业——地采暖

2.3.2.1 识图解析

（1）图纸介绍

① 工程概况。以某工程施工图纸为例解析：某高层住宅楼，地下一层，地上十一层。地下一层为车库，地上十一层为住宅，地下建筑面积：907.54m²，地上建筑面积 10013.17m²。

地下一层层高为 3.3m，一至十层层高为 2.9m，十一层层高为 2.8m，突出屋面的楼梯间、电梯机房层高为 4.77m。

② 图纸解析。

a. 采暖方式。采用低温热水地板辐射采暖，按热水集中采暖分户热计量设计，系统形式采用共用立管的分户独立系统，每户设热计量装置，住宅每户设置分集水器一组。

b. 管材、设备及阀门。

ⅰ. 干管和共用立管管材及连接方式：低区采暖供、回水干管及共用立管采用焊接钢管；当 $DN \leqslant 32mm$ 时，采用丝接连接，$DN > 32mm$ 时焊接连接。

ⅱ. 分支管管材及连接方式：自管井内主立管接出的各户入户支管，明装部分采用热镀锌钢管，管径为 $DN25mm$，螺纹连接。热量表、调节阀后至分集水器段埋地管采用 PP-R 管，管径 $De32mm$。

ⅲ. 分集水器后地暖管管材及连接方式：分集水器后的地板辐射采暖加热盘管全部采用 PE-RT 耐高温聚乙烯管材，管道公称外径为 20mm，壁厚 2mm。

ⅳ. 户用热量表：热量表采用远传热表，口径采用 $DN20mm$。

ⅴ. 分集水器及各阀门采用铜或不锈钢材质，分集水器均应设排气阀，分集水器与总供水管上设球阀，总回水管上设自动温控阀，分集水器的每个分支环路供、回水支管均应设球阀。

ⅵ. 套管：套管要比工作管道大两号，穿地下室外墙采用刚性防水套管。

ⅶ. 管道除锈、防腐及刷油：明装不保温管道及支、吊架除锈后，刷防锈漆两道，银粉两道；明装保温管道除锈后刷防锈漆两道后再做保温；室外埋地及地沟内采暖管道，采用聚氨酯硬质泡沫，保温厚度 30mm；地下室及管井内采用难燃 B1 级橡塑管壳保温，保护层采用白色 PVC 布，管径 $\leqslant 150mm$ 时，30mm 厚，管径 $> 150mm$ 时，35mm 厚；户门外的各楼层热量表后至各户分集水器段的埋地供回水管道，采用 15mm 厚橡塑管壳做保温。

③ 图例说明。通过查看设计说明中的材料表，快速熟悉图纸中各个图例代表的含义，为后续算量做准备工作（图 2-3-10）。

（2）系统图

系统图也叫系统轴测图，与平面图配合，能表明采暖系统的全貌。系统图包括水平方向

图例

图例	名称	图例	名称	图例	名称
——	采暖供水干管	▷◁ ▷◁	闸阀 球阀	×—×	固定支架
-----	采暖回水干管	▷▽	调节阀		
——	伸缩缝	▷●▷	锁闭阀	🔧▭	分集水器
i=0.003 →	管路坡度及坡向	▷∐	过滤器	▯▯ ▯▯	地暖盘管
▯	自动排气阀	◀▶	热量表		

图 2-3-10

和垂直方向的布置情况，散热器、管道及其附件（阀门、疏水器）均在图上表示出来；此外，还标注了各立管编号、各段管径和坡度、散热器片数、干管的标高（图 2-3-11、图 2-3-12）。

① 阅读系统图时，一般从热力入口起，先看干管的走向，再逐一看各立管、支管位置（图 2-3-13）。

② 回路系统中阀门，一般设在从干管引至立管、从立管引至连接分集水器的支管位置，阀门的规格同所属管道的规格（图 2-3-14）。

（3）平面图

识读平面图的主要目的是了解管道、设备及附件的平面位置和规格、数量等（图 2-3-15）。

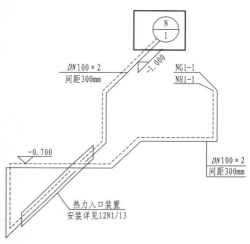

图 2-3-11

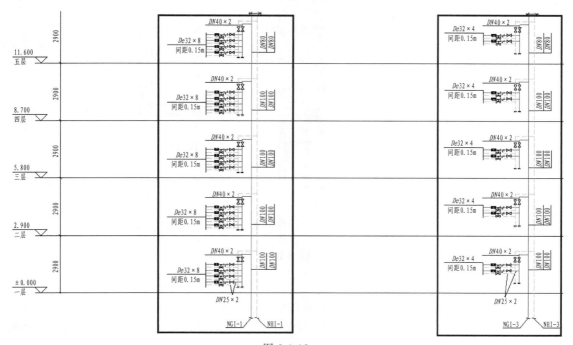

图 2-3-12

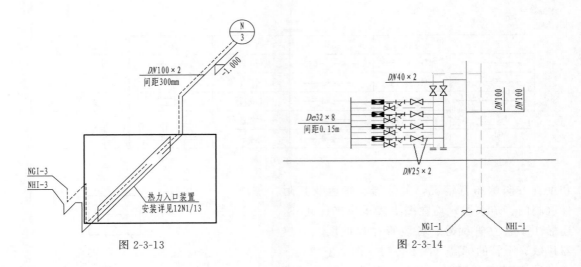

图 2-3-13

图 2-3-14

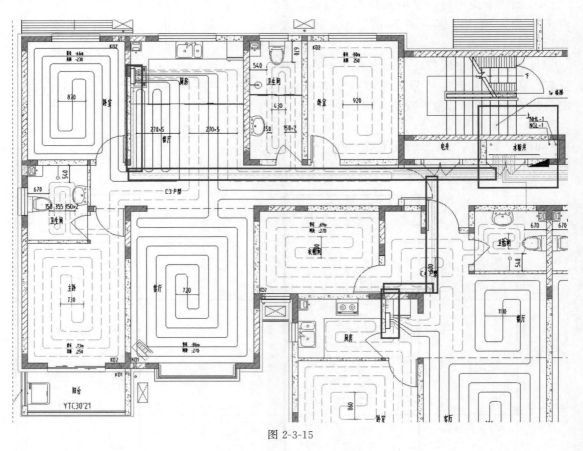

图 2-3-15

（4）系统图与平面图的结合

系统图与平面图要对照看，平面图看具体走向及位置，系统图看管径、标高。

① 根据系统走向找到所在平面的具体位置，按照系统图标注的标高、管径量取平面图对应位置（图 2-3-16、图 2-3-17）。

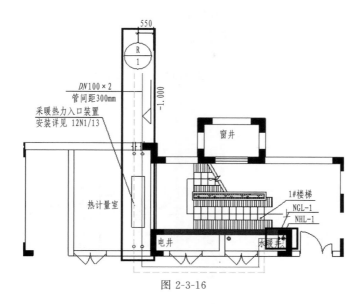

图 2-3-16

② 结合系统图和平面图，列出需要计算的内容。

a. 干管计算。

ⅰ. 采暖入户装置的计算，一般参照标准图集即可，同样规格的入户管对应同样规格的阀门、过滤器、热量表，一般压力表、温度计不区分规格（图 2-3-18）。

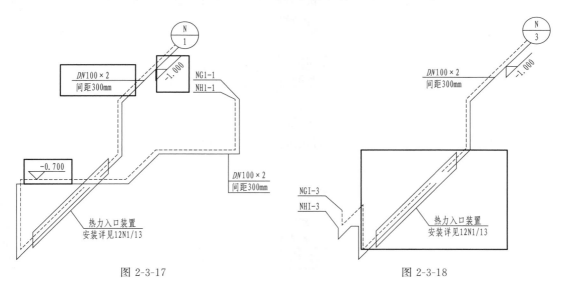

图 2-3-17　　　　　　　　　　　　　　　　图 2-3-18

ⅱ. 不同管径干管的长度计算：外墙皮 1.5m＋平面图长度。

ⅲ. 穿地下室外墙需考虑刚性防水套管的计算。

b. 立管的计算

ⅰ. 不同管径立管的长度＝每层的层高×对应规格的层数。

ⅱ. 立管顶端自动排气阀计算需区分管径，一般自动排气阀上都会带一个控制阀，控制阀需要单独考虑（图 2-3-19）。

ⅲ.立管穿楼板套管计算，要区分管径统计。

ⅳ.立管最低端的阀门要区分管径计算。

c.支管的计算。

ⅰ.从立管上接出的支管，一般供水管上有过滤器、热量表、阀门，回水管上只有一个阀门，需要全部计算（图 2-3-20）。

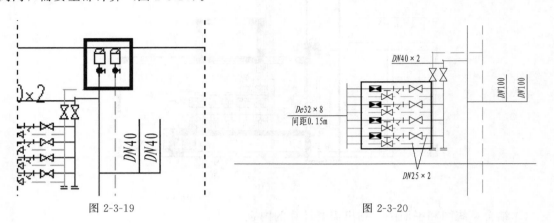

图 2-3-19   图 2-3-20

ⅱ.立管连接支管、穿墙套管区分管径计算。

ⅲ.支管的长度＝从管井到分集水器的距离＋分集水器距地高度＋立管接支管处的高度，支管从立管接出时在本层楼板从上往下引，要考虑从顶板到地面垫层的高度。

d.分集水器的计算。按不同的回路统计数量。

e.地暖管计算。

ⅰ.计算地面的净面积：按房间主墙间的净面积计算。

ⅱ.计算从分集水器引出的每一个回路的地热管长度。

ⅲ.计算管道支架。

f.管道的除锈、刷油计算。按风管展开面积计算。

g.管道的保温层计算。按风管展开面积×保温层厚度计算。

2.3.2.2　案例工程算量范围梳理

（1）CAD 图纸中可见工程量

① 需要统计数量的部分（表 2-3-5）。

表 2-3-5

项目编码	项目名称	项目特征	计量单位	工程量计算规则	工作内容
031003001	螺纹阀门	1.类型 2.材质 3.规格、压力等级 4.连接形式 5.焊接方法	个	按设计图示数量计算	1.安装 2.电气接线 3.调试
031003002	螺纹法兰阀门				
031003003	焊接法兰阀门				
031003004	带短管甲乙阀门	1.材质 2.规格、压力等级 3.连接形式 4.接口方式及材质			

续表

项目编码	项目名称	项目特征	计量单位	工程量计算规则	工作内容
031003005	塑料阀门	1. 规格 2. 连接形式	个	按设计图示数量计算	1. 安装 2. 调试
031003006	减压器	1. 材质 2. 规格、压力等级 3. 连接形式 4. 附件配置	组		组装
031003007	疏水器				
031003008	除污器（过滤器）	1. 材质 2. 规格、压力等级 3. 连接形式			安装
031003009	补偿器	1. 类型 2. 材质 3. 规格、压力等级 4. 连接形式	个		
031003010	软接头（软管）	1. 材质 2. 规格 3. 连接形式	个（组）		安装
031003011	法兰	1. 材质 2. 规格、压力等级 3. 连接形式	副（片）		安装
031003012	倒流防止器	1. 材质 2. 型号、规格 3. 连接形式	套		
031003013	水表	1. 安装部位（室内外） 2. 型号、规格 3. 连接形式 4. 附件配置	组（个）		组装
031003014	热量表	1. 类型 2. 型号、规格 3. 连接形式	块		
031003015	塑料排水管消声器	1. 规格 2. 连接形式	个		安装
031003016	浮标液面计		组		
031003017	浮漂水位标尺	1. 用途 2. 规格	套		

② 需要计算长度的部分（表 2-3-6）。

表 2-3-6

项目编码	项目名称	项目特征	计量单位	工程量计算规则	工作内容
031001001	镀锌钢管	1. 安装部位 2. 介质 3. 规格、压力等级 4. 连接形式 5. 压力试验及吹、洗设计要求 6. 警示带形式	m	按设计图示管道中心线以长度计算	1. 管道安装 2. 管件制作、安装 3. 压力试验 4. 吹扫、冲洗 5. 警示带铺设
031001002	钢管				
031001003	不锈钢管				
031001004	铜管				

续表

项目编码	项目名称	项目特征	计量单位	工程量计算规则	工作内容
031001005	铸铁管	1. 安装部位 2. 介质 3. 材质、规格 4. 连接形式 5. 接口材料 6. 压力试验及吹、洗设计要求 7. 警示带形式	m	按设计图示管道中心线以长度计算	1. 管道安装 2. 管件安装 3. 压力试验 4. 吹扫、冲洗 5. 警示带铺设
031001006	塑料管	1. 安装部位 2. 介质 3. 材质、规格 4. 连接形式 5. 阻火圈设计要求 6. 压力试验及吹、洗设计要求 7. 警示带形式			1. 管道安装 2. 管件安装 3. 塑料卡固定 4. 阻火圈安装 5. 压力试验 6. 吹扫、冲洗 7. 警示带铺设

（2）CAD 图纸中未见工程量

需要统计数量的部分见表 2-3-3，需要计算长度的部分见表 2-3-4。

2.3.3　通风空调专业

2.3.3.1　识图解析

（1）图纸介绍

① 工程概况。以某工程为例进行施工图纸解析：某框架办公楼，地上六层，首层层高 3.9m，二～五层层高 3.8m，六层层高 4.0m；建筑高度为 23.55m，室内外高差 0.3m，总建筑面积为 12534.79m^2。

② 图纸解析。

a. 本工程中设计有空调系统和通风系统。

b. 管材材质及连接方式：系统管道均采用镀锌钢板制作，扁圆形螺旋风管。

c. 风机盘管系统：采用下送风时，送风口采用方形散流器，与风机盘管相配的送风口带风量调节阀；除装修要求外所有风口均采用铝合金风口。

d. 风机盘管的风口与出口相连处，应设置长度为 150mm 的柔性风管。

e. 所有水平或垂直的风管，必须设置必要的支、吊、托架。

f. 风机盘管风道与送风口连接的软管和新风机组与风道连接处的软连接均采用不燃软接头。

g. 保温、防腐：新风管道采用橡塑保温，在空调房间保温层厚度为 20mm，在非空调房间保温厚度为 25mm。

h. 接风机盘管风管均采用橡塑保温，保温层厚度为 20mm。

i. 管道的支、吊、托架，必须设置于保温层的外部，在穿过支、吊、托架处应镶以垫木。

j. 新风管道采用橡塑保温，在空调房间保温层厚度为 20mm，在非空调房间保温层厚度为 25mm。

③ 图例说明。通过查看设计说明中的材料表（图 2-3-21、图 2-3-22），能快速熟悉图纸中各个图例代表的含义，为后续算量做准备工作。

设备编号	设备型式	备注
FCU-200	卧式风机盘管	风量：360mL/h　冷量：2080W　热量：3200W　对应送风管尺寸：400×120 对应散流器喉部尺寸：300×300
FCU-300	卧式风机盘管	风量：550mL/h　冷量：2910W　热量：4570W　对应送风管尺寸：500×120 对应散流器喉部尺寸：300×300
FCU-400	卧式风机盘管	风量：720mL/h　冷量：3770W　热量：6140W　对应送风管尺寸：500×120 对应散流器喉部尺寸：360×360
PFJ	方形壁式轴流风机	12N5-2/32　风量400m³/h　电机功率：0.025kW　电梯机房排风梁下安装
XFJ-1	新风机	SHG-6F　风量18000m³/h　电机功率：5.5kW　管道安装　共6个
▤	单层百叶风口	320×320　共329个
▤	防雨百叶风口	φ650　共20个

图 2-3-21

图例	设备名称
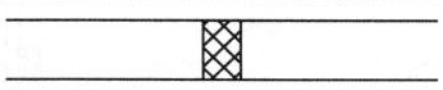 ⊠	风道软连接
⊘	压力表
 ▷◁	阀门(通用)
Φ	70℃防火阀(常开)
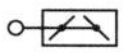 ⊠	电动多叶调节阀
⊠	手动多叶调节阀
⊠	管道风机
▤	单层百叶风口
 ▷◁	闸阀
 ⋈	平衡阀
 ▷ν	止回阀
立式 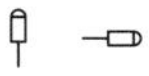 ▯　卧式 ▭	自动排气阀
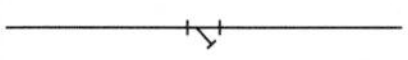 ∇	Y形过滤器
⊠	方形散流器
⋈	水路电动两通阀
▮	温度计

图 2-3-22

（2）平面图

① 识读平面图的主要目的是了解风管、设备、风口、风管部件（风阀）的平面位置、规格和数量等，部分平面图见图 2-3-23。

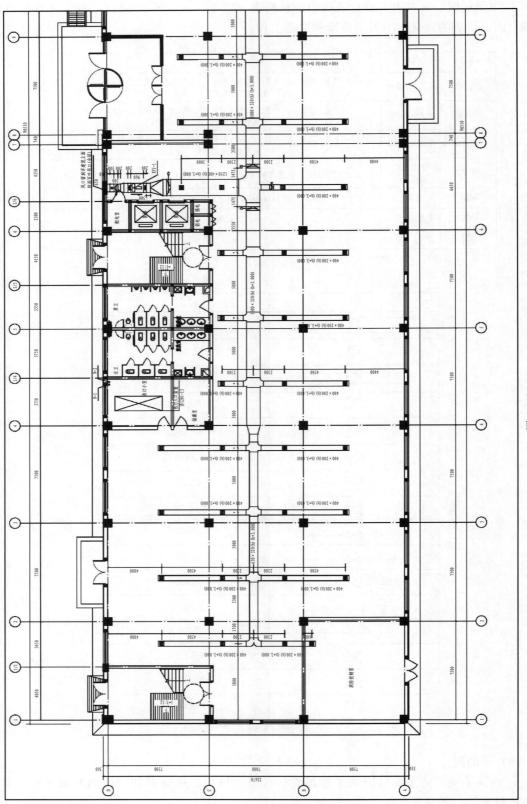

图 2-3-23

② 根据平面图，列出需要计算的内容。

a. 新风机、风机盘管计算（图 2-3-24、图 2-3-25、图 2-3-26）。

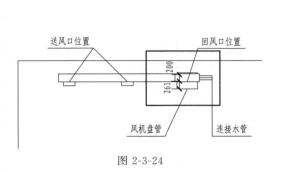

图 2-3-24

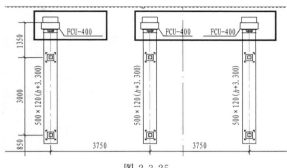

图 2-3-25

b. 风管长度、面积参考图 2-3-27 计算。

ⅰ. 计算风管长度以施工图所示风管中心线长度为准。

ⅱ. 支管与主管分界点：以中心线交点为界。

ⅲ. 长度包括弯头、三通、变径管、天圆地方等管件的长度，但不包括部件所占长度。

ⅳ. 不扣除检查孔、风口等所占长度，也不增加咬口、管口重叠部分面积。

c. 风口的计算

ⅰ. 计算防雨百叶风口的数量（图 2-3-21、图 2-3-28）。

ⅱ. 计算单层百叶风口的数量（图 2-3-21、图 2-3-29）。

d. 风阀的计算。参照图 2-3-22 中 70℃ 防火阀、电动多叶调节阀、手动多叶调节阀、计算不同风阀的数量，如图 2-3-30、图 2-3-31 为电动多叶调节阀。

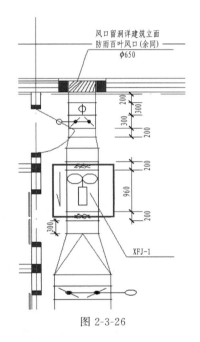

图 2-3-26

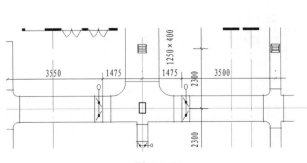

图 2-3-27

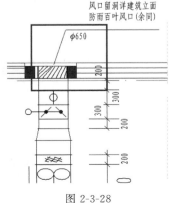

图 2-3-28

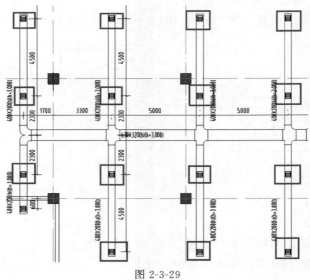

图 2-3-29

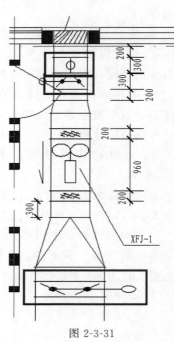

图 2-3-31

Φ	70℃防火阀(常开)
⊶	电动多叶调节阀
\\\\	手动多叶调节阀

图 2-3-30

2.3.3.2 案例工程算量范围梳理

（1）CAD 图纸中可见工程量需要统计数量的部分（表 2-3-7）。

表 2-3-7

项目编码	项目名称	项目特征	计量单位	工程量计算规则	工作内容
030701003	空调器	1. 名称 2. 型号 3. 规格 4. 安装形式 5. 质量 6. 隔振垫（器）、支架形式、材质	台(组)	按设计图示数量计算	1. 本体安装或组装、调试 2. 设备支架制作、安装 3. 补刷(喷)油漆

续表

项目编码	项目名称	项目特征	计量单位	工程量计算规则	工作内容
030701004	风机盘管	1. 名称 2. 型号 3. 规格 4. 安装形式 5. 减振器、支架形式、材质 6. 试压要求	台	按设计图示数量计算	1. 本体安装、调试 2. 支架制作、安装 3. 试压 4. 补刷（喷）油漆
030703001	碳钢阀门	1. 名称 2. 型号 3. 规格 4. 质量 5. 类型 6. 支架形式、材质			1. 阀体制作 2. 阀体安装 3. 支架制作、安装
030703002	柔性软风管阀门	1. 名称 2. 规格 3. 材质 4. 类型			
030703003	铝蝶阀	1. 名称 2. 规格 3. 质量 4. 类型			阀体安装
030703004	不锈钢蝶阀				
030703005	塑料阀门	1. 名称 2. 型号 3. 规格 4. 类型	个	按设计图示数量计算	
030703006	玻璃钢蝶阀				
030703007	碳钢风口、散流器、百叶窗	1. 名称 2. 型号 3. 规格 4. 质量 5. 类型 6. 形式			1. 风口制作、安装 2. 散流器制作、安装 3. 百叶窗安装
030703008	不锈钢风口、散流器、百叶窗	1. 名称 2. 型号 3. 规格 4. 质量 5. 类型 6. 形式			
030703009	塑料风口、散流器、百叶窗				
030703010	玻璃钢风口	1. 名称 2. 型号 3. 规格 4. 类型 5. 形式			风口安装
030703011	铝及铝合金风口、散流器				1. 风口制作、安装 2. 散流器制作、安装

（2）CAD 图纸中可见工程量需要计算长度的部分（表 2-3-8）。

表 2-3-8

项目编码	项目名称	项目特征	计量单位	工程量计算规则	工作内容
030702003	不锈钢板通风管道	1. 名称 2. 形状 3. 规格 4. 板材厚度 5. 管件、法兰等附件及支架设计要求 6. 接口形式	m²	按设计图示内径尺寸以展开面积计算	1. 风管、管件、法兰、零件、支吊架制作、安装 2. 过跨风管落地支架制作、安装
030702004	铝板通风管道				
030702005	塑料通风管道				

第❸章

广联达BIM安装计量案例工程算量实战指导

本章进行各专业案例工程的实战建模算量指导。帮助读者了解电气、采暖、给排水、消防、通风空调专业的构件建模流程及学会使用翻模功能。

3.1 电气专业

3.1.1 动力系统算量流程

动力系统算量流程见图 3-1-1。

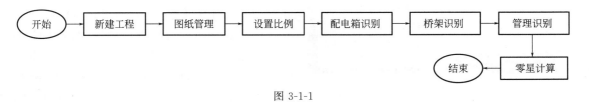

图 3-1-1

3.1.1.1 配电箱计算

（1）配电箱类型划分

① 按系统划分。

a. 一级配电设备，是动力配电中心的统称。它们集中安装在变电站，把电能分配给不同地点的下级配电设备。这一级配电设备紧靠降压变压器，故电气参数要求较高，输出电路容量也较大。

b. 二级配电设备，是动力配电柜和电动机控制中心的统称。动力配电柜用于负荷比较分散、回路较少的场合；电动机控制中心用于负荷集中、回路较多的场合。它们把上一级配电设备某一电路的电能分配给就近的负荷。这级设备应对负荷做到保护、监视和控制。

c. 末级配电设备总称为照明动力配电箱。它们远离供电中心，是分散的小容量配电设备。

② 案例工程概况讲解。

a. 本例从设计说明可知（图 3-1-2），该园区已经有完善的一级动力配电中心，电缆从园区 10kV 的开闭站引出，埋地暗敷至建筑物地下室电缆分界室内，经过分界室变电装置降压，转变成末端配电设备可承载的电压后，进入 AA-7 配电柜，从 AA-7 配电柜内由母线连接至 AA-1～AA-6 配电柜，最终从 AA-1～AA6 配电柜给各个设备及照明配电箱供电，由照明配电箱连接末端设备。

3. 供电电源
外部电源来自园区内的10kV开闭站，采用一路电缆埋地入本建筑物地下室的电缆分界室，变配电室内经10kV开关柜接至变压器一次侧。

4. 低压配电系统
1) 低压配电系统采用干线与放射相结合的方式：照明和一般负荷采用放射式与树干式相结合的配电方式。消防负荷采用EPS供电的方式。
2) 低压电缆从变配电室开关柜经金属桥架引至制冷、水泵房的控制室和强电竖井引上至各层，配电线路在竖井及制冷机房和水泵房内为明设。各配电支线穿金属保护管，在墙体和楼板内暗设时用焊接钢管(SC)，在吊顶内可用扣压式薄壁钢管(壁厚≥1.5mm)保护。用于消防系统的金属桥架及其构件外表应涂符合国家有关规范规定的耐火涂层。桥架穿防火分区隔墙和楼板竖井孔处要求用阻火材料封堵。风机、水泵等设备电源接线口的具体位置，以设备专业图纸为准。

图 3-1-2

b.本例仅考虑末端配电箱放入计算，包括图纸中 AA-1～AA-6 动力配电箱及所连接的设备控制箱，对分界室内变电装置不作详细讲解。

（2）配电箱的计算

GQI2019 软件中对配电箱计算比较灵活，有两种方式，可以根据习惯进行选择操作。下面对这两种方式进行讲解。

① 配电箱识别＋多视图。

a.平面图上的配电箱需要参照系统图上的尺寸及箱体距地高度进行识别，推荐使用"多视图"功能，可将系统图与平面图双界面打开显示。

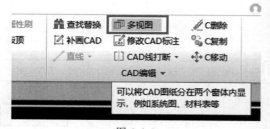

图 3-1-3

如图 3-1-3 所示，在【工程】页签→CAD 编辑功能包中，点击"多视图"后弹出"多视图"窗体，在此窗体内捕捉绘图区的 CAD 图，并在此界面对算量过程中的进展进行标记。

在"多视图"窗体内，触发"捕捉 CAD 图"功能（图 3-1-4），选择需要多视图查看的 CAD 图纸，右键确认后将图纸提取到窗体内。在窗体内定位到动力配电箱上，定位到每个配电箱的规格型号。

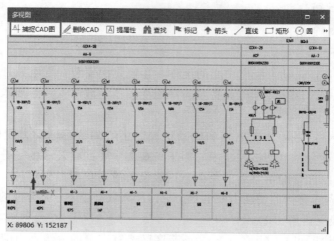

图 3-1-4

b. 在地下一层平面图上找到要识别的动力配电箱，使用配电箱识别功能，可以将同一系统的配电箱一次性识别。识别原理：按照配电箱的编号进行相似度判断，除末尾字符外其余均一致认为属于同一系统的配电箱。

切换到"电气专业-配电箱构件"下，触发【绘制】页签→识别→"配电箱识别"功能（图 3-1-5）。

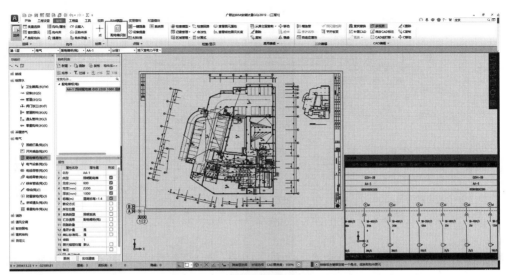

图 3-1-5

触发功能后，放大地下一层动力平面图，找到变配电室位置，如图 3-1-5 右侧界面方框位置所示，选择 AA-1 配电箱四条 CAD 线及标识，右键确认（图 3-1-6）。

弹出配电箱识别窗体后（图 3-1-7），在窗体内调整本次识别的箱体属性值。包括类型、宽度、高度、厚度、标高、系统类型、回路数量等。

AA-1

图 3-1-6

配电箱类型属性，是软件判断电缆预留的必要依据之一。若安装高度为落地安装（层底标高）且箱体类型为动力配电箱时，自动计算电缆进配电箱的预留值，此处的预留值受计算设置的影响（图 3-1-8）。若配电箱非落地安装，软件将按照配电箱的规格型号，按半周长计算线缆的预留长度。所以配电箱的规格型号也需要设置准确。

系统类型及回路数量属于精细化出量的一个必要条件：系统类型可以对不同系统的配电箱分开出量，回路数量是后续组价的必要参考依据。当然，这两个属性根据个人算量习惯进行考虑，在此不过多描述。

根据多视图中的系统图规格可知（图 3-1-9），末端动力箱的尺寸均为 600mm×1000mm×2200mm，尺寸分别对应宽×深×高，对应到软件中配电箱属性为宽×

图 3-1-7

厚×高。

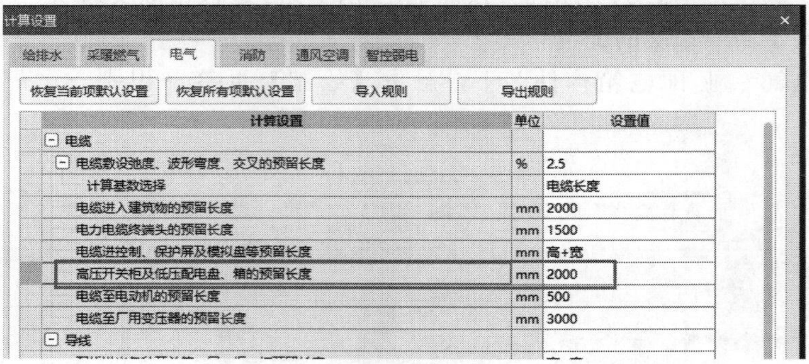

图 3-1-8

GCK4-09	GCK4-09	GCK4-09
AA-4	AA-5	AA-6
600×1000×2200	600×1000×2200	600×1000×2200

图 3-1-9

将窗体内属性值依次填写为 600、2200、1000，并将图 3-1-6 中其余方框内属性值调整完毕后点击"确定"。通过提示信息可知软件已识别出 3 个配电箱（图 3-1-10），还有 0 个配电箱未进行识别。

图 3-1-10

关闭提示信息后，可以看到绘图区识别的配电箱图元及根据此图元建立的构件信息。检查无误后可以对其他配电箱进行识别操作（图 3-1-11）。

对于未能识别的配电箱一般分为两种情况，标识不一致或配电箱图例尺寸不一样。若有配电箱无法识别，主要原因多是 CAD 线条被占用，导致与所选配电箱不一致，针对这

种情况，只需再次对未识别的配电箱进行补充识别即可。

上述方法是参照系统图识别平面图的配电箱设备，要求先熟悉图纸，梳理清楚每个配电箱的平面图及系统图才可进行。

② 电系统图＋配电箱识别。电系统图功能是通过提取系统图图纸中配电箱名称及回路编号来快速建立构件，帮助梳理整个工程的各个配电回路的对照关系。电系统图功能中新增的电系统树功能，可以直接识别干线图，做到边梳理系统图边定位平面图中设备位置，识别更便捷。

以 AA-5、AA-6 配电箱为例（图 3-1-12），该

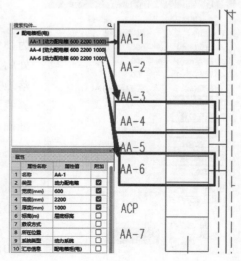

图 3-1-11

配电箱下每趟回路均是给不同设备的开关箱供电。若在平面图上直接识别，需要不停查看系统图才可保证配电箱不遗漏；而使用电系统图功能可以先梳理系统图上的配电箱，建立好构件后，再逐一进行识别，可确保动力配电箱不丢失。

AA-5			AA-6							
600×1000×2200			600×1000×2200							
Ⓐ×1	Ⓐ×1	Ⓐ×1	Ⓐ×1	Ⓐ×1	Ⓐ×1	Ⓐ×1	Ⓐ×1	Ⓐ×1	Ⓐ×1	Ⓐ×1
★SB-800Y/3 700A *	★SB-400Y/3 315A *	★SB-400Y/3 315A *	★SB-200Y/3 125A	★SB-100Y/3 25A	★SB-100Y/3 25A	★SB-200Y/3 125A	★SB-200Y/3 125A	★SB-100Y/3 100A	★SB-200Y/3 125A	★SB-100 Y/3 25A
800/5	300/5	300/5	150/5	25/5	25/5	150/5	150/5	100/5	150/5	25/5
A5-1	A5-2	A5-3	A6-1	A6-2	A6-3	A6-4	A6-5	A6-6	A6-7	A6-8
制冷机房 B1APL1,2	制冷机房 B1APL3,4,5	备用	消防水泵房 B1EPS	消防水箱间 4EPS	消防控制室 1EPS	服务器机房 1AP	备用	备用	备用	备用
282.4	130.3(40.5)		98(49)	3(1.5)	3	40				
1	1		1	1	1	1				
282.4	90		49	1.5	3	40				
0.8	0.8		0.8	0.8	0.8	0.8				
535	170		93	2	6	75				
Y:2(3×185+2×95) X	2(3×95+2×50)		WDZN-YJ(F)E -0.6/1kW -3×50+2×25	WDZN-YJ(F)E -0.6/1kW -5×10	WDZN-YJ(F)E -0.6/1kW -3×10	-3×50+2×25				
CT	CT		SC32	SC25	SC50					

图 3-1-12

在电气专业配电箱构件下，触发"系统图"功能（图 3-1-13），有两种方式可以提取配电箱。

图 3-1-13

若在配电系统图上提取配电箱，建议使用默认系统图的提取配电箱功能，可以将配电箱名称、规格及型号一并提取，后面配电箱识别时不用再次调整。

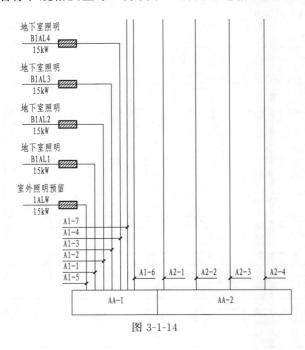

图 3-1-14

若习惯在干线图上梳理配电箱之间关系（图 3-1-14），可以在"配电系统树"功能里面提取。此功能支持批量提取配电箱，可对每个箱子快速反查，从而针对反查系统图调整配电箱其他属性，并定位平面图来识别配电箱图元。

触发"系统图"功能后，在窗体内点击"配电系统树"功能，界面会自动跳转到系统树结构下（图 3-1-15）。

切换到干线图去提取 AA-6 配电柜下的各个回路所连接的配电箱。触发"批量提配电箱"功能（图 3-1-16），连续选中 AA-6 配电箱下的各个回路末端配电箱名称（图 3-1-17 方框中内容），右键确定后返回系统树窗体。

配电箱成功提取到系统图树节点下，并且在"构件列表"中建立了对应构件

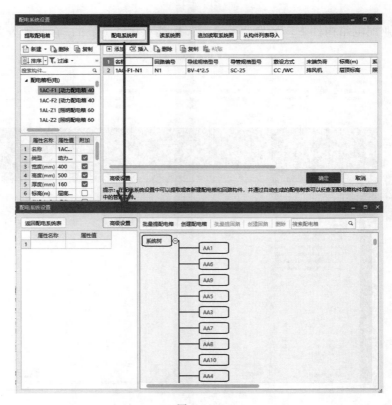

图 3-1-15

图 3-1-16

（图 3-1-17）。批量提取的配电箱软件已给出了默认箱体尺寸，若需修改，可以参考系统图中尺寸在系统树窗体中选中对应配电箱，在其左侧的"属性值"中修改规格型号（图 3-1-18）。

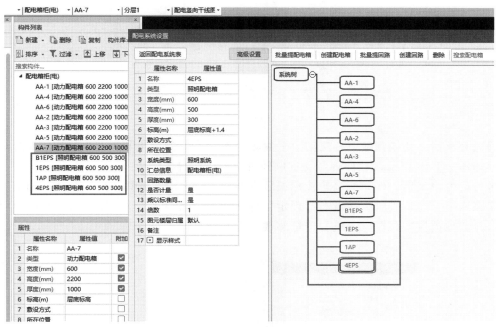

图 3-1-17

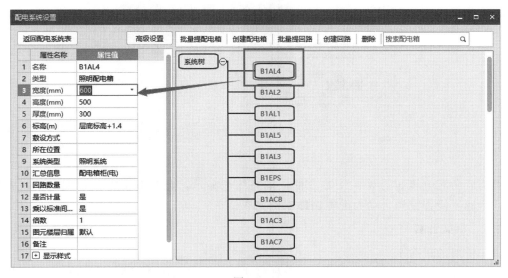

图 3-1-18

此时切换到照明系统图中，双击窗体内配电箱名称（图 3-1-19 "1"的位置），自动触发查找替换功能；点击 "2" 位置内容后，定位到对应配电箱的系统图上，可看到图 "3、4" 位置的配电箱名称及箱体规格。并可以在图 "5" 的位置修改其箱体规格。

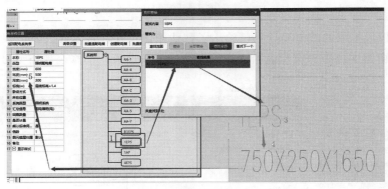

图 3-1-19

修改完毕后，切换到地下一层动力平面图，识别对应的配电箱 CAD 图例。双击对应配电箱，如图 3-1-19 所示，软件将自动定位到对应箱体位置。

进行配电箱识别，选择配电箱及标识后点击右键，弹出 "选择楼层" 窗体，当前所选配电箱仅在地下一层，所以直接点击 "确定" 即可识别（图 3-1-20）。若所选配电箱为照明配电箱，且其他楼层均存在时，应勾选全部楼层进行识别。

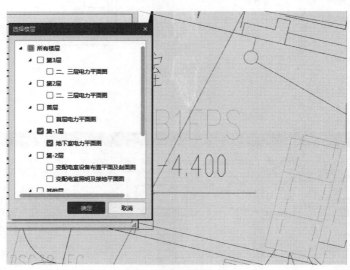

图 3-1-20

识别后的配电箱如图 3-1-21 中方框，呈亮绿色显示，此时双击方框中配电箱，可进行反查。待逐一检查完毕，动力配电箱即识别完毕。

3.1.1.2 桥架计算

（1）桥架的用途

电缆桥架常见类型有槽式、托盘式及梯级式。由于槽式电缆桥架密闭性好，抗干扰、耐腐蚀，在动力桥架中使用比较广泛，槽式桥架的组成包括水平直线段、弯通、支架。

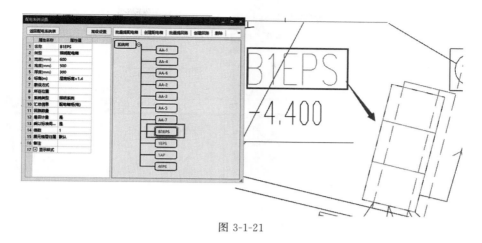

图 3-1-21

依据《通用安装工程工程量计算规范》（GB 50856—2013），桥架仅按照设计图示尺寸以长度计算（表 2-1-3）。软件仅按照图纸尺寸以"m"进行计算。若需要单独计算弯通个数，可以在"选项"中开启桥显示架通头的选项（图 3-1-22），在此不作过多描述，本书仅按照清单计算规则考虑。

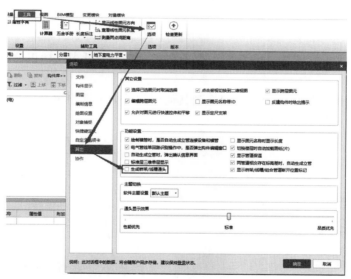

图 3-1-22

（2）桥架的识别

① 图纸说明。桥架从变配电室引出，一端至制冷机房，一端至强电井引上，同一层引至车库位置不再连通。地下一层的桥架高度为距地 3m（图 3-1-23）。

② 平面图识别。切换到 −1 层，分层图纸为地下室电力平面图。在电缆导管构件下，触发"识别桥架"功能（图 3-1-24）。

选择两条代表桥架边线的 CAD 线及桥架标

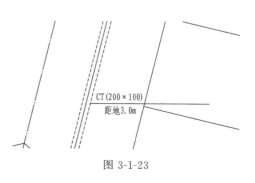

图 3-1-23

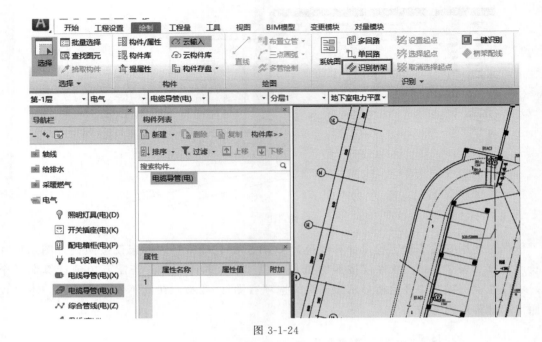

图 3-1-24

识。右键选择后弹出"构件编辑窗口",需要修改系统类型为动力系统,将桥架标高改为层底标高+3(图 3-1-25)。点击"确认"后识别完毕。对于图纸中无标识的桥架,软件按默认桥架规格生成(图 3-1-26)。

地下一层桥架图元检查无误后,切换到其他层的动力图纸中重复识别桥架,直至整个建筑所有楼层的动力桥架识别完毕。

图 3-1-26 中已识别的桥架图元粗线显示。

	属性名称	属性值	附加
1	名称	QJ-1	☐
2	系统类型	动力系统	☐
3	桥架材质	钢制桥架	☐
4	宽度(mm)	200	☐
5	高度(mm)	200	☐
6	所在位置		☐
7	敷设方式		☐
8	起点标高(m)	层底标高+3	☐
9	终点标高(m)	层底标高+3	☐
10	支架间距(mm)	0	☐
11	汇总信息	电缆导管(电)	☐
12	备注		☐
13	⊞ 计算		
20	⊞ 配电设置		
22	⊞ 显示样式		
25	⊞ 分组属性	桥架	
26	⊞ 材料价格		

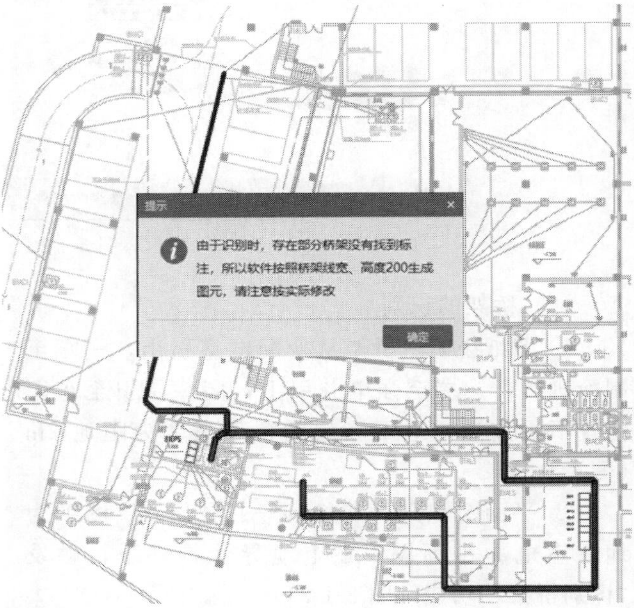

提示:由于识别时,存在部分桥架没有找到标注,所以软件按照桥架线宽、高度200生成图元,请注意按实际修改

图 3-1-25　　　　　　　　　　　　图 3-1-26

③ 立面图识别。水平桥架识别完毕后，为了连通整栋楼的桥架，需要绘制立向桥架图元。触发"布置立管"功能即可快速布置桥架图元。若立向桥架图元与水平桥架无法对齐，可以使用"旋转布置立管"功能，保证立向桥架与水平桥架精准对齐。

此处可以点击"F12"将其他楼层桥架显示出来，查看相邻楼层的桥架连接效果（图 3-1-27）。桥架端部若是出现加粗线条的显示效果，代表软件检测到此桥架端部未进行连通，需要人工判断是否要有后续连接（图 3-1-28）。

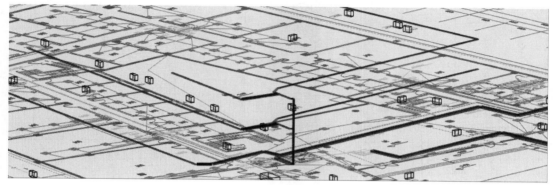

图 3-1-27

3.1.1.3　电缆计算

（1）建立回路构件

① 电系统图（表）快速建立构件。

a. 电系统图功能使用场景。电气专业的管线计算复杂，回路信息梳理烦琐且很难追溯，计算完管线工程量后，检查起来较麻烦，需要重新翻阅系统图纸。系统图功能可快速定义配电箱属性、通过内置规则快速定义回路构件、根据末端连接设备自动生成配电系统树关系图，快速建立配电箱构件和回路构件。

系统图的组成包括动力系统图及照明系统图。常见形式包括横向、竖向两种类型（图 3-1-29）。对于不同形式的系统图，可以在电系统图中灵活提取。

b. 功能位置及详细操作。功能位置：电气专业任意构件→"绘制"→"识别"，如图 3-1-30。

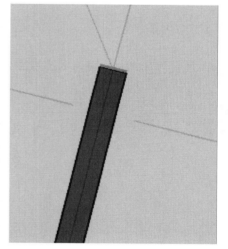

图 3-1-28

触发命令后弹出"配电系统设置"窗体。这个窗体分为 a 区与 b 区，a 区主要是用来建立配电箱的构件；b 区是配电系统的回路识别部分（图 3-1-31）。

触发"读系统图"功能，框选要识别的系统图，右键确认后，整个配电箱下的所有回路均会提取到窗体内（图 3-1-32）。

对于无法提取到的信息可以进行手动调整。如图 3-1-33 窗体内黑色填充内容为软件检测非法情况，需要二次修改。无法提取到的内容，可以触发表头的⋯按钮提取。对于特殊的回路编号或电线电缆规格，建议在触发"读系统图"前进行"高级设置"的补充，以确保回路信息的精准，减少二次操作。

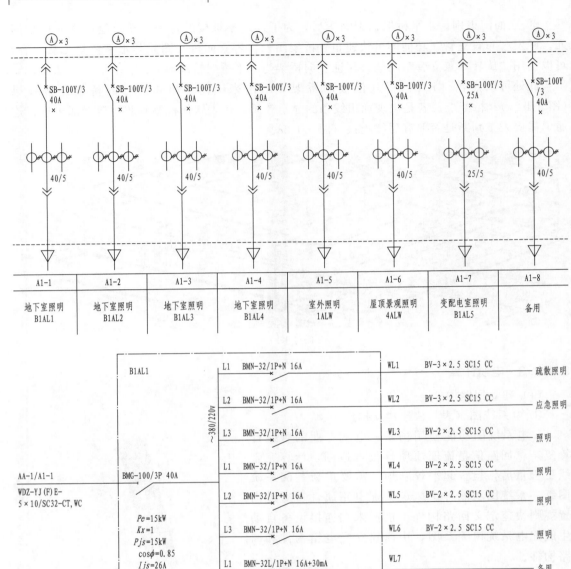

A1-1	A1-2	A1-3	A1-4	A1-5	A1-6	A1-7	A1-8
地下室照明 B1AL1	地下室照明 B1AL2	地下室照明 B1AL3	地下室照明 B1AL4	室外照明 1ALW	屋顶景观照明 4ALW	变配电室照明 B1AL5	备用

图 3-1-29

图 3-1-30

图 3-1-31

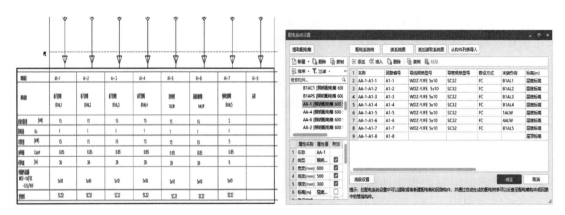

图 3-1-32

图 3-1-33

② 电系统图（树）快速建立回路构件。

a. 电系统树的使用场景。电系统树属于电系统图功能的一个分支，它可以直接将系统图

（表）提取的回路快速生成树状结构，确保图纸中横向系统图与系统树显示一致的效果，有助于梳理清晰整个电气专业系统树结构；也可以在系统树窗体内直接提取系统回路，快速建立回路。在建立回路过程中可以直接拖拽回路或配电箱进行灵活的位置调整，可做到边梳理边建立构件，有利于快速了解整个配电系统的原理。

b.系统树快速建立回路构件。在系统图默认界面触发"配电系统树"功能后，窗体内默认仅显示已建立好的配电箱，此时选择对应配电箱进行批量提取回路。触发"批量提回路"命令，"系统图"窗体隐藏，框选要提取的回路，右键确认后，返回系统树窗体内可以看到回路被提取进来（图 3-1-34）。

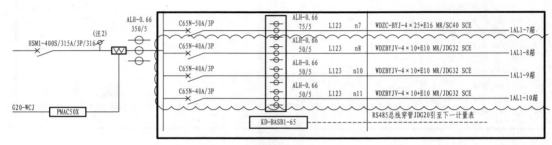

图 3-1-34

将所有配电箱下回路提取完毕后，可以看到窗体内呈现多层级结构，通过回路将每个箱子连接在一起，从动力柜到末端照明箱整体进行结构梳理。回路构件在搭建树状结构时会自动生成完毕（图 3-1-35）。

若提取过程中若发现回路构件建立有误，需要跨构件调整时，可以右键选中进行转换。若发现有孤立配电箱没有自动联动到回路末端时，可以拖拽配电箱将其拖到对应的上一级负荷中，完成树状结构的梳理（图 3-1-36）。

c.系统图表转换为系统树。在系统图默认窗体下提取完回路信息后，触发"配电系统树"功能，即可转换为树状结构，回路构件也同时搭建完毕（图 3-1-37）。在树状结构下可以触发"返回配电系统表"功能回到默认界面。

（2）管线识别

① 配管内的线缆绘制。动力系统的电缆敷设，一般沿桥架敷设较为常见，本案例工程中动力系统的电缆属于由桥架敷设后穿管暗敷设的方式。出桥架的配管分布在桥架的不同位置，可直接绘制，便于操作。

直线绘制功能可以直接发出命令，选择要绘制的回路按照 CAD 线走向进行描图操作（图 3-1-38）。

由于动力系统是给整栋楼的照明箱供电，电缆时常跨多个楼层敷设。这种情况下若是立向电缆未走桥架敷设，而是通过电气井直接敷设到其他层时，需要使用"布置立管"功能，进行立向电缆的计算，操作同布置立向桥架。

② 设置起点、选择起点。

a."设置起点""选择起点"功能使用场景。暗敷设配管内的线缆绘制完毕后，需要计算桥架内线缆敷设。前面已经把整个工程的桥架树体系识别完毕，使用"设置起点"功能，可以设定桥架或线槽的起始点，使用"选择起点"功能，可以确定同层、跨层桥架或线槽与管连后管线的长度。

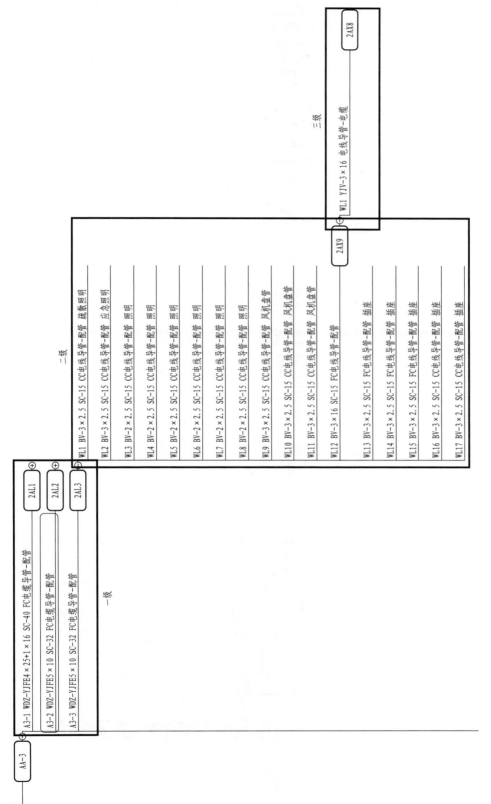

图 3-1-35

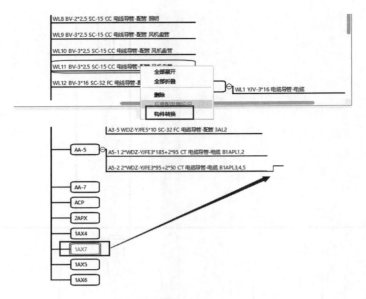

图 3-1-36

图 3-1-37

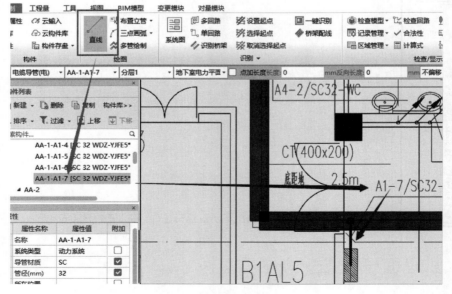

图 3-1-38

以案例工程的场景来讲，可以一次性将多个回路连接到同一起点配电箱上。

b."设置起点"功能位置及操作。此功能在电气专业电线导管→电缆导管→综合管线构件下，"绘制"页签的"识别"功能包中（图 3-1-39）。

图 3-1-39

触发"设置起点"命令后，选择要设置为起点端的配电箱或桥架端部。光标会呈现"小手"状态（图 3-1-40）。

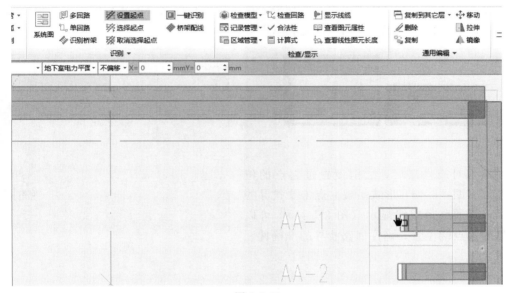

图 3-1-40

当所选位置存在立管时，会弹出提示窗体，要求选择起点位置在立管上还是水平管上。选择无误后点击"确定"，所选位置将出现"×"号（图 3-1-41）。设置完所有起点配电箱位置后，进行"选择起点"操作。

c."选择起点"功能位置及操作。"选择起点"功能在"设置起点"的下方，此功能支持单选或框选要连接到起点位置配电箱的管线图元（图 3-1-42）。

此处需要注意，不管单选还是框选，所有路径起点均是唯一的，所以在选择时需要对同一个配电箱下的回路进行框选操作，不同配电箱下的回路单独选择。

检查无误后右键确认。软件左上角弹

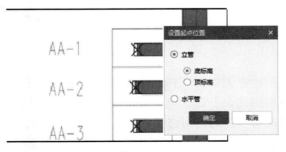

图 3-1-41

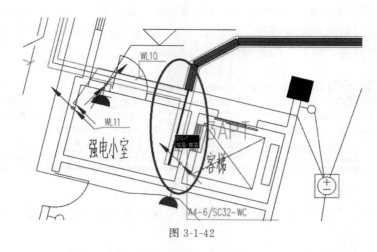

图 3-1-42

出"切换起点楼层"的窗体,可以在此切换楼层,选择目标楼层的起点位置配电箱。此时绘图区图纸暗显,便于直观找到对应配电箱(图 3-1-43)。

图 3-1-43

切换到对应楼层后,之前设置过起点的位置以圆点(图 3-1-44)形式呈现。点击要找寻的圆点后,连通路径粗线显示(图 3-1-45)。可以随时修改起点端位置,确保回路找寻的准确性。

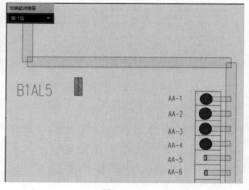

图 3-1-44

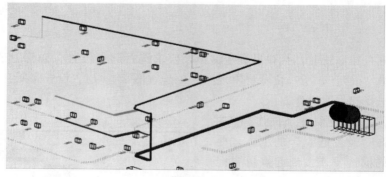

图 3-1-45

检查无误后,右键确认,桥架内的线缆图元生成完毕。在桥架引出到配管的位置上可以看到圆球,上面标记着路径编号,双击编号可以查看桥架内线缆的走向。浮球上的编号即为该配管所连通的回路归属于该配电箱下的某一具体回路数量(图 3-1-46)。在起点端配电箱上也可以看到圆球,点击后可以看到多个路径的编号,选择每一编号均可以看到桥架内线缆呈选中状态。如图 3-1-47。

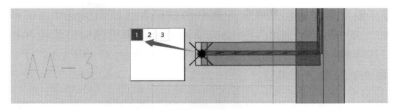

图 3-1-46

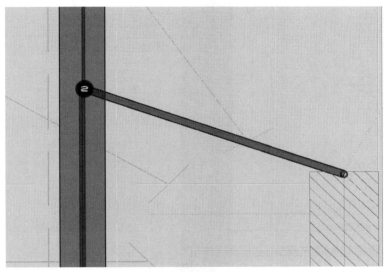

图 3-1-47

若桥架存在多条路径可以连通到起点端配电箱时，可以"Ctrl＋左键"进行更换路径操作。多条路径分叉口位置，可以选择图 3-1-48 中① 进行更改路径操作。图 3-1-48 中路径②为连接配管或配电箱的唯一路径，不可更换。

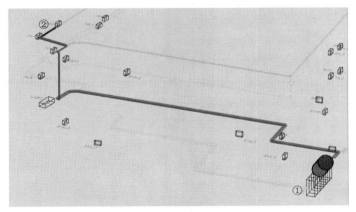

图 3-1-48

③ 电系统树反查。

a. 电系统树反查场景。动力管线错综复杂，有多个箱子引出多个回路，无法清晰判定哪些回路还未识别或识别效果是否正确，此时可以结合电系统树功能进行系统性检查。

b. 具体操作。触发命令后，窗体内方框中回路代表已经识别完毕，可以双击回路进行反查（图 3-1-49）。反查时整个视角为三维等轴侧显示，属于该回路的图元在图中以粗线显示，若回路端点连接桥架存在线缆路径，将一并被选中显示（图 3-1-50）。此时可以结合"图元查量"等功能查看回路工程量。

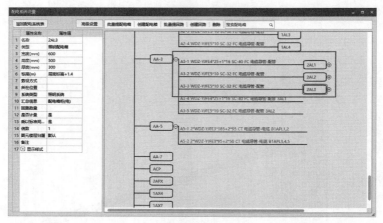

图 3-1-49

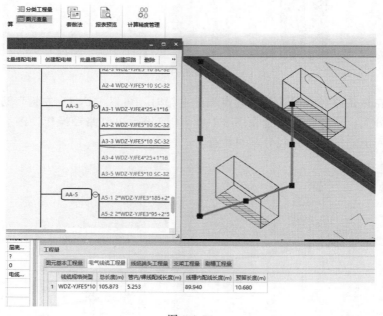

图 3-1-50

3.1.1.4　附属工程量计算

（1）电缆预留工程量

对电气专业来讲，电缆的预留场景稍微弄错一点就会有很大的量差及价格变动，在计算电缆预留时应谨慎小心。在 GQI2019 中拥有一套灵活的计算规则，可以满足用户在不同场景下的工程量计算需求。

软件中计算电缆的预留工程量，将对以下几个常用场景进行讲解。

① 电缆进建筑物预留及电缆波形弯度预留。电缆进入建筑物，当与外墙相交时，软件将视为此条电缆穿过建筑物外墙，需要计算进入建筑物的预留长度，该段长度的设置值可以在计算设置中进行调整（图 3-1-51）。

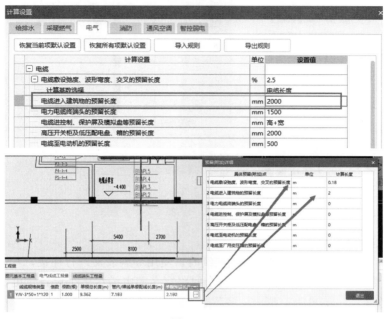

图 3-1-51

对于电缆的波形弯度预留，软件是按照实际电缆长度×2.5％预留的，不再需要手动计算。

② 电缆进高压开关柜预留或进配电箱预留。计算电缆进高压开关柜预留时，柜体需要落地安装且线缆埋地暗敷才可生成（图 3-1-52）。

图 3-1-52

当进入配电箱需要预留半个周长时，电缆跟配电箱相交即可计算（图 3-1-53）。

③ 电缆终端头预留。电缆进入配电箱或连接设备时软件均会自动计算预留量。如果不需要考虑此预留值，电缆图元不应与配电箱相交。

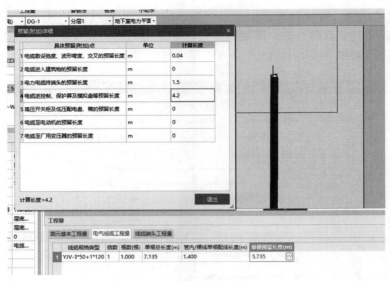

图 3-1-53

(2) 穿刺线夹

① 穿刺线夹的原理。当电缆需分支或接续时，使用穿刺线夹进行连接，其安装简便、成本较低并且安全可靠，方便维护。动力柜中一个回路穿多芯电缆给多个设备供电，根据标准图集《电气竖井设备安装》(04D701-1) 要求，多芯电缆需要多个穿刺线夹连接 (图 3-1-54)。

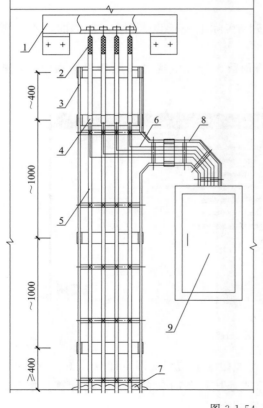

A5-1	A5-2
制冷机房 B1APL1, 2	制冷机房 B1APL3, 4, 5
282.4	130.3 (40.5)
1	1
282.4	90
0.8	0.8
535	170
2 (3×185+2×95)	2 (3×95+2×50)
CT	CT

图 3-1-54

② 生成穿刺线夹。

a. 使用场景。一条单芯或多芯立向电缆给不同配电箱供电时使用。

b. 功能位置及操作。穿刺线夹功能位于电气专业零星构件下【绘制】页签的"识别"功能包中（图 3-1-55）。触发"穿刺线夹"命令后弹出"选择构件"的窗体。在窗体内新建穿刺线夹构件即可，点击"确认"会弹出"生成穿刺线夹"的窗体，在此窗体内勾选要生成穿刺线夹的回路。窗体内会默认将符合要求的电缆回路阴影处理，可以根据实际要求进行勾选（图 3-1-56）。

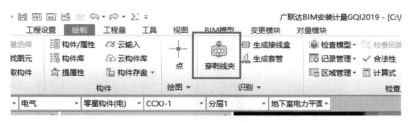

图 3-1-55

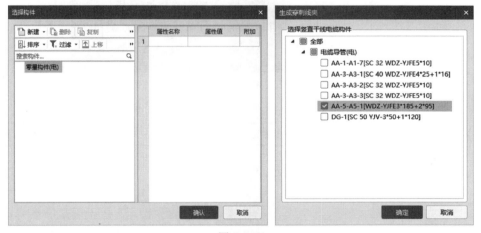

图 3-1-56

点击"确定"后，穿刺线夹生成完毕。此时可以在之前勾选的回路中查看对应的穿刺线夹图元及其干线和支线的电缆规格和型号（图 3-1-57）。

3.1.2　照明和插座系统算量流程

照明和插座系统算量流程见图 3-1-58。

3.1.2.1　图纸导入及比例校对

（1）图纸导入

图 3-1-59 上海大厦图纸属于二次装修图，模型页签图纸由多个系统图的图层叠加显示，较为杂乱。为了清晰化算量，可选取布局图纸。布局图纸一般用于出图，导入到软件中图纸比例较小，因此需要重新设置比例，确保图纸的精准。

（2）比例校对

此例中上海大厦的目录及说明图纸没有任何可供参考的比例数值，可以先调整好说明图

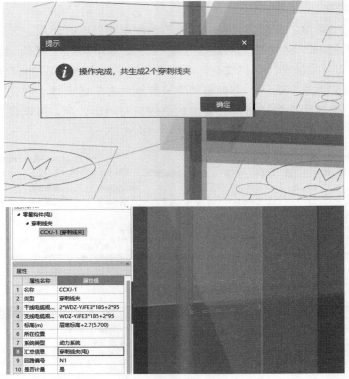

图 3-1-57

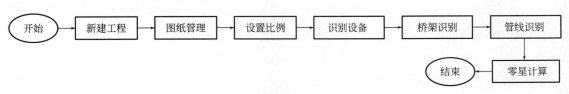

图 3-1-58

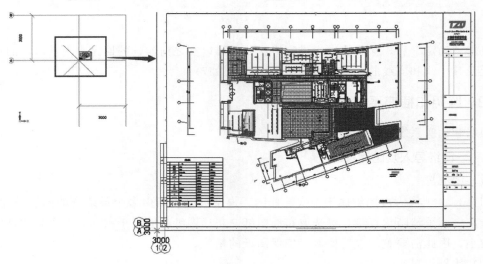

图 3-1-59

纸与其他图纸均存在"图框"。将图纸分配到各个楼层后，调整各层图纸比例。使用长度标注功能，量取已经调整好的图纸"图框"（图 3-1-60），参照该数据调整目录及说明图纸的大小。

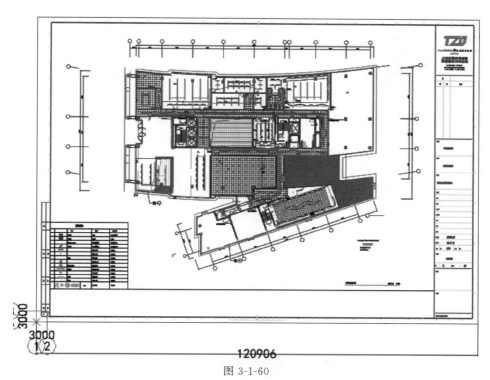

图 3-1-60

3.1.2.2　灯具、开关、插座等设备计算

（1）建立构件

① 使用场景。"材料表"功能可以帮助用户提前将图纸中设备图例相关信息记录在软件中并建立相同的构件，减少用户切换图纸查找图例相关信息的操作。

② 功能位置及操作。"材料表"功能位置在各个专业点式设备构件下，"绘制"页签的"识别"功能包中（图 3-1-61）。

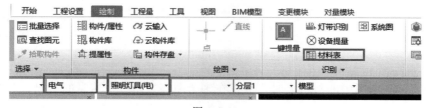

图 3-1-61

触发"材料表"命令后，从图例表格的左上角进行向下拉框选择，将这个图例表框选后右键确认，即弹出窗体（图 3-1-62）。

对窗体内无效信息进行删减或修改，如无表头列、无图例行及灯具控制线示意图等，并检查对应构件是否判断有误，对有误的信息进行调整。

图 3-1-62

　　每个图例的安装高度均按照图纸中安装要求及备注进行转换，可以参照备注信息核对标高值，确保准确。若备注信息无可保留内容，进行删除处理。

　　检查无误后，点击"确定"即可生成，如图 3-1-63，窗体内的信息将自动建立构件。检查无误后切换到平面图对灯具进行二次提取。

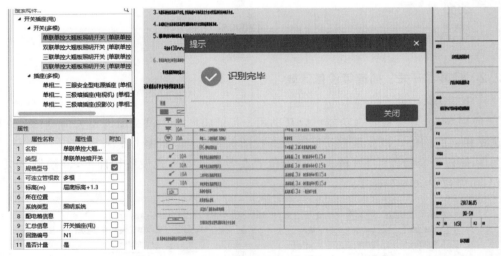

图 3-1-63

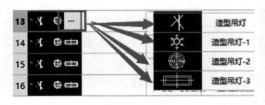

图 3-1-64

　　在识别照明平面图中的材料表时，会存在多个图例共用一个信息的情况，此时需要使用"复制"行命令，复制该行内容给多个灯具使用。然后双击图 3-1-64 方框中按钮返回绘图区为每个灯具提取对应图例，确保每个灯具使用独立构件。

　　前文所讲的为布局图纸设置比例和对目录及说明进行调整，为的是识别材料表时对图例捕捉精准，否则将会出现图 3-1-65 所示问题。

图 3-1-65

（2）设备识别

点式设备的识别常用"一键提量""设备提量"功能，对于上海大厦图纸中特殊要求的灯带计算，可以使用"灯带识别"功能进行提取。

① 一键提量。

a. 使用场景。"一键提量"功能可以批量将全楼层图纸中的 CAD 块图例识别完毕。

b. 功能位置及操作。功能位置在各个专业点式设备构件下，【绘制】页签的"识别"功能包中（图 3-1-66）。

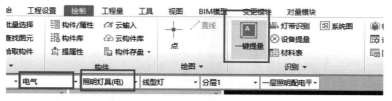

图 3-1-66

触发"一键提量"功能后，弹出窗体。为保证不被无效图例干扰，建议先隐藏无效图例后再进行"一键提量"操作（图 3-1-67）。

检查无误后软件将会按照窗体内设置内容全楼层查找，进行图例生成。

② 设备提量。

a. 使用场景。针对某一类型图例进行识别，可以将全楼层的相同图例一并识别完毕。对于图例大小不一样的情况，可以分多次识别并使用一个构件进行承接。

b. 功能位置。功能位置在各个专业点式设备构件下，【绘制】页签的"识别"功能包中（图 3-1-68）。

触发"设备提量"命令后选择要识别的 CAD 图例，右键框选后弹出窗体，选择要匹配的构件。对于使用"材料表"建立的构件，可以进行材料表图例与工程图例的对照，方便寻找对应构件［图 3-1-69（a）］。

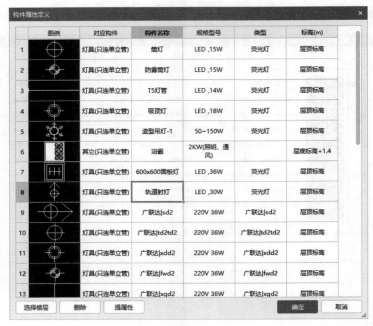

图 3-1-67

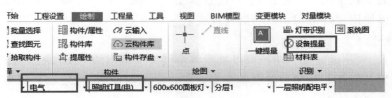

图 3-1-68

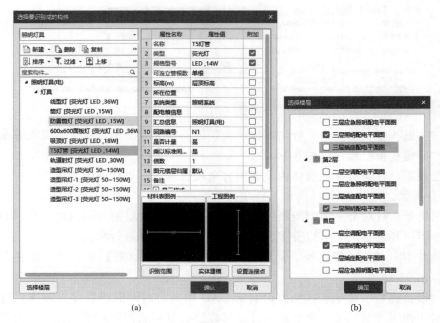

(a)　　　　　　　　　　　　　　　(b)

图 3-1-69

　　相关属性调整无误后，选择对应要识别的楼层，支持全楼层的识别［图 3-1-69（b）］。若需要局部识别，可以使用"识别范围"框选要识别的范围，软件将会按照框选范围进行识别（图 3-1-70）。

　　识别完毕后，弹出"提示"，即可检查图例正确性。继续识别操作，直至全部识别完毕（图 3-1-71）。

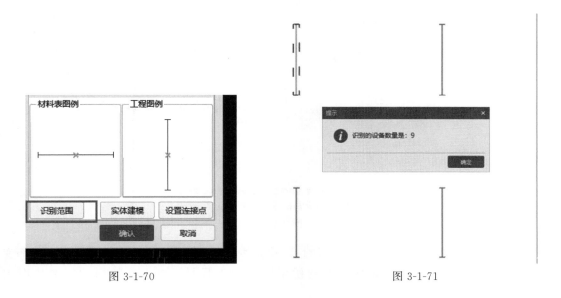

图 3-1-70　　　　　　　　　　　　　图 3-1-71

（3）灯带识别

① 使用场景。针对特殊灯具——灯带进行识别操作，灯带虽是灯具但不按个数计算，按照延长米统计。因此在"材料表识别"功能中不能提取灯带图例，需要手动建立灯带构件。

② 功能位置及操作。功能位置在各个专业点式设备构件下，【绘制】页签的"识别"功能包中（图 3-1-72）。

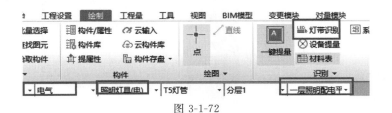

图 3-1-72

　　切换楼层，找到对应灯带的图例，触发"灯带识别"命令后选择灯带图例，点击右键弹出如图 3-1-73 所示窗体。新建灯带构件，调整对应灯带的标高及相关属性。

　　点击"确认"生成图元，此时可以查看已经识别的灯带图元（图 3-1-74）。

3.1.2.3　桥架计算

　　根据上海大厦设计说明要求，桥架复用已有桥架，不做新增。在此基础上进行穿线操作，识别桥架后需要调整属性，确保桥架不计量（图 3-1-75）。

图 3-1-73

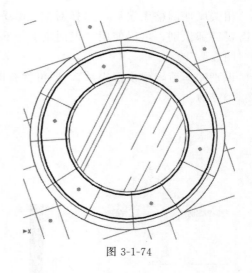

图 3-1-74

普通照明、普通插座、空调内机等室内装饰工程设备配电；配电桥架配置见一次设计；
原消防设备配电、防雷接地等非本范围内设备配电、接地保留

图 3-1-75

将识别好的桥架图元框选后修改其属性，将是否计量设为"否"，此时桥架图元全部变为最右侧图中粗线。不计量属性仅影响桥架图元的工程量，对于桥架内的线缆依旧出量（图 3-1-76）。

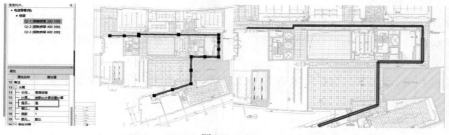

图 3-1-76

桥架识别详见 3.1.1.2 中（2）内容。

3.1.2.4 管线计算

（1）建立构件

案例工程的系统图局部回路同原有回路穿线，所以在读取系统图时需要仔细辨别。使用"系统图"功能，可以仅对要提取的回路进行处理，确保不会被原有回路干扰（图 3-1-77）。

图纸中若存在同一个配电箱需要部分提取的情况（图 3-1-78），使用配电系统图的"追加读取系统图"功能，可以分批提取对应的回路到系统图中（图 3-1-79）。

对于窗体内阴影部分内容，需要进行修改才可生成构件。此处线缆规格型号有误，需要将多余的规格型号删除（图 3-1-80）。

照明箱 1AL1-2 属于新增配电箱，该箱体回路编号标记在箱体的元器件内，正常的提取系统图无法将回路编号提取正确，此时需要使用精确提取功能来操作（图 3-1-81）。

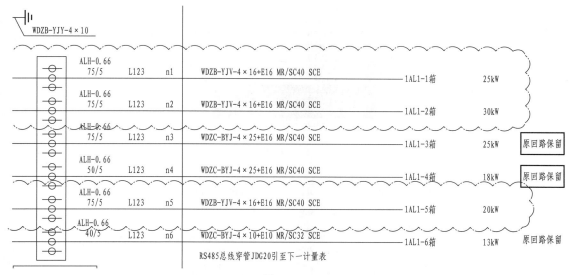

图 3-1-77

图 3-1-78

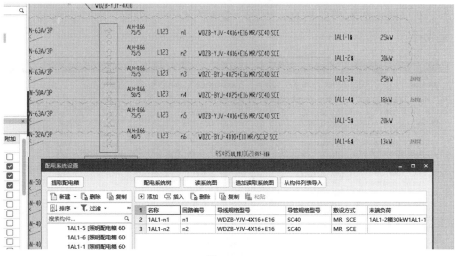

图 3-1-79

在"回路编号"栏,点击⋯按钮返回到绘图区提取对应回路编号,方框①在软件中呈现黄色状态;文字"N1"～"N7"在软件中呈现蓝色选中状态(图 3-1-82)。

	名称	回路编号	导线规格型号	导管规格型号	敷设方式	末端
2	1AL1-n1	n1	WDZB-YJV-4X16+E16	SC40	MR SCE	1AL
3	1AL1-n2	n2	WDZB-YJV-4X16+E16	SC40	MR SCE	
4	1AL1-n5	n5	WDZB-YJV-4X16+E16	SC40	MR SCE	1AL
5	1AL1-n8	n8	WDZB-YJV-4X10+E10	JDG32	MR SCE	1AL
6	1AL1-n10	n10	WDZB-YJV-4X10+E10	JDG32	MR SCE	
7	1AL1-n11	n11	WDZB-YJV-4X10+E10	JDG32	MR SCE	
8	1AL1-n12	n12	WDZC-BYJ-2X2.5+E2.5/WDZC-BYJ-2X2.5+E2.5	JDG20	MR SCE	卫生
9	1AL1-n14	n14	WDZC-BYJ-2X2.5+E2.5/WDZC-BYJ-2X2.5+E2.5	JDG20	MR SCE	
10	1AL1-n16	n16	WDZC-BYJ-2X2.5+E2.5/WDZC-BYJ-2X2.5+E2.5	JDG20	MR SCE	
11	1AL1-n18	n18	WDZC-BYJ-2X2.5+E2.5	JDG20	MR SCE	

图 3-1-80

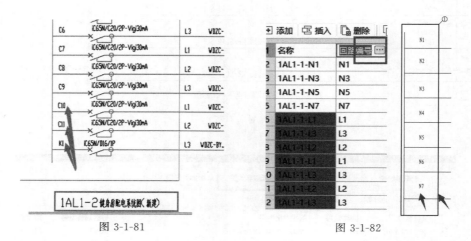

图 3-1-81 1AL1-2 健身房配电系统图（新建）

图 3-1-82

检查无误后点击右键即可返回窗体。系统图窗体内其他表头内容均支持精准提取操作。按此可将整个配电箱回路的信息提取完毕。

1AL1-1 与 1AL1-2 共用同一个系统图，可以使用"复制"命令将 1AL1-1 的回路信息复制到 1AL1-2 中。框选所有回路信息，点击"复制"命令，切换到对应配电箱下，选择"粘贴"即可完成操作（图 3-1-83）。

图 3-1-83

　　所有配电箱的回路信息提取完毕后，切换到系统树中可以看到对应回路的树状关系（图 3-1-84）。

图 3-1-84

　　原有系统图操作详见 3.1.1.1 中内容。

（2）管线识别

① 多回路。

　　a. 使用场景。使用"多回路"功能，可以快速识别设计图纸中多条 CAD 回路，且连接配电箱的配管一字排开，更加符合施工工艺要求，方便用户查找回路所连接的立管。

　　"多回路"功能包含两种窗体模式，可以灵活切换，适应不同用户的操作习惯。

　　b. 功能位置及操作。功能位置在电气专业电线导管或电缆导管构件下，【绘制】页签的"识别"功能包中（图 3-1-85）。

图 3-1-85

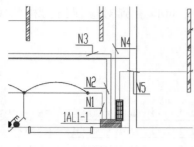

图 3-1-86

触发命令后，选择要识别的 CAD 线及标识，点击右键，再次选择要识别的 CAD 线及标识。直至将当前配电箱下所有回路全部选择完毕，最后点击右键确认。如图 3-1-86 所示，N1～N5 在软件中为蓝色选中状态。确认后弹出图 3-1-87 所示窗体，软件会找寻到配电箱所连接的回路编号，根据电系统图已有构件自动匹配，无需手动选择构件。

	配电箱信息	回路编号	构件名称	管径(mm)	规格型号	备注		导线根数
1	1AL1-1	N1	1AL1-1-N1	20	WDZC-BYJ-2*...		1	默认
2	1AL1-1	N2	1AL1-1-N2	20	WDZC-BYJ-2*...			
3	1AL1-1	N3	1AL1-1-N3	25	WDZC-BYJ-2*...			
4	1AL1-1	N4	1AL1-1-N4	25	WDZC-BYJ-2*...			
5	1AL1-1	N5	1AL1-1-N5	25	WDZC-BYJ-2*...			

图 3-1-87

若需要调整构件，双击构件名称列中要调整的单元格，将弹出"选择要识别的构件"窗体，可以进行修改、调整构件操作。该窗体支持跨构件选择，如要在电线导管下触发的命令，可以切换电缆导管下的构件进行选择。对于连接灯具、开关、插座的立管可以单独设置材质，确保满足实际施工要求（图 3-1-88）。若设置立管为不同材质，生成图元将会反建不同材质的立管构件。

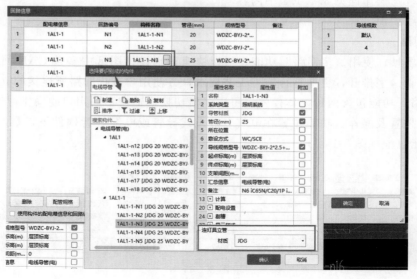

图 3-1-88

多回路功能支持自动判断穿线根数，可以逐一反查每条回路中不同导线的根数情况，根据实际穿线情况，进行添加或取消操作。光标定位在每条回路信息上，双导线根数列中相关数字（图 3-1-89）即可在绘图区看到对应回路亮绿色显示（图 3-1-90）。检查无误后右键确认即可返回。

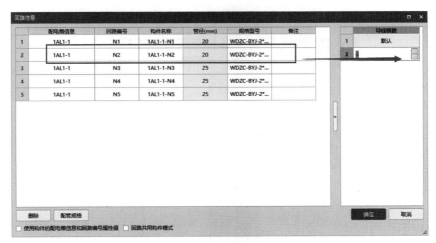

图 3-1-89

对于要修改根数的 CAD 线，在绘图区点选后软件会弹出提示，告知该回路原有位置（图 3-1-90）。若要修改可以点击"是"，即可改变该条 CAD 线的后续生成线缆根数。

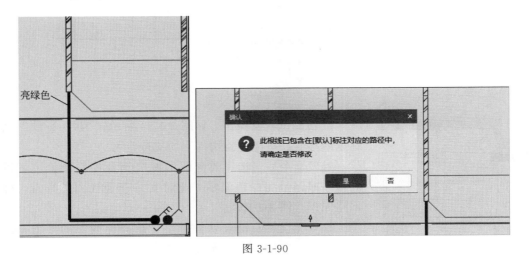

图 3-1-90

根据前面的设计说明信息可以知道，回路中不同管径穿线根数不同，此处需要在"配管规格"中进行设置，确保生成的图元管径无误（图 3-1-91）。

在"配管规格"窗体内将对应内容均调整完毕后，点击"确定"生成图元，如图 3-1-92。

②桥架配线。

a.使用场景。"桥架配线"功能主要是对桥架进行配线操作，支持多种场景的使用，一般常用在动力系统。本例图纸由于供电回路使用原有桥架进行配线，对于从配电箱到桥架再到配管的场景可以使用"桥架配线"功能快速连接生成线缆（图 3-1-93）。

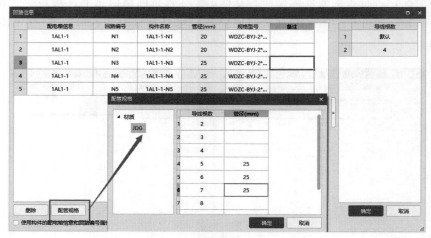

图 3-1-91

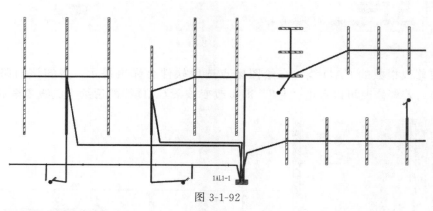

图 3-1-92

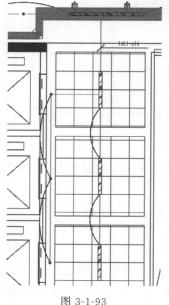

图 3-1-93

b. 功能位置及操作。如图 3-1-94 所示，"桥架配线"功能在电线导管、电缆导管构件下均支持使用。

触发命令后，选择要配线的配电箱及配管图元，可以看到整条回路呈亮绿色显示。此时支持三维视图下查看，确保回路无误（图 3-1-95）。

检查无误后右键确认，弹出"选择配线"的浮窗，此时光标会自动定位在所选配管回路构件上（图 3-1-96）。勾选该回路后检查窗体下方内配电箱信息及回路编号，其内容支持编辑调整，其中"根数"将影响生成线缆的图元数量。

点击"确定"后，可以看到不计量的桥架内成功配线，线缆末端位置为所连配管的端部（图 3-1-97）。根据所选的配管构件反建一个电线构件，其配电箱信息回路编号同所选配管。

"检查回路"功能可以看到桥架内完整的回路走向及桥架内线缆的工程量（图 3-1-98）。

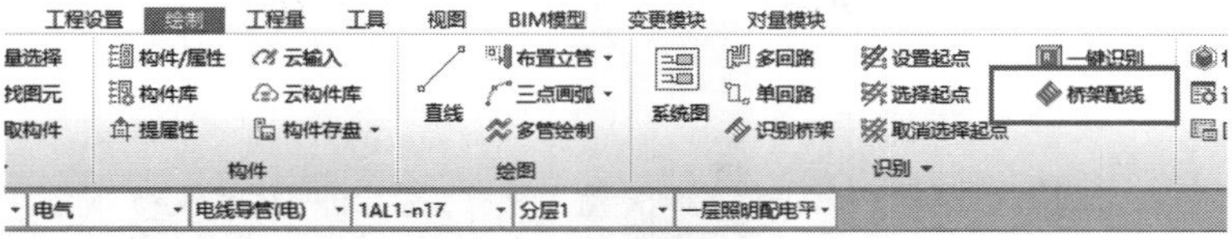

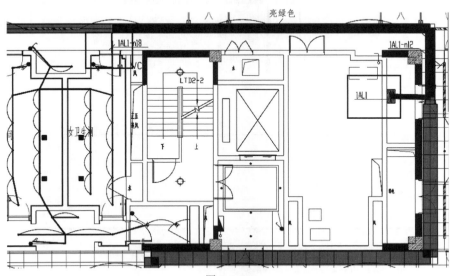

图 3-1-94

图 3-1-95

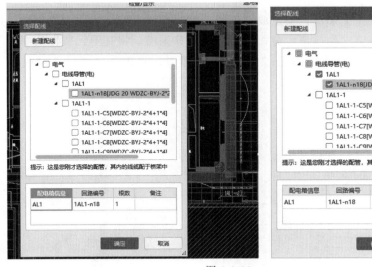

图 3-1-96

3.1.2.5　附属工程量计算

（1）剔槽工程量

软件中剔槽的计算包括两种方式：一是按照实际墙体模型自动判断；二是无墙体模型情况下手动调整。自动判断需要满足墙体是砌块墙才可使用；手动调整可以在内墙及外墙或者无墙体任意位置调整。

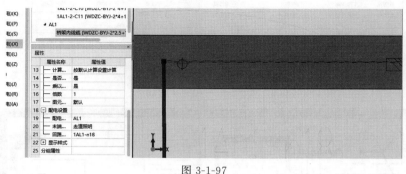

图 3-1-97

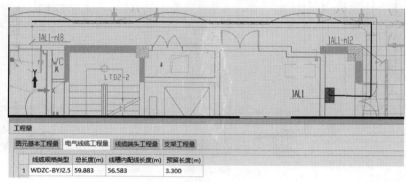

图 3-1-98

第一种情况：从操作上来讲，当生成立管图元的时候或者已经生成完立管图元后，软件检测到立管位置有砌块墙（砌体墙）时，若要自动计算剔槽，将其图元属性值中"是否计算剔槽"修改为"是"，并生成剔槽图元；当不计算剔槽时，将砌块墙属性值修改为"否"即不再计算（图 3-1-99）。

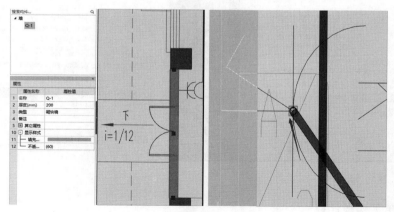

图 3-1-99

第二种情况：自行修改属性值将其改为"是"，管道即可计算剔槽；不计算时也需要手动改为"否"才可（图 3-1-100）。

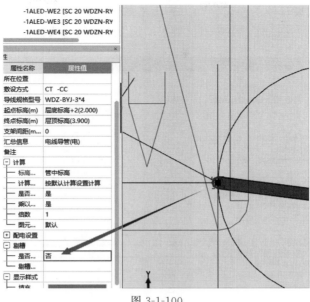

图 3-1-100

（2）电线预留工程量计算

① 导线进开关柜预留。对于导线进入开关柜的预留（图 3-1-101），同电缆进入开关柜预留一致。

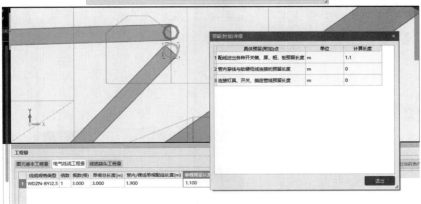

图 3-1-101

② 管内穿线与软硬母线的预留。动力箱出来的母线无法直接与设备连接,一般会转接电线或电缆。若与电线连接时,应按规范要求增加 1.5m 的电线预留值(图 3-1-102)。

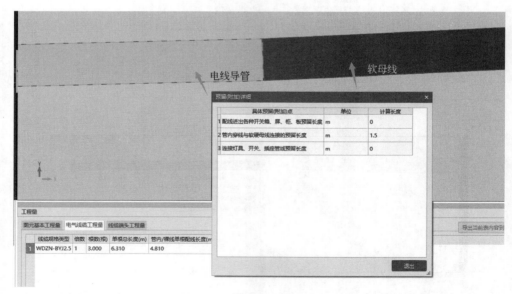

图 3-1-102

在软件中需要将电线与硬母线或软母线标高调整为一致,方可计算(图 3-1-103)。

图 3-1-103

③ 连接灯具、开关、插座的电线预留。这项预留是专门考虑不同地区算量规则不同而设置的,部分省市在定额中明确要求连接灯具、开关、插座等管线定额不包含预留值,需要

根据不同位置进行预留考虑（图 3-1-104）。

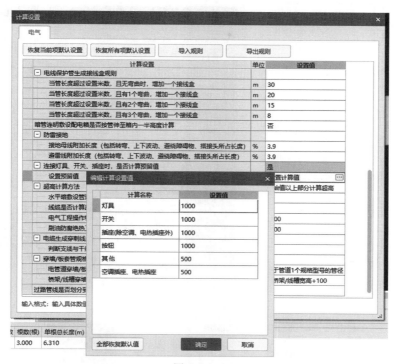

图 3-1-104

在软件中计算设置位置，可以进行灵活调整。在图 3-1-105 所示处设置好预留值后，连接对应灯具或开关插座时，软件会自动按此值进行计算。

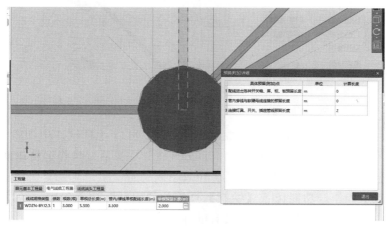

图 3-1-105

④ 明箱暗管预留计算。明箱暗管预留各地计算规则不同，常用两种计算方式：一种为图 3-1-106 所示通头接线盒接线，立向管道暗敷设到墙内，再连接到明装箱中；另一种为明装箱背部开孔，预埋一个接线箱作为引出线。

GQI2019 软件中计算方式比较简单，只要配电箱敷设方式为明敷，配管敷设方式为暗敷设即可计算（图 3-1-107、图 3-1-108）。

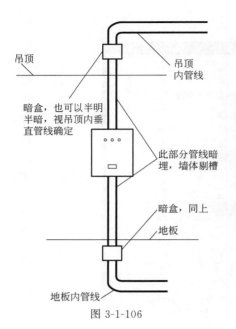

吊顶

吊顶内管线

暗盒，也可以半明半暗，视吊顶内垂直管线确定

此部分管线暗埋，墙体剔槽

暗盒，同上

地板

地板内管线

图 3-1-106

图 3-1-107

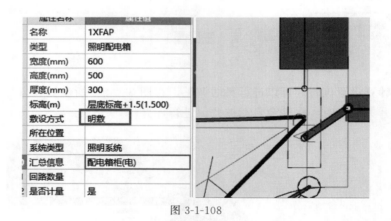

图 3-1-108

（3）接线盒计算

①"生成接线盒"功能使用场景。"生成接线盒"可以计算软件中配管、灯具、开关、插座的接线盒。此功能支持批量生成，也可以分开统计，灵活好操作。使用此功能可减少用户手动计算所造成的误差，同时也提高了工作效率。

②功能位置及操作。功能位于【绘制】页签的"识别"功能包中。触发命令后，会弹出"选择要识别的构件"窗体，先对接线盒进行新建。

在窗体内可以按照预算习惯分开建立，若要统计灯具上的灯头盒，将新建构件命名为灯头盒，根据实际灯头盒的标高进行调整，点击"确定"后会弹出"选择构件"窗体（图 3-1-109）。

勾选要生成灯头盒的灯具后，点击"确定"即可生成（图 3-1-110）。

关于配管的接线盒数量统计，可以在前面的计算设置中调整，软件默认按照规范进行设置（图 3-1-111）。

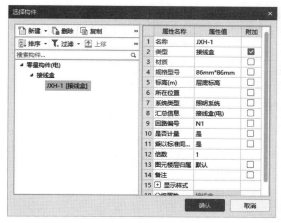

图 3-1-109

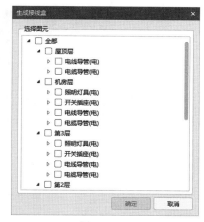

图 3-1-110

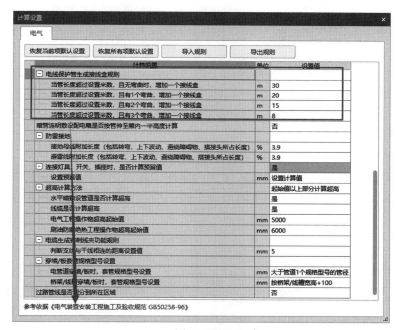

图 3-1-111

3.1.3　防雷接地系统算量流程

3.1.3.1　软件中的防雷接地

① 使用场景。"防雷接地功能"可帮助用户正确计算防雷及接地，该功能可以一次性将所有构件建立完毕，减少丢量少量的情况出现。对于新手用户来讲可以变相提醒相关计算内容；而对于经验丰富的预算人员来说，集中绘制和识别能提高工作效率。

② 功能位置。"防雷接地"功能位于"防雷接地"构件下【识别】页签中。此功能窗体内包括避雷针、避雷网、支架、引下线、均压环、接地极、等电位端子箱、接地母线等常用构件，还包括不常用的筏板基础接地、辅助构件等。在这个窗体内可以根据工程性质定义需要的构件，调整每个构件的材质、规格、标高及对应构件名称（图 3-1-112）。

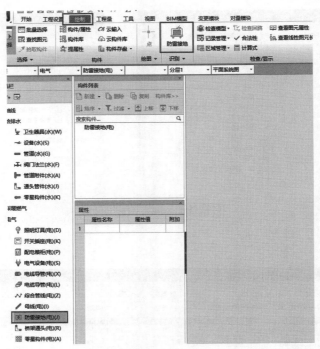

图 3-1-112

3.1.3.2 防雷构件

（1）避雷带

① 避雷带计算。触发"防雷接地"命令，选择"避雷网"构件，在此窗体内可以将避雷网修改为"避雷带"，当默认规格不满足要求时，可以调整其规格及将要绘制的图元标高（图 3-1-113）。

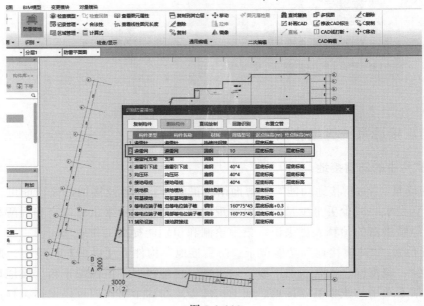

图 3-1-113

避雷带支持绘制及识别功能。绘制即直线绘制，参照 3.1.1 中管线绘制内容。回路"识别"功能触发后，窗体隐藏，点击要识别的回路，可以看到图纸中仅避雷带被选中，而栏杆处的 CAD 线未被选中。检查无误后右键确认，避雷带即识别完毕（图 3-1-114）。

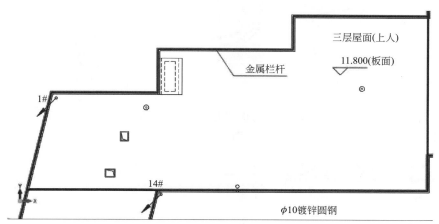

三层屋面(上人)

金属栏杆

11.800(板面)

1#

14#

φ10镀锌圆钢

图 3-1-114

② 避雷支架计算。根据设计说明，支架应每隔 1m 设置一个，拐弯处 0.5m 设置一个。在"识别防雷接地"窗体内选择"避雷网支架"构件，可以进行"点绘"及"图例识别"。此处需要考虑图纸设计情况，无图例情况下则进行点绘操作（图 3-1-115）。

识别防雷接地

复制构件	删除构件	点绘	图例识别		
	构件类型	构件名称	材质	规格型号	起点标高(m)	终点标高(m)
1	避雷针	避雷针	热镀锌钢管		层底标高	
2	避雷网	避雷网	圆钢	10	层底标高	层底标高
3	避雷网支架	支架	圆钢		层底标高	
4	避雷引下线	避雷引下线	扁钢	40*4	层底标高	层底标高
5	均压环	均压环	扁钢	40*4	层底标高	层底标高
6	接地母线	接地母线	扁钢	40*4	层底标高	层底标高
7	接地极	接地模块	镀锌角钢		层底标高	
8	筏基接地	筏板基础接地	圆钢		层底标高	
9	等电位端子箱	总等电位端子箱	铜排	160*75*45	层底标高+0.3	
10	等电位端子箱	局部等电位端子箱	铜排	160*75*45	层底标高+0.3	
11	辅助设施	接地跨接线	圆钢		层底标高	

图 3-1-115

如案例工程中无无支架图例，点绘完毕后可以查看对应支架（图 3-1-116）。

（2）引下线

① 布置立管。引下线高度以建筑物的高度为参考，支持手动布置。手动布置同桥架的"布置立管"功能，在此不多讲解。对于同一个建筑物标高不同的情况，先进行布置非常规标高的引下线再通过识别引下线将其补齐。

② 识别引下线。在"防雷接地"窗体内，触发"识别引下线"命令，选择要识别的引下线标识，右键确认（图 3-1-117）。

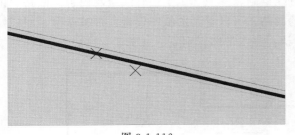

图 3-1-116

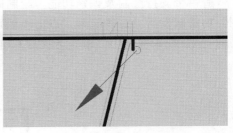

图 3-1-117

弹出"立管标高设置"窗体，设置对应高度后点击"确定"，引下线即识别完毕，可以在三维图形下查看整体效果（图 3-1-118、图 3-1-119）。

图 3-1-118

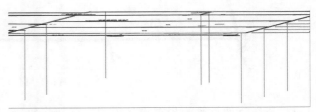

图 3-1-119

3.1.3.3 接地构件

（1）等电位端子联结

切换到"防雷接地"的构件下，找到总等电位端子箱构件，修改其端子箱距地高度。

触发"图例识别"功能，选择要识别的等电位端子箱图例，右键确认即可识别完成（图 3-1-120）。

（2）接地母线

在"识别防雷接地"窗体内光标定位到"接地母线"构件下，触发"回路识别"功能，如图 3-1-121。

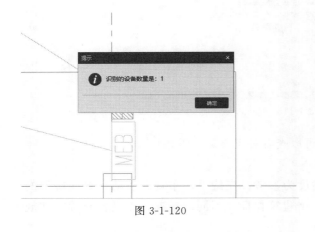

图 3-1-120

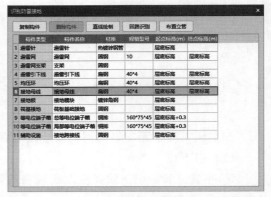

图 3-1-121

选择要识别的 CAD 线右键确认即可生成图元（图 3-1-122）。

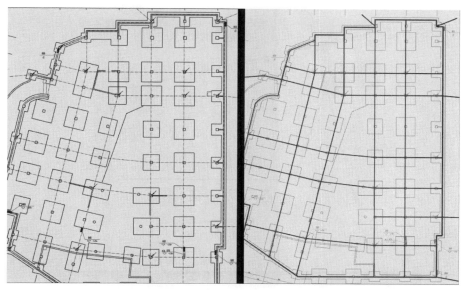

图 3-1-122

3.1.3.4　其他

（1）预埋件与测试板

① 预埋件图例识别。对图纸中存在的 CAD 图例进行识别。在"识别防雷接地"窗体内将辅助设施构件名称更名为预埋件，修改标高为－4.2（图 3-1-123）。

图 3-1-123

触发"图例识别"命令，选择要识别的 CAD 图例，右键确认。预埋件即识别完毕（图 3-1-124）。

② 测试板图例识别。对图纸中存在的 CAD 图例进行识别。在"识别防雷接地"窗体内将辅助设施构件名称更名为避雷测试点（图 3-1-125）。

触发"图例识别"命令，选择要识别的 CAD 图例，右键确认。测试板即识别完毕（图 3-1-126）。

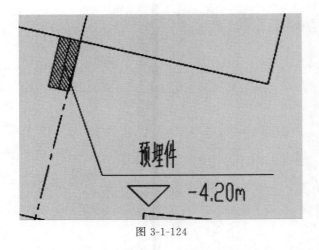

图 3-1-124

	构件类型	构件名称	材质	规格型号	起点标高(m)	终点标高(m)
1	避雷针	避雷针	热镀锌钢管		层底标高	
2	避雷网	避雷网	圆钢	10	层底标高	层底标高
3	避雷网支架	支架	圆钢			
4	避雷引下线	避雷引下线	扁钢	40*4	层底标高	层底标高
5	均压环	均压环	扁钢	40*4	层底标高	层底标高
6	接地母线	接地母线	扁钢	40*4	层底标高	层底标高
7	接地极	接地模块	镀锌角钢		层底标高	
8	筏基接地	筏板基础接地	圆钢		层底标高	
9	等电位端子箱	总等电位端子箱	铜排	160*75*45	层底标高+0.3	
10	等电位端子箱	局部等电位端子箱	铜排	160*75*45	层底标高+0.3	
11	辅助设施	接地跨接线	圆钢		层底标高	
12	辅助设施	避雷测试点	钢板		层底标高	
13	辅助设施	预埋件	钢板		层底标高	

图 3-1-125

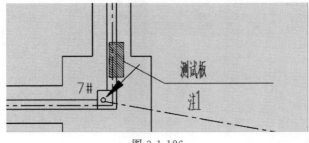

图 3-1-126

（2）门、窗、栏杆接地

在"识别防雷接地"窗体内使用"接地跨接线"构件，进行点绘或者识别操作。可以对门窗进行图例识别，确保工程量精准（图 3-1-127）。

图 3-1-127

（3）避雷跨接

由于高出屋面的金属物不仅有电气专业的避雷网、上人屋面的金属栏杆，还包括给排水、通风专业的风帽、换气口等，可以根据实际图纸位置进行点绘，精准出量。

选择辅助设施的接地跨接线上，触发"点绘"命令，选择要绘制跨接线的点进行布置即可（图 3-1-128）。

	构件类型	构件名称	材质	规格型号	起点标高(m)	终点标高(m)
1	避雷针	避雷针	热镀锌钢管		层底标高	
2	避雷网	女儿墙支架避雷网	圆钢	10	17.3	17.3
3	避雷网	暗敷避雷网	圆钢	10	11.7	11.7
4	避雷网支架	支架	圆钢			
5	避雷引下线	避雷引下线	圆钢	2*16	层底标高	16.2
6	均压环	均压环	圆钢	2*16	层底标高	层底标高
7	接地母线	接地母线	扁钢	40*4	层顶标高+4	层顶标高+4
8	接地母线	接地母线-1	扁钢	25*4	层底标高	层底标高
9	接地极	接地模块	镀锌角钢		层底标高	
10	筏基接地	筏板基础接地	圆钢		层底标高	
11	等电位端子箱	总等电位端子箱	铜排	400*300*150	层底标高+0.3	
12	等电位端子箱	局部等电位端子箱	铜排	250*150*150	层底标高+0.2	
13	辅助设施	接地跨接线	圆钢		层底标高	
14	辅助设施	避雷测试点	钢板		0.5	

图 3-1-128

（4）预留工程量计算

当绘制的模型为避雷网、接地母线时，软件自动按照规范规定计算 3.9％的预留工程量（图 3-1-129）。

图 3-1-129

3.1.4　火灾报警系统算量流程

GQI2019 中火灾报警系统整体算量流程：新建→导图→分割定位→识别绘制→报表提量（套做法可选），本案例工程具体流程见图 3-1-130。

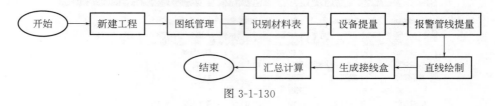

图 3-1-130

新建好工程（图 3-1-131）之后，在"楼层设置"（图 3-1-132）中设置好各楼层的层高。

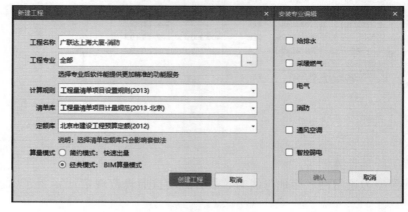

图 3-1-131

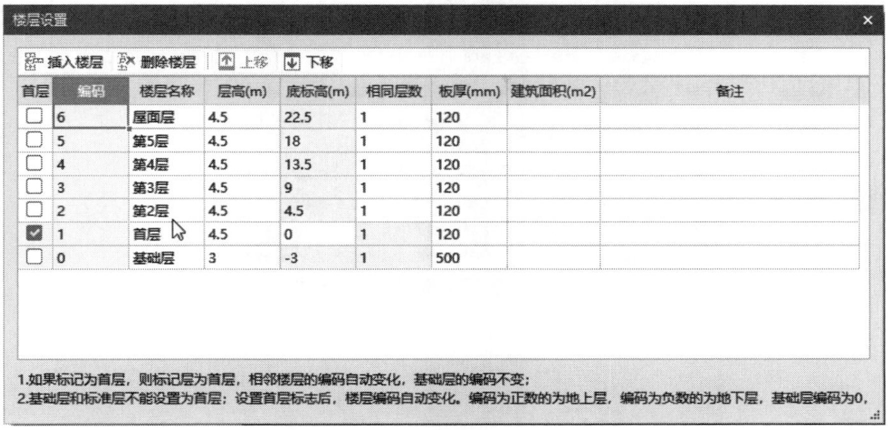

首层	编码	楼层名称	层高(m)	底标高(m)	相同层数	板厚(mm)	建筑面积(m2)	备注
☐	6	屋面层	4.5	22.5	1	120		
☐	5	第5层	4.5	18	1	120		
☐	4	第4层	4.5	13.5	1	120		
☐	3	第3层	4.5	9	1	120		
☐	2	第2层	4.5	4.5	1	120		
☑	1	首层	4.5	0	1	120		
☐	0	基础层	3	-3	1	500		

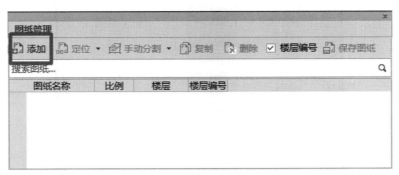

图 3-1-132

在“图纸管理”下添加图纸（图 3-1-133）。

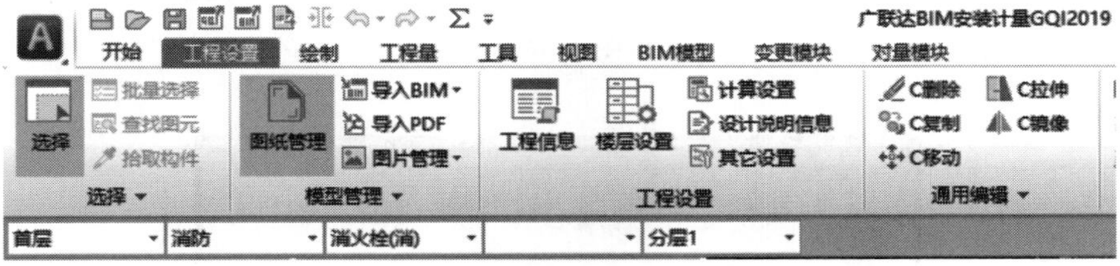

图 3-1-133

点击“添加”添加图纸（图 3-1-134）。

图 3-1-134

在图 3-1-135 所示弹窗中选择需要添加的 CAD 图纸。

经典模式下，可以一次性批量添加 CAD 图纸文件，直接按住鼠标左键连续划过需要添加的图纸文件使之处于蓝色的选中状态即可实现。这时下方文件名处可以看到多张图纸都在其中，点击“打开”即可。

添加图纸之后“图纸管理”界面如图 3-1-136。其中“模型”为 CAD 图纸的模型空间，“平面系统图”为设计打印出图使用的布局空间。在案例工程图纸中，模型空间的绘制状态是把照明、插座、风机盘管等设备都绘制在了一个图层中，所以案例工程在模型空间中查看图纸以及算量十分不方便。

图 3-1-135

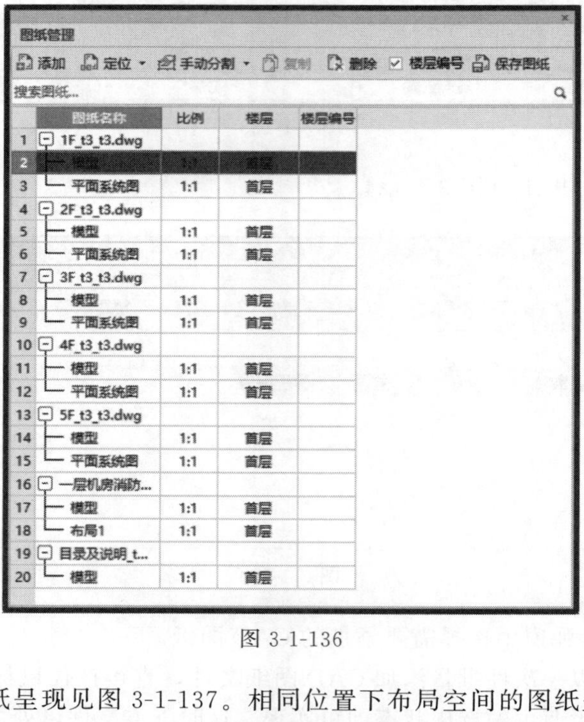

图 3-1-136

模型空间中的图纸呈现见图 3-1-137。相同位置下布局空间的图纸呈现见图 3-1-138。

我们可以通过双击图纸管理下对应平面系统图的"布局空间节点",用软件直接打开已添加图纸的布局空间。

需要注意的是设计人员在制图时一般在模型空间中绘制的比例是 1：1，之后为了图纸打印输出需要，在布局空间的视口通常是蓝图的尺寸，故布局空间的图纸比例与模型空间是不一样的。所以在使用布局空间计算工程量时，最好先使用"测量两点间距离"检查一下在软件中图纸的测量尺寸是多少 ［图 3-1-139(a)］。

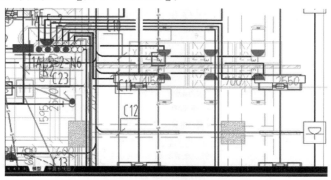

图 3-1-137

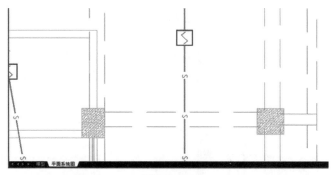

图 3-1-138

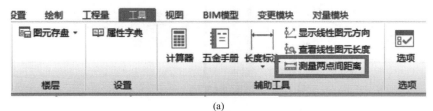

(a)

(b)

图 3-1-139

如图 3-1-139（b）选择用来参考的轴网两端，找到需要计算的一层火灾自动报警平面图，在布局空间中此处的尺寸为 43mm，发现存在比例问题之后就可以使用"设置比例"功能来进行尺寸的调整（图 3-1-140）。

图 3-1-140

首先触发"设置比例"功能，拉框选择需要进行比例调整的图纸，也可以框选全图进行调整。需要注意的是案例工程的几个布局空间的图纸相互之间的比例都存在问题，故需要按单张图纸进行比例的调整。

框选之后，借助轴线作为距离的参考输入对应轴网的实际距离，选择第一个参照点与第二个参照点，软件会按照两个参照点之间的距离来进行所框选范围图纸比例的调整，设置比例框选的选中状态如图 3-1-141。

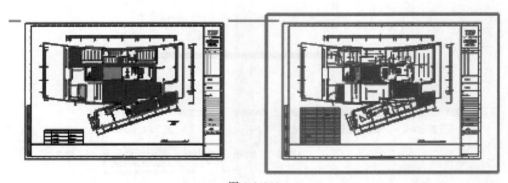

图 3-1-141

选择两个点作为设置比例的参照点（图 3-1-142）。

如图 3-1-142，软件在绘图区测量选中的参照点距离为 42.667，在输入框中输入两点之间的实际距离 6400 来实现对案例工程布局空间的图纸比例调整。

设置比例成功之后会看到比例被放大的图纸（图 3-1-143）与原始比例的图纸在大小上有着十分明显的区别。依次对案例工程的 1～5 层火灾自动报警平面图比例进行调整。

比例调整完毕需要进行图纸的分割及定位，对于软件来说定位就是把每张图纸都放在一个 Z 轴上，在立面上形成一个空间的整体。我们只需要找准每张图纸都有的公共

图 3-1-142

点即可。

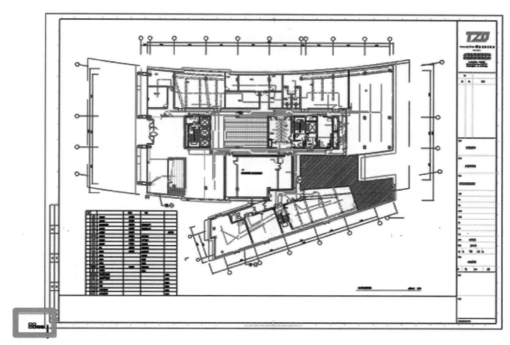

图 3-1-143

注意：分割和定位的操作没有绝对的先后顺序，此处以先定位后分割来进行操作，具体的操作如下："图纸管理定位→手动分割"（图 3-1-144）。

先触发"定位"功能，案例工程的图纸并不像其他建筑那样方正，我们可以借助交点命令来进行辅助，实现精准定位的目的。

以 D2-10 轴与 D2-D 轴交点进行定位的操作（图 3-1-145）。

图 3-1-144

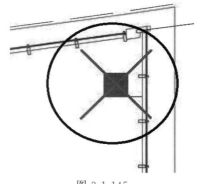

图 3-1-145

定位成功之后会有叉形的定位点作为标记（图 3-1-145）。

下一步对图纸进行分割，分配到需要计算的对应楼层中去，使用"手动分割"拉框选择需要分割的图纸，点击右键确认。在弹窗中软件会识别所分割的图纸名称，如果不正确的话也可以使用"识别图名"功能进行纠正，下方"楼层选择"可以选择所分割图纸对应的楼层，这里的楼层信息与上文提到的楼层设置相互对应，所以在经典模式下要记得定义楼层信息。手动分割图纸指定楼层如图 3-1-146。

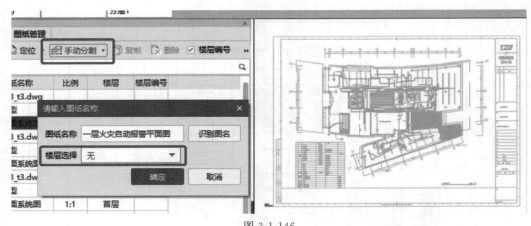

图 3-1-146

依次把需要使用的案例工程各层火灾自动报警平面图进行比例设置、定位以及分割之后，即可开始算量工作。

3.1.4.1 消防器具的计算

在上文我们罗列了需要计算的消防报警器具主要有感烟探测器、声光报警装置、消火栓按钮等。在软件中我们可以使用识别材料表来实现快速地对所需要计算数量的报警器具进行列项。

（1）材料表

触发"材料表"功能（图 3-1-147），我们可以进行材料表的识别与提取操作，与设置比例的操作类似，第一步框选需要提取的材料表即可，然后右键确认（图 3-1-148）。

图 3-1-147

"识别材料表"的弹窗如图 3-1-149。

在这个弹窗中可以看到材料表的各个属性信息。接下来依次指定需要计算的报警器具的名称、类型、安装高度等属性，对于被分散的多列可以使用"合并列"来进行操作。

软件会根据材料表中信息进行构件高度的初步匹配，对于一些高度不明确的构件属性需要我们自行输入，输入的方式为层底标高（落地安装），层顶标高（代表吸顶安装），层底＋×××就对应距离地面多高按照这个思路去分别调整各个器具的安装高度即可。

对于材料表有一个操作上的细节需要注意：在把各项属性都调整好之后，我们可以复制"设备名称"一列，把这一列指定为类型属性（图 3-1-150）。

"对应构件"列所对应的构件类型可以把识别的材料表构件建立在不同专业（专业为构件列表中已有的）对应的位置中，不过在自动报警系统平面图中除了需要计算的报警器具，还有一些比如水流指示器、防火阀等与报警系统相关模块进行连接的其他专业的器具，由于

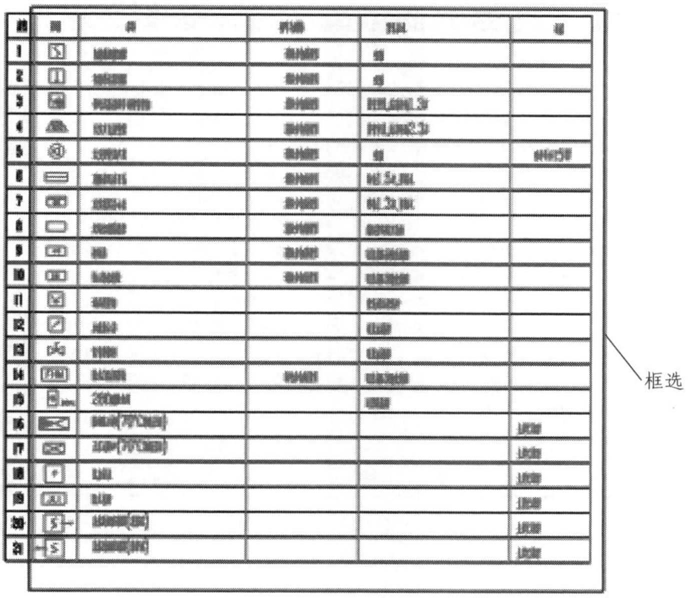

框选

图 3-1-148

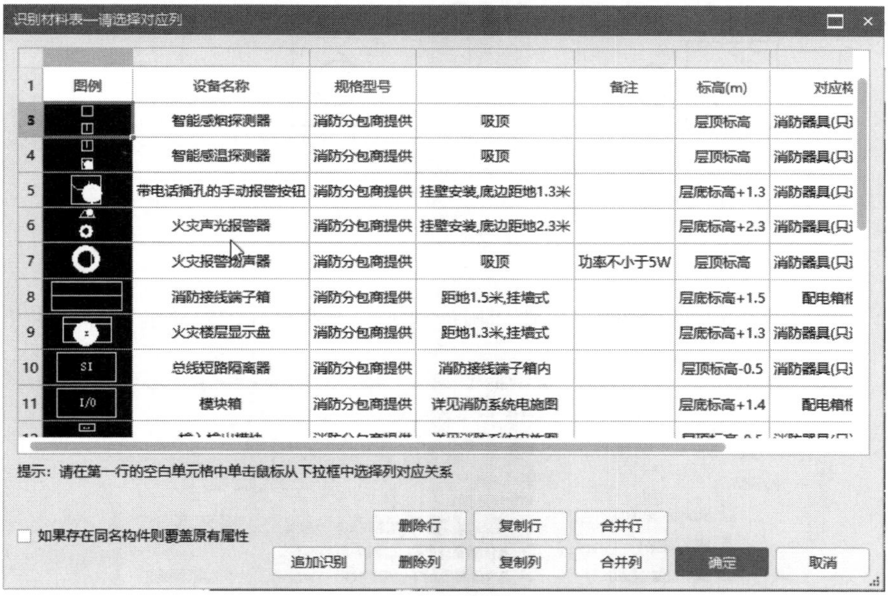

图 3-1-149

在报警系统施工时需要有相关的模块与之相连，故在 GQI2019 中对于这部分在水系统或者风系统中的器具依旧在消防器具中处理。

　　注意：调整对应器具是只连单立管还是可连多立管不易区分。对于软件来说，当定义好每个设备的安装高度之后，水平的管线与设备相连的时候可以自动生成对应水平管道与设备安装高度之间高度差的立管；多立管状态下就是有几根就会生成几根，所以对于吸顶的设备来说这个选择并不会有所干扰。在本案例中按多立管来识别处理，都调整完毕之后点击"确定"。

　　只连单立管与可连多立管如图 3-1-151。

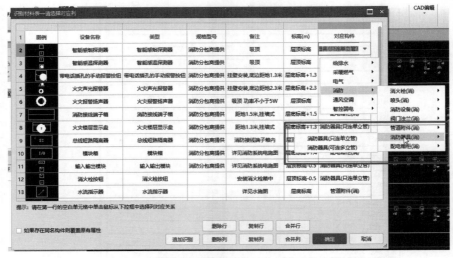

图 3-1-150

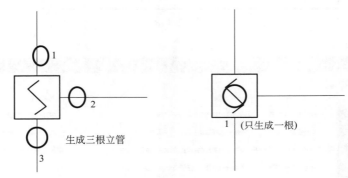

图 3-1-151

点击"确定"之后软件就帮助我们在"构件列表"中建立好了对应的构件（图 3-1-152）。

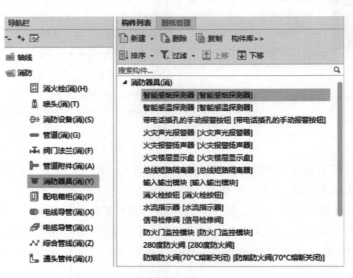

图 3-1-152

（2）设备提量

平面图中的报警器具使用"设备提量"进行工程量的提取，设备提量功能通过选择一个设备图例（可选标识），即可把图纸中同样的设备全部提取出来（图 3-1-153）。

触发"设备提量"功能，对于 CAD 块图元可以直接进行点选来选中，案例工程的图纸中首层由 CAD 块图元构成，直接点选即可，其余几层都是由 CAD 线段构成的，需要框选才可以识别。

点一下就可以选中 CAD 块图元，由 CAD 线段组成的图元点一下只能选中一部分，需要把待识别的部分进行框选来处理（图 3-1-154）。

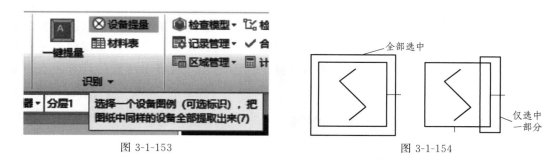

图 3-1-153　　　　　　　　　　　　　　　　　图 3-1-154

选好之后单击右键会弹出一个对话框，如图 3-1-155。

图 3-1-155

通过材料表识别提取的构件，软件会将材料表图例以及刚刚我们所框选的图例进行对比呈现（图 3-1-156），此处要注意材料表图例与工程图例一致，这样就可实现对应名称的构件与平面图进行对应提量了。

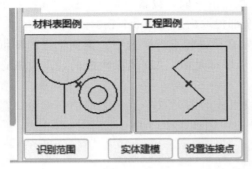

图 3-1-156

在图 3-1-157 对话框左下方我们可以选择楼层,这样就可以实现在一个平面图上一次性把跨层的图元提取完毕。

由于案例工程的平面图中首层的器具与其他层不同:一个是块、一个是由线段组成的。故需要切换到二层再次使用"设备提量"功能。在"设备提量"弹出的对话框中,有一个按钮为"设置连接点"(图 3-1-158)。所谓"连接点"就是水平管线与已经识别的器具直接生成立管的位置。对于消火栓按钮和手动报警按钮我们可以调整连接点让立管生成的位置更加靠近墙,这样水平管的计算也会更加贴合实际。

图 3-1-157

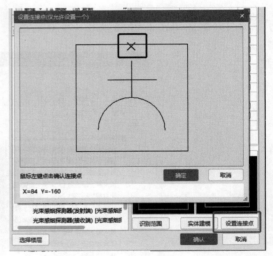

图 3-1-158

识别墙体之后再识别管线也可以把连接靠墙设备的管线延伸进墙体内进行图元的生成。

操作技巧

消防设备提取时,在案例工程的图纸中有 280°防火阀连接着一个控制模块(图 3-1-159),在后续计算管线的时候软件会根据 CAD 线来进行管线的识别,在设备提量时我们可以把 280°防火阀与控制模块框选在一起进行识别,可保证管线之间的连续性。

　　若把风阀与模块一起识别，我们可以定义"类型"来区分模块的类型（图 3-1-160），这样在后续出量时既可以按照模块类型来统计模块的数量，也可以区分与模块所连接的各种器具的类型。

图 3-1-159

　　（3）配电箱的识别

　　在火灾自动报警系统中，管线进入接线箱或者模块箱需要根据计算规则计算相应的预留量，在电气专业中已经介绍过使用配电箱识别的原因和原理，在案例工程图纸中由于没有标记配电箱的编号，所以依旧使用设备提量功能来进行模块箱与接线箱的识别。

图 3-1-160

　　（4）接线箱、模块箱

　　在图纸介绍中我们知道管线进入箱柜需要计算一定的预留量，案例工程图纸并没有给出接线箱和模块箱的尺寸，此处按照 400mm×300mm×200mm 的尺寸进行计算（图 3-1-161），之后使用"设备提量"完成接线箱、模块箱的识别即可。

3.1.4.2　报警管线的计算

　　（1）报警管线的绘制

　　在识别完点式设备之后，开始管线工程量的计算。在这里使用的是"报警管线提量"功能，下面介绍具体的操作步骤和方法。

　　①"报警管线提量"功能介绍。"报警管线提量"功能可以一次性识别消防火灾报警系统中所有的管线回路，并支持多管多线回路的识别（图 3-1-162）。

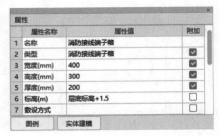

图 3-1-161

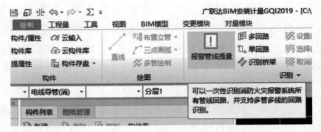

图 3-1-162

为了更好地使用这个功能，需要根据系统图中各种类型的管线信息进行管线的建立（图 3-1-163）。

——S—— 报警及联动总线：WDZCN-RYJS-2×1.5mm²-JDG25-CC/WC

——D—— 24V电源线：WDZCN-BYJ-2×2.5mm²-JDG25-CC/WC

——S+D—— 报警及联动总线+24V电源线：WDZCN-RYJS-2×1.5mm²+WDZCN-BYJ-2×2.5mm²-JDG25-CC/WC

——BC—— 消防广播线：WDZCN-RYJS-2×1.5mm²-JDG25-CC/WC

——F—— 消防电话线：WDZCN-RYJS-2×1.5mm²-JDG25-FC/WC

——M—— 监控通信总线+24V电源线：WDZCN-RYJS-2×1.5mm²+WDZCN-BYJ-2×2.5mm²-JDG25-CC/WC

图 3-1-163

由于规格为 RYJS-2×1.5mm² 的双绞线在实际计算时就是两根线缆绞在一起，不需要按照单根来输出工程量，在电线导管中建立构件时，软件会解析相应的根数，比如 BV-2×2.5mm² 输出两根 BV-2.5mm² 导线，所以对于 WDZCN-RYJS-2×1.5mm²，需要在电缆中通过调整"计算设置"来变通处理（图 3-1-164）。

已经建立好的报警及联动总线，"计算设置"是其中的私有属性，我们可以对其属性进行修改，这样就不会影响到后续其他电缆的计算（图 3-1-165）。

接下来根据系统图依次建立好所需要使用的报警管线。

② 综合管线的建立。在建立报警管线的时候我们会发现"报警及联动总线+24V 电源线"是共同穿在一个导管内的，对于这个情况需要使用"综合管线"来处理（图 3-1-166）。

导航栏切换到"综合管线"下，在"构件列表"下"新建一管共线"即可。属性的整体定义与电线、电缆导管下的操作类似，唯一的区别在于线缆规格型号的输入部分。点开"线缆规格型号"的"…"按钮（图 3-1-167）；点开之后根据"报警及联动总线+24V 电源线"管内穿线的要求，分别输入对应的导线规格型号即可。如果还有更

图 3-1-164

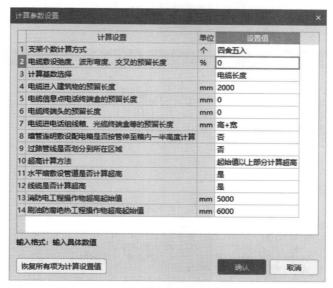

图 3-1-165

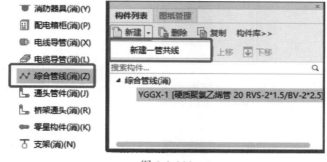

图 3-1-166

多的线缆类型也可以通过"新增行"来实现更多情况的处理（图 3-1-168）。

（2）"报警管线提量"功能的使用

根据系统图建立好管线之后，使用"报警管线提量"功能开始对平面图中的管线进行提取（图 3-1-169）。

① 功能提取原理。触发"报警管线提量"功能可以看到软件的"识别规则设置"弹窗，默认的

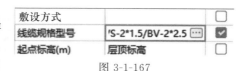

图 3-1-167

识别规则是以 CAD 图纸中的 CAD 线是否绘制在相同图层，由相同颜色、同一种线型绘制而成。默认的分辨原则是同时以图 3-1-170 所示三种方式作为筛选过滤的条件来进行识别。

由案例工程的图纸可以判断出设计人员是用不同的线型来进行图纸绘制的（图 3-1-171）。

正因为如此，在识别的时候，即使线型显示的都是同一种颜色，软件依旧可以根据不同的管线类型清晰地判断出各回路间的不同（图 3-1-172）。

接下来把需要识别的报警管线全部识别提取，都点选完毕之后单击右键确认，即弹出指定构件的对话框。首层绘图区整体识别的选中状态截图如图 3-1-173。

② 操作界面说明。在识别选中操作之后，单击右键会弹出"管线信息设置"的对话框

（图 3-1-173），在对话框中可以看到软件会根据识别时对应的 CAD 线型/标识来进行导线的划分。

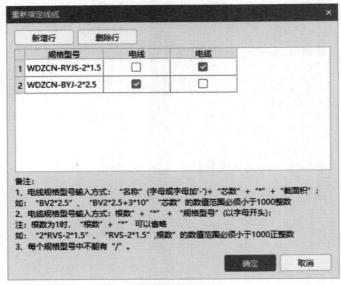

图 3-1-168

图 3-1-169

图 3-1-170

图 3-1-171

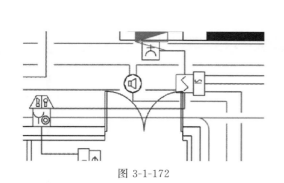

图 3-1-172

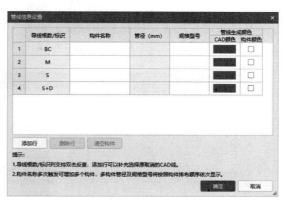

图 3-1-173

点击 "□" 按钮可以实现在绘图区进行反查以及纠偏的操作（图 3-1-174）。

反查显示的路径在绘图区以图 3-1-175 中粗线显示。

以上操作可检查整个路径是否存在问题，如果有错误的地方，还可以通过单击点选来取消相应的错误路径。

有时设计的管线交叉混乱会导致本来应该在这条回路内的管线被提取到了其他的位置，此时可以单击选中对应的 CAD 线，实现修正纠偏的操作。在选中之后会有一个提

图 3-1-174

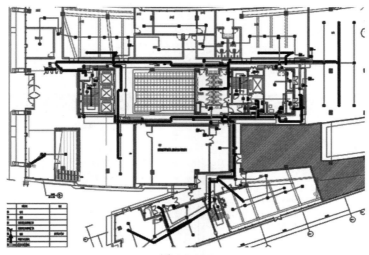

图 3-1-175

示弹窗，如果修改量比较大，不妨将左下角的 "以后不再提示" 勾选，即可实现连续的路径修改（图 3-1-176）。

路径检查没有问题，接下来就可以为这段路径指定相对应的构件了。同样点击对应行的构件名称下的 "□" 按钮，可以在弹窗中选择需要指定的构件，若需要选择的构件不在当前的类型，

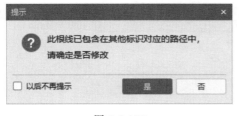

图 3-1-176

我们可以在上方"电缆导管"处的下拉菜单中进行构件类型的切换。若是之前没有建立的构件也没关系，在这个"选择要识别成的构件"弹窗中可以手动新建相应的构件以供选择。点击"构件名称"下"⋯"按钮，选择不同构件类型，如图 3-1-177。

图 3-1-177

选择相应的构件时，弹窗右侧为当前构件的属性窗格，若之前输入的属性内容有误可以在这里直接进行修改。建议调整构件的显示样式，即在绘图区生成图元后的颜色显示。不同的线型用不同的颜色有助于对绘制之后可能出现的错误作出直观的判断。

新建构件、显示样式、连器具立管的操作界面如图 3-1-178。

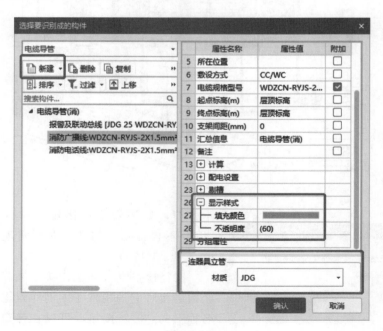

图 3-1-178

在一些二次装修的工程中，由于增加了装饰的天棚吊顶，导致原本吸顶安装的报警器具下调移位，这时一般使用一段软管来进行上下的追位调整。由于这部分立管的材质通常与预埋的水平管不同，对于这种情况我们可以修改图 3-1-178 中最下方方框中内容来实现区分不同材质的导管。

依次检查，选择好每行对应的构件之后，能够看到软件会根据选择的构件来填入对应的管径和线缆的规格型号。如果有一根 CAD 线同时代表了多根管线，也可以通过再次点击"⊡"按钮进行构件的添加，实现即使一根线也可以同时绘制出多根管线。

在"管线信息设置"弹窗（图 3-1-179）的最右侧是"管线生成颜色"，分别有"CAD颜色"和"构件颜色"，"构件颜色"在前文中已经修改。为了使识别之后的管线更加清晰明了，建议大家在建立构件时把构件本身的颜色定义好以进行区分。这里直接勾选构件颜色即可。

	导线根数/标识	构件名称	管径（mm）	规格型号	管线生成颜色	
---	---	---	---	---	CAD颜色	构件颜色
1	BC	消防广播线:WDZCN-...	25	WDZCN-RYJS-2X1.5		☑
2	F	消防电话线:WDZCN-...	25	WDZCN-RYJS-2X1.5		☑
3	S	报警及联动总线	25	WDZCN-RYJS-2X1.5		☑
4	S+D	报警及联动总线+24V...	25	WDZCN-RYJS-2*1.5/WDZCN-BYJ-2*2.5		☑

添加行　删除行　清空构件

提示：
1.导线根数/标识列支持双击反查，添加行可以补充选择原取消的CAD线。
2.构件名称多次触发可增加多个构件，多构件管径及规格型号将按照构件排布顺序依次显示。

确定　取消

图 3-1-179

确认无误之后，左键点击"确定"即可完成图元的生成。绘图区首层图元的生成效果如图 3-1-180。

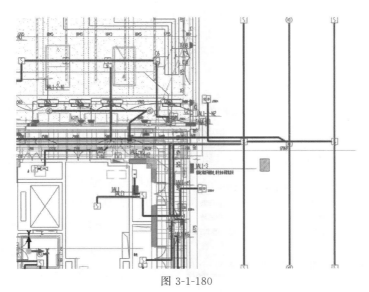

图 3-1-180

软件会根据消防器具与水平管线的高度差生成立管，如图 3-1-181。

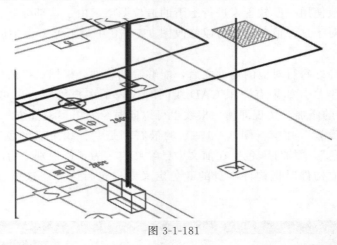

图 3-1-181

其他楼层平面图的识别操作与首层类似，使用"报警管线提量"功能完成后续的操作即可。

（3）直线绘制和布置立管

在使用"报警管线提量"功能之后，设计图纸中也会存在如图 3-1-182 中 CAD 线完全没有连接上的情况。前文讲到报警管线提量是通过提取 CAD 线来进行管线识别绘制的，在此为了补充模块与探测器之间的管线路径，直接使用"直线绘制"功能来进行补充绘制。

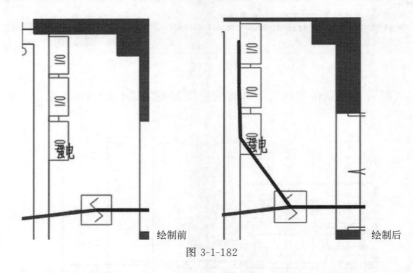

图 3-1-182

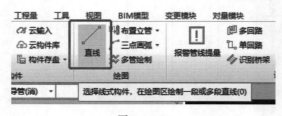

图 3-1-183

在构件列表中选择对应的线式构件（电线、电缆、综合管线均可），之后在"绘图"功能包鼠标左键单击"直线"功能进行相应路径的绘制即可（图 3-1-183）。

3.1.4.3　附属工程量计算

完成平面管线的绘制之后，接下来进行零星构件的计算，在自动报警系统中需要进行接线盒工程量的统计。

　　导航栏切换到【零星构件（消）】下，左键点选【绘制】页签下"识别"功能包里的"生成接线盒"功能，在弹出的对话框中，软件创建了一个名称为"JXH-1"的构件，我们可以定义接线盒的名称、材质以及类型，在自动报警系统中，管路均为焊接钢管，所连接线盒材质均为金属（图 3-1-184）。

　　修改好接线盒的材质之后，点击"确认"，在弹窗（图 3-1-185）中可以选择哪些图元生成本次定义的接线盒。

图 3-1-184

图 3-1-185

　　消防器具与管线均可以生成接线盒，管线的生成原则可以在计算设置中看到，与清单的计算规则相同（图 3-1-186）。之后选择汇总计算就可以进行工程量的查看了。

电线保护管生成接线盒规则		
当管长度超过设置米数，且无弯曲时，增加一个接线盒	m	30
当管长度超过设置米数，且有1个弯曲，增加一个接线盒	m	20
当管长度超过设置米数，且有2个弯曲，增加一个接线盒	m	15
当管长度超过设置米数，且有3个弯曲，增加一个接线盒	m	8
暗管连明敷设配电箱是否按管伸至箱内一半高度计算		否

图 3-1-186

　　由于案例工程图纸为二次装修之后的消防深化图纸，对于消防的干线部分算量并没有体现，报警系统干线部分算量所需要的"识别桥架""设置起点""选择起点""桥架配线"功能操作，可以参考 3.1.1 中内容。

3.2　水专业

3.2.1　给排水系统算量流程

　　给排水系统算量流程如图 3-2-1。

图 3-2-1

给排水系统的算量流程也可归纳为以下几个步骤。

（1）新建工程

① 打开广联达 BIM 安装计量软件后，可以在新建界面上命名工程名称，选择给排水专业；

② 选择计算规则，可选择"工程量清单项目设置规则（2008）"和"工程量清单项目设置规则（2013）"；

③ 选择算量模式，可选简约模式和经典模式，现以简约模式为例。

（2）导入图纸

在【工程绘制】页签的"工程设置"功能包内，点击＜添加图纸＞进行导入图纸的操作，导入图纸后务必要检查图纸比例，在工程图纸中，平面图一般是按照 1∶100 绘制的，而详图或大样图等部分图纸比例是 1∶50，可以通过点击＜设置比例＞进行调整。点击＜工程信息＞，可以对计算规则、清单库、定额库以及编制信息进行详细的填写，工程信息对工程量的计算没有影响。点击＜楼层设置＞可以添加单项工程、插入楼层、删除楼层、设置层高。点击＜其他设置＞可以查看管道材质规格设置，可以自定义进行材质和规格的修改、添加与删除，给排水工程图纸中，管道的材质及连接方式一般会在设计说明中统一注明，通过设计说明信息可以统一设置管道材质及连接方式。点击＜计算设置＞，可以对软件内置的计算规则进行校核，如果发现工程计算规则跟软件内置的计算规则出现不一致的情况，也可以手动灵活调整。例如：给排水计算设置中，排水支管高度计算方式有三种，用户根据工程需要可以选择其中的一种，提示信息明确给出，当选择其中一种计算方式后，其他两种计算方式不起作用，其依据为《给排水施工验收规范》（GB 50242—2002）。同理，对于其他的计算规则项，应该逐个仔细检查，直到无误为止，给排水"计算设置"窗体如图 3-2-2。

（3）计算工程量

通过【工程绘制】页签下的"设备提量"和"管线提量"系列功能新建构件，可以直接对给排水图纸进行算量，包括卫生器具及设备计算、管道计算、阀门附件计算和附属工程量计算，对应软件中的构件包括卫生器具及设备、管道、阀门法兰、管道附件、通头管件和零星构件；图纸上不适合提取的工程量，还可以通过"表格输入"模式进行补充算量。

由于用水点分散、用户多，因此给排水工程具备以下特点：支管较多，管径规格变化率较高；管路的布置一般以标准间的形式批量成套出现；阀门法兰及其他管道附件规格很多。针对给排水工程的算量特点，需要计算以下工程量：卫生器具，管道，水表管道网门、水泵等，管件及管道支架，其他构件。了解了需要计算的内容，按照软件规定的操作方法进行操作，才能不重复、不漏项，从而得到完整、正确的工程量。

（4）分配楼层、定位

需要分层出量或者识别跨层竖向构件时要进行分配楼层、定位。在简约模式下，点击

图 3-2-2

【工程量】页签下的＜分配楼层＞功能，可以将各楼层的图纸和工程量分配到对应楼层，然后点击＜定位＞功能，一般利用轴网上各楼层同一交点来定位对齐上下楼层图纸和模型。最后，对剩余立向工程量进行布置，这样整体的三维建模与工程量计算就完成了。

（5）报表出量

在软件中提供了符合用户提量习惯的多种报表，可以满足提量、核量过程中的各种需要。在提量的过程中，发现某一工程量有疑问，或想要追溯图纸计算位置时，可以通过＜报表反查＞功能自动返回图纸对应的管线位置。

算完量后，软件还提供了"套做法"系列功能，可以实现清单及定额的工程量套取做法、属性分类设置、自动套用清单、自动套用定额，与计价软件 GCCP5.0 无缝衔接，可一键在计价软件中导入安装 GQI 工程，实现安装计量与计价的完美统一，实现 BIM 模型与工程量的顺畅流转。除此之外，也可以导出工程量清单报表、工程量定额报表、工程量清单定额汇总表，以利于预算员对"套做法"数据的充分利用。

使用软件统计工程量，需要首先了解软件算量的原理及思路，软件与手算的思路是基本一致的，但软件算量的自动化程度更高、算量更加简单快捷。软件先统计设备类数量，再计算管道长度，从平面图计算水平管长度，结合系统图和设备高度计算垂直管长度，结合管道整体长度按规则计算刷油、保温工程量以及零星的支架、套管、剔槽等工程量，最后汇总出量。软件通过三维模型计算工程量，管道附件可自动计算，直接汇总出量即可。给排水系统具体的软件算量思路如图 3-2-3。

给排水工程的管道流向通常是按照引入管（排出管）→干管→立管→支管的顺序决定走向。虽然引入管与排水管的流向相反，但计算工程量时依然可以按照这样的走向考虑。由于引入管或排出管通常都是从房屋最底层开始的，在绘图输入时，楼层的识别应按从下到上的顺序逐层进行识别。此外，根据给排水工程的算量特点，需要通过软件绘图输入或识别出种

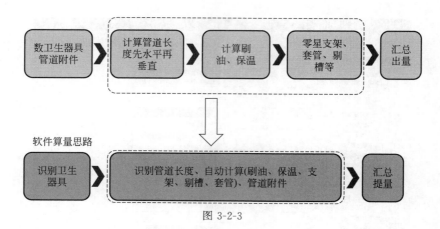

图 3-2-3

类繁多的构件，而这些构件的绘图输入识别应遵从从卫生器具和设备到管道再到阀门法兰和管道附件的顺序。

利用广联达 BIM 安装计量软件计算给排水工程的工程量，就计算原理来说，可以分为两大类。

① 绘图输入。简单来说，绘图输入的实质就是需要使用者沿着给排水的图线重新描图，沿着原始的 CAD 图线，重新构建出广联达 BIM 安装计量软件能够计算的模型。这样操作最大的缺点就是时间消耗较长，通常情况不使用此方法。

② 识别。指针对管线、图例符号各自不同的特点，利用软件内嵌的智能操作命令，快速转换成广联达 BIM 安装计量软件能够计算的模型，实现快速计算工程量的目的，这也是广联达 BIM 安装计量软件最主要的计算方法。

关于给排水的案例工程算量实战指导，以"广联达大厦给排水图纸"为例，接下来详细讲述如何进行给排水工程的软件算量操作。

3.2.1.1 卫生器具及设备计算

（1）卫生器具计算

① 平面图卫生器具的识别。按照前文介绍的识别顺序，先进行"广联达大厦给排水图纸"地下一层平面图卫生器具的识别。需要说明的是，由于地下一层、地下三层卫生间采用的是单独的设计详图，尽管在第一层平面图的卫生间仍然有大量的卫生器具存在，但却缺少与之连通的各个管道，因此，针对卫生间的支管及其连接的卫生器具，将在详图处理的时候另行考虑，此处只计算与干管连接的卫生器具。

卫生器具可以一个一个点绘，也可以利用图纸上的图例进行识别，推荐更加方便快捷的＜设备提量＞功能对卫生器具进行批量快速识别计数。

简约模式下，切换到【工程绘制】选项卡，在＜设备提量＞功能包内，点击＜设备提量＞功能，再点击图纸中的卫生器具图例。一般按照 CAD 图，该卫生器具整个图块会被选中。选择台式洗脸盆图例，如图 3-2-4 方框中内容。

点选绘图区的台式洗脸盆图例后，单击鼠标右键，弹出"选择要识别成的构件"窗体。点击＜新建＞按钮，可以新建卫生器具，然后按照工程需要以及图纸上的要求，对名称、材质、类型、规格型号、标高等属性进行修改。图 3-2-5 窗体下方＜识别范围＞功能是用来框选要识别的设备的图纸范围，较为常用；＜实体建模＞功能可以把图例识别后与实际的三维

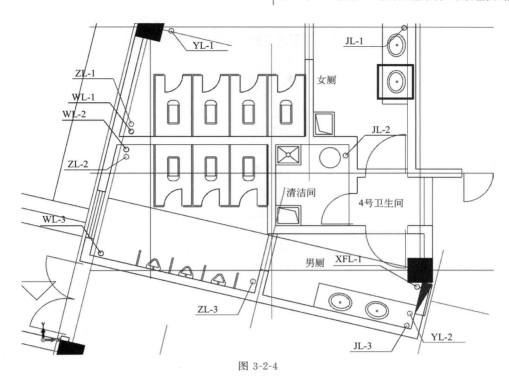

图 3-2-4

模型关联，结合＜实体渲染＞功能，可查看三维设备模型。＜设置连接点＞功能，是为了确定设备进水口和出水口的准确位置，保证后续识别水管后连接点位置的准确。"设置连接点"（允许设置多个）窗体如图 3-2-6。

图 3-2-5

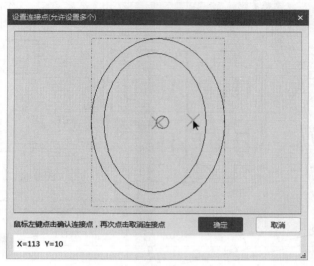

图 3-2-6

在图 3-2-5、图 3-2-6 所示两个窗体都设置好后，软件开始批量识别选中图例的卫生器具，识别完成后，会弹出工程量提示弹窗，能及时告知用户本次识别的设备数量，给用户及时准确的算量信息反馈。工程量提示弹窗如图 3-2-7。

同理，其余卫生器具也是通过同样的方式进行设备提量。卫生器具全部识别完成后，可以在"构件列表"中看到已经建立的构件，如台式洗脸盆、蹲式大便器、拖布池、污水池、挂式小便器等，如图 3-2-8。

图 3-2-7

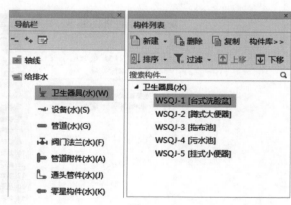

图 3-2-8

除了在"设备提量"功能内新建构件，还可以直接在"导航栏"和"构件列表"内新建构件，对用户来说，直接新建构件也是较为常用的操作。

软件左侧定义界面中，通过中间的分隔栏，将定义界面分为两个区域，左侧区域为构件类型切换栏，右侧为构件新建及编辑栏。双击专业名称或单击专业名称之前的文件夹图标，可以实现构件类型包的展开或折叠，单击导航栏左上角的加减号按钮，可以实现构件类型包的全部展开或全部折叠。构件类型包展开时，列表会出现属于该类型包的各种构件类型，单击不同的构件类型，在右侧构件新建及编辑栏中所能新建的构件都是不一样的，所以必须先选择正确的构件包，并在其中选择对应的构件类型，才能新建所需要的构件。

以新建"地漏"构件为例，在左侧构件类型切换栏中，点击"卫生器具（水）"，再点击右侧构件新建及编辑栏上部的＜新建＞按钮，在展开的下拉列表中点击"卫生器具（水）"进行卫生器具的构件新建。在右侧构件新建及编辑栏内，"卫生器具"下方新出现一个名为"WSQJ-6［台式洗脸盆］"的构件，并在下方"属性"界面中出现了新的内容，参照"属性"界面的信息，不难看出构件名称中，"WSQJ-6"对应的是"属性"界面中"名称"栏信息，而"台式洗脸盆"对应的是"类型"这一栏信息，通过类型的属性值下拉点选，将其改为将要识别的"地漏"。同时，在"属性"界面表格的最右侧"附加"一列，通过在"附加"一列勾选"√"，能够将对应的那一行信息栏中的内容显示在构件新建及编辑栏中对应的构件名称位置上，如图 3-2-9。

卫生器具在安装时，需要与土建施工配合预留孔洞，以便安装接管，且在后续的管路安装时，应考虑卫生器具的安装高度，用于接管的下料和安装。不同的卫生器具除了图例不一样之外，根据国家建筑标准设计图集《卫生设备安装》（09S304），其安装高度也不尽相同，在计算工程量时，需要加以区分。广联达 BIM 安装计量软件也将该标准的内容录入其中。在"类型"信息栏中，选择不同的卫生器具，其对应的标高也将发生变化，而在系统图例下方的黑色区域中，显示的是该卫生器具的图例符号。

新建完构件后，除了进行＜设备提量＞或＜一键提量＞等识别类操作，对于少数像"地漏""地面清扫口"之类的点式图元，可以直接通过点绘的方式绘制在绘图区内。选中"地漏"构件，修改好名称、类型、标高等属性，材质、

图 3-2-9

规格型号、所在位置、安装部位等属性信息，图纸中并未交代，可以忽略，不需要进行任何信息的输入。最后，为了方便观察，可以将识别的构件标明颜色，点击显示样式左边的"+"按钮展开更多内容，在"填充颜色"一栏，通过下拉列表框选择合适的颜色。

切换到【工程绘制】页签下，点选"点"功能，触发点绘命令，此时光标在绘图区就带有地漏图例，在绘图区对应图纸位置，点击一下，就将地漏图元布置在了绘图区内。可对多个图纸位置点击多次，完成图纸内所有地漏的绘制工作，点绘的工程量也是与识别的图元工程量统一汇总到出量报表内，地漏的点绘操作如图 3-2-10。

② 图元属性的修改。实际操作时，对于提取出来的模型或图例，一般会先设置其主要的属性，直接进行设备提量，对于不太确定或不重要的属性，一般会采用默认值即可。等到识别完成后，某些属性可能需要进一步修改，这里就涉及对属性的修改。在"属性"编辑窗体中，既有公有属性，又有私有属性，需要弄清楚二者的区别。

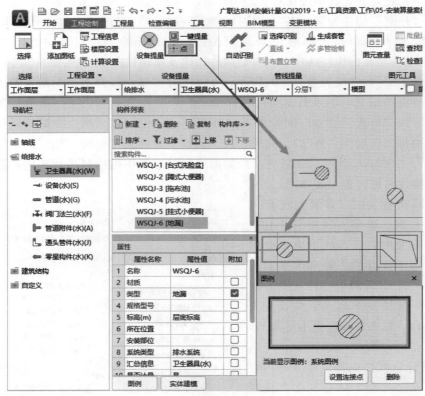

图 3-2-10

公有属性，一改全改。公有属性是所有识别出来的图元的公共属性，软件中以蓝色字体表示，可以通过修改一个图元构件中对应的公有属性值，改变全部图元属性。例如：在台式洗脸盆对应的属性编辑器中，将台式洗脸盆的材质修改为陶瓷，则之前设备提量所提取的所有台式洗脸盆图元属性值都会更改为陶瓷，这样也就实现了构件图元公有属性的批量修改，能够高效、方便、自由、反复地修改图元属性。台式洗脸盆的公有属性在图 3-2-11 中为 1～4 项内容，其余为私有属性。

私有属性，选中图元单个修改。众所周知，安装的设备、管线种类多，连接布置多样，算量规则也比较复杂，一个构件对应的同类图元中，也会存在不一样的属性，需要特殊修改，因此，就需要选中绘图区的一个或多个图元进行私有属性的修改，除了蓝色字体属性的其他所有黑色字体属性，都属于私有属性。私有属性一般会有默认值或者属性值为空，用户如果没有修改，而是先识别完图元，就需要后期修改。例如：台式洗脸盆的所在位置、安装部位等属性值为空，就需要根据算量需求，选中台式洗脸盆的一个或多个图元，填写相应属性，这样就实现了单个图元的个性化属性修改。

无论是公有属性还是私有属性，都会存在大类的属性，比如卫生器具中都存在的系统类型、倍数、图元楼层归属等属性。广联达 BIM 安装计量软件提供的"批量选择"功能可更加快捷地对构件名称进行批量修改。首先，触发＜批量选择＞功能，弹出"批量选择构件图元"窗体，然后勾选卫生器具构件类型下的台式洗脸盆、蹲式大便器和拖布池，点击"确定"按钮，就会同时选中这三个构件下对应的图元，回到"属性"编辑器中，就可以对系统类型、倍数、图元楼层归属等属性进行修改，如图 3-2-12。

图 3-2-11

图 3-2-12

除此之外，"批量选择构件图元"功能还有其他应用场景，对于图元的选择，应用非常便捷，能够有效辅助识别类、删除类及图元查量类功能的局部选择，可灵活处理局部图元的各类选择、查看和自定义编辑问题。

③ 工程量检查。在实际的工程算量过程中，常常不能一次全部建完构件并完整地进行设备提量，需要逐渐完善算量的过程，查找漏量很麻烦，耗时耗力。广联达 BIM 安装计量软件提供的＜漏量检查＞功能可克服此问题。

漏量检查的原理是：软件自动判断图纸中没有被识别的块图例，并给出位置提示，可根据提示双击定位，保证工程量准确无遗漏地检查出来。找到漏量的位置后，进行图元布置，布置完图元后，软件再次进行漏量检查，就会过滤掉这部分已经识别的设备，再次自动判断图纸中没有被识别的块图例，随着块图例的不断减少，软件识别出来的图元工程量将会越来越完整，直到漏量检查判断出来的块图例均不在算量的范围之内，点式设备的算量工作就基本完成了，剩余工作就是出量、查量和对量。＜漏量检查＞功能触发位置如图 3-2-13。

图 3-2-13

在简约模式的【检查编辑】页签下，点击"检查模型"弹出下拉框，点击＜漏量检查＞功能，即可弹出"漏量检查"窗体，在此窗体"图形类型"下拉框内选择"设备"或"管线"，然后点击"检查"按钮，就能将未识别出来的 CAD 块图元和没有连接关系的管道图元识别出来，如图 3-2-14。

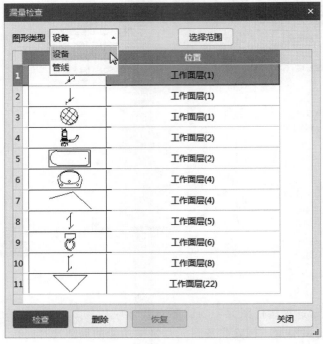

图 3-2-14

双击"位置"列的某一行单元格，软件就会自动反查定位到此单元格左侧图形对应的图纸中的位置，例如：双击洗脸盆块图例，就能定位到图纸中的位置。由于"漏量检查"窗体是非模态窗体，不影响其他识别类功能的使用，因此可直接触发＜设备提量＞功能对此洗脸盆块图例进行识别，如图 3-2-15。

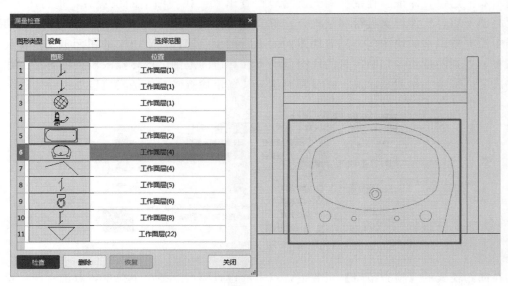

图 3-2-15

除了＜漏量检查＞功能，广联达 BIM 安装计量软件还提供＜漏项检查＞、＜属性检查＞、＜设计规范检查＞、＜合法性＞、＜查看图元属性＞等模型检查的功能，以及直接检查工程量的＜计算式＞、＜查看线性图元长度＞、＜图元查量＞、＜分类工程量＞、＜报表预览＞等多种方式，在不同的算量场景下各自对应不同的功能，前文已有软件通用的功能介绍，在此不赘述。

（2）设备计算

① 平面图设备的识别。按照广联达 BIM 安装计量软件左侧导航栏给排水专业构件类型的顺序，接下来进行设备的识别提量工作。

由图纸设计说明中的"主要给排水设备一览表"可知，给排水设备包含消火栓泵（稳压缓冲消防泵）、喷淋泵（稳压缓冲消防泵）、消火栓及喷淋系统增压稳压装置 ZWL-1-XZ-10 型、高强组合式搪瓷钢板水箱（消防水箱）、反冲洗潜污泵、全自动水质处理机、电热水器。其中，消火栓泵和喷淋泵配螺栓、进出口阀门、压力表等，不包括控制柜；如包括控制柜，控制要求见电气专业图纸。消火栓及喷淋系统增压稳压装安装参见标准图集 17S205，稳压罐体做保温，保温厚度 50mm，不包括控制柜；如包括控制柜，控制要求见电气专业图纸。高强组合式搪瓷钢板水箱带内外爬梯、玻璃液位计等，水箱采用 50mm 厚 PVC/NBR 橡塑海绵保温材料保温。反冲洗潜污泵，其中两台为固定自耦式安装，其他均为固定式安装；配控制柜（控制要求见电气图）。全自动水质处理机包括消防水箱一套、消防水池两台。

给排水设备可以顺次点绘，也可以利用图纸上的图例进行识别，推荐更加方便快捷的＜设备提量＞功能对给排水设备进行批量快速识别计数。

简约模式下，切换到【工程绘制】页签，在"设备提量"功能包内，点击＜设备提量＞功能，再点击图纸中的设备图例块，一般按照 CAD 图的设计原理，该设备整个图块会被选中。选择水泵图例如图 3-2-16。

鼠标左键点选绘图区的水泵图例，然后单击鼠标右键，弹出"选择要识别成的构件"窗体，点击"新建"按钮，可以新建离心水泵构件，然后按照工程需要以及图纸上的要求，对名称、类型、规格型号、标高等属性进行修改（图 3-2-17）。窗体下方"识别范围"功能，用来框选要识别设备的图纸范围，比较常用；"实体建模"功能可以把图例识别上来后，与实际的三维模型关联，结合"实体渲染"功能，达到三维设备模型查看的效果。

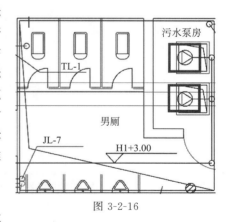

图 3-2-16

"设置连接点"功能，是为了确定设备进水口和出水口的准确位置，以保证后续识别水管后连接点位置的准确性。"设置连接点（允许设置多个）"窗体如图 3-2-18。

在图 3-2-17、图 3-2-18 两个窗体都设置完成后，软件开始批量识别选中图例的卫生器具，识别完成后，会弹出工程量"提示"弹窗，提示本次识别的设备数量，给用户及时准确的算量信息反馈。工程量提示弹窗如图 3-2-19。

同理，其余给排水设备也是通过同样的方式来进行设备提量的。给排水设备全部识别完成后，可以在构件列表中看到已经建立的构件，比如消火栓泵、喷淋泵、消火栓及喷淋系统增压稳压装置、高强组合式搪瓷钢板水箱、反冲洗潜污泵、全自动水质处理机、电热水器等，如图 3-2-20。

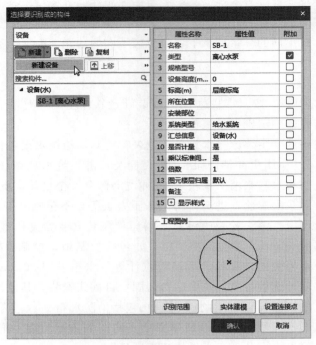

图 3-2-17

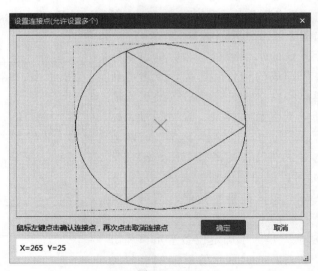

图 3-2-18

图 3-2-19

除了在"设备提量"功能内新建构件，还可以直接在导航栏和构件列表处新建构件，对用户来说，直接新建构件也是较为常用的操作。

软件左侧定义界面中，通过中间的分隔栏，将定义界面分为两个区域，左侧区域属于构件类

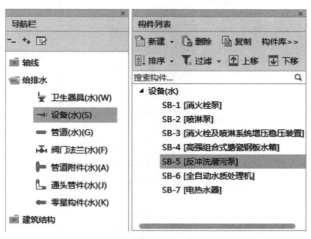

图 3-2-20

型切换栏，右侧属于构件新建及编辑栏。双击专业名称或单击专业名称之前的文件夹图标，可以实现构件类型包的展开或折叠，单击导航栏左上角的加减号按钮，可以实现构件类型包的全部展开或全部折叠。构件类型包展开时，列表会出现属于该类型包的各种构件类型，单击不同的构件类型，在右侧构件新建及编辑栏中所能新建的构件都是不一样的，所以必须先选择正确的构件包，并在其中选择对应的构件类型，才能新建所需要的构件。

　　以新建"电热水器"构件为例，在左侧构件类型切换栏中，点击"设备（水）"，再点击右侧构件新建及编辑栏上部的"新建"按钮，在展开的下拉列表中点击"设备（水）"进行设备的构件新建。在右侧构件新建及编辑栏内，"设备"下方新出现一个名为"SB-7［离心水泵］"的构件，并在下方"属性"界面中出现了新的内容，参照"属性"界面的信息，不难看出构件名称中，"SB-7"对应的是"属性"界面中"名称"栏信息，而"离心水泵"对应的是"类型"这一栏信息，通过类型的属性值下拉点选，将其改为将要识别的"电热水器"。同时，在"属性"界面表格的最右侧"附加"一列，通过在"附加"一列勾选"√"，能够将对应的那一行信息栏中的内容显示在构件新建及编辑栏中对应的构件名称位置上，如图 3-2-21。

　　设备在安装时，需要与土建施工配合预留孔洞，以便安装接管，且在后续的管路安装时，应考虑设备的安装高度用于接管的下料和安装。不同的设备除了图例不一样之外，根据国家建筑标准设计图集 09S304《卫生设备安装》，其安装高度也不尽相同，在计算工程量时，需要加以区分。广联达 BIM 安装计量软件也将该标准的内容录入其中。在"类型"信息栏中，选择不同的设备，其对应的标高也将发生变化，而在系统图例下方的黑色区域中，显示的是该设备的图例符号。

　　新建完构件后，除了进行＜设备提量＞或＜一键提量＞等识别类操作，对于少数像"电热水器""地面清扫口"之类的点式图元，可以直接通过点绘的方式绘制在绘图区内。选中"电热水器"构件，修改好名称、类型、标高等属性，材质、规格型号、所在位置、安装部位等属性信息，图纸中并未交代，可以忽略，不需要进行任何信息的输入。最后，为了方便观察，可以将识别的构件标明颜色，点击显示样式左边的"＋"按钮展开更多内容，在"填充颜色"一栏，通过下拉列表框选择合适的颜色。

　　切换到【工程绘制】页签下，点选＜点＞功能，触发点绘命令，此时光标在绘图区就带

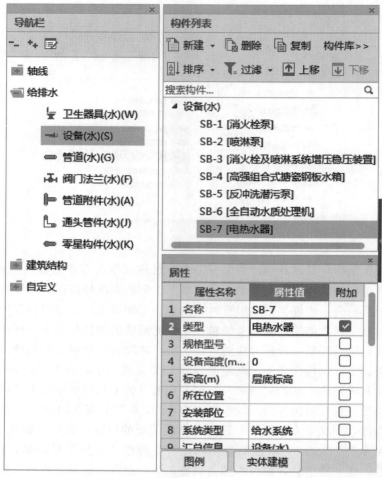

图 3-2-21

有电热水器图例，在绘图区对应图纸位置，点击一下，就将电热水器图元布置在了绘图区内。可对图纸多个位置点击多次，完成图纸内所有电热水器的绘制工作，点绘的工程量也是与识别的图元工程量统一汇总到出量报表内，电热水器的点绘操作如图 3-2-22。

② 图元属性的修改。实际做工程时，对于提取出来的模型或图例，一般会先设置主要的属性，直接进行设备提量，对于不太确定或不关心的属性，一般会按照默认值走，等到识别完成后，发现某些属性需要进一步修改，这里就涉及软件对属性的修改，在属性编辑器窗体中，既有公有属性，又有私有属性，需要弄清楚两者的区别，如图 3-2-23 所示。

公有属性，一改全改。公有属性是所有识别出来的图元的公共属性，用蓝色字体表示，可以通过修改一个图元构件中对应的公有属性值，改变全部图元属性。例如：在消火栓泵对应的属性编辑器中，将消火栓泵的材质修改为陶瓷，则之前设备提量所提取的所有消火栓泵图元属性值都会更改为陶瓷，这样也就实现了构件图元公有属性的批量修改，能够高效、方便、自由、反复地修改图元属性。

私有属性，选中图元单个修改。众所周知，安装的设备、管线种类多，连接布置多样，算量规则也比较复杂，针对一个构件对应的同类图元中，也会存在不一样的属性，需要特殊

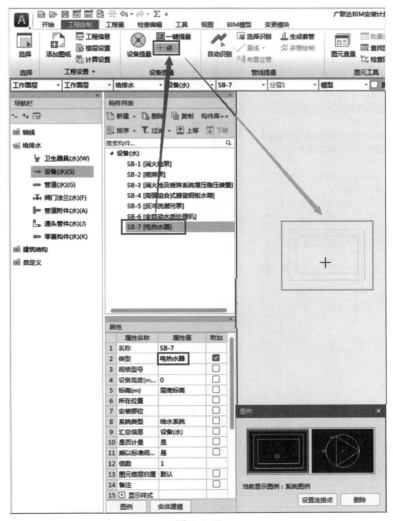

图 3-2-22

修改，这里，就需要选中绘图区的一个或多个图元进行私有属性的修改，除了蓝色字属性的其他所有黑色字属性，都属于私有属性。私有属性一般会有默认值或者属性值为空，用户如果没有修改，而是先识别完图元，那就需要后期修改。例如：消火栓泵的所在位置、安装部位等属性值为空，那么我们就需要根据算量需求，选中消火栓泵的一个或多个图元，填写相应属性，就实现了单个图元的个性化属性修改。

　　无论是公有属性，还是私有属性，都会存在大类的属性，比如卫生器具中都存在的系统类型、倍数、图元楼层归属等属性，如何更加快捷地根据构件名称进行批量修改呢？就会用到广联达 BIM 安装计量 GQI 软件所提供的＜批量选择＞功能。为了提升用户的效率，软件也是做了大量这类的高级功能。首先，触发＜批量选择＞功能，弹出批量选择构件图元窗体，然后勾选设备构件类型下的消火栓泵、喷淋泵和消火栓及喷淋系统增压稳压装置，点击＜确定＞按钮，就会同时选中这三个构件下对应的图元，回到属性编辑器中，就可以对系统类型、倍数、图元楼层归属等属性进行修改，批量选择构件图元窗体（图 3-2-24）。

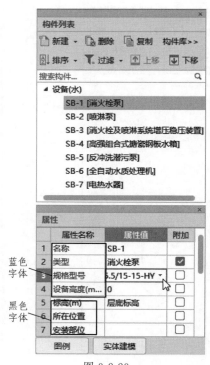

蓝色字体

黑色字体

图 3-2-23

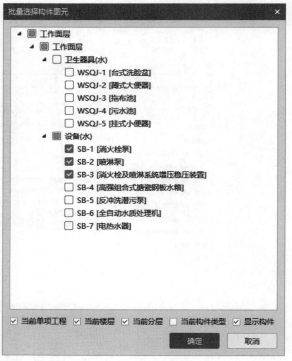

图 3-2-24

除此之外，批量选择构件图元功能还有其他广泛的应用场景，对于图元的选择，是不可多得的好功能，能够有效辅助识别类、删除类以及图元查量类功能的局部选择，灵活处理局部图元的各类选择、查看和自定义编辑问题。

③ 工程量检查。在实际的工程算量过程中，我们常常不能一次全部建完构件并完整地进行设备提量，需要一点一滴地去完善算量的过程，查找哪些量是否有漏量，这个过程对于算量人员来说，是个很麻烦的过程，耗时耗力。因此，广联达 BIM 安装计量 GQI 软件提供了＜漏量检查＞功能。

漏量检查的原理是，软件自动判断图纸中没有被识别的块图例，并给出位置提示，可根据提示双击定位，保证工程量准确无遗漏地检查出来。找到漏量的位置后，用户可以自己布置图元，一旦布置完图元后，软件再次进行漏量检查，就会过滤掉这部分已经识别的设备，而再次自动判断图纸中没有被识别的块图例。随着块图例的不断减少，软件识别出来的图元工程量将会越来越完整，直到漏量检查判断出来的块图例均不在我们算量的范围之内，点式设备的算量工作就算基本完成了，剩余工作就是出量、查量和对量了。＜漏量检查＞功能触发位置（图 3-2-25）。

在简约模式的【检查编辑】选项卡下，触发"检查模型"弹出下拉框，点击＜漏量检查＞功能，即可弹出漏量检查窗体，在这里，我们可以在图形类型下拉框内选择设备或管线，然后点击＜检查＞按钮，就能将未识别出来的 CAD 块图元和没有连接关系的管道图元识别出来，漏量检查窗体如图 3-2-26。

双击位置列的某一行单元格，软件就会自动反查定位到左侧图形对应的图纸中的位置，例如：双击反冲洗潜污泵块图例，就能定位到图纸中的位置。由于漏量检查窗体是非模态窗

图 3-2-25

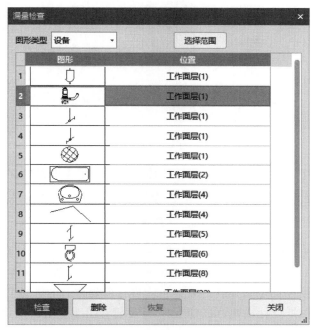

图 3-2-26

体，不影响其他识别类功能的使用，因此可直接触发＜设备提量＞功能对此反冲洗潜污泵块图例进行识别，双击反冲洗潜污泵块图例定位图纸位置（图 3-2-27）。

除了漏量检查功能，广联达 BIM 安装计量 GQI 软件还提供＜漏项检查＞、＜属性检查＞、＜设计规范检查＞、＜合法性＞、＜查看图元属性＞等检查模型的功能，以及直接检查工程量的＜计算式＞、＜查看线性图元长度＞、＜图元查量＞、＜分类工程量＞、＜报表预览＞等多种查量方式，在不同的算量场景下各自对应不同的功能，前边已有软件通用的功能介绍，在这里就不详细讲解了。

3.2.1.2　管道计算

（1）给水管道的识别

给排水工程的管道流向通常是按照引入管（排出管）→干管→立管→支管的顺序进行的（排水管流向虽然与引入管相反，但工程量计算时，仍然可以按照这样的走向考虑）。由于引入管或排出管通常都是从房屋最底层开始的，在绘图输入时，楼层的识别应遵循从上到下的顺序逐层进行识别。

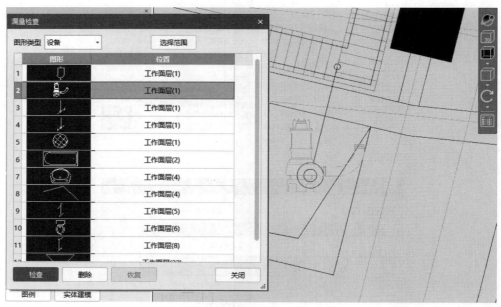

图 3-2-27

　　根据上述识别顺序，先进行给水引入管的构件操作。根据图纸情况，在地下一层平面图中，轴线 ①-H 与轴线 ②-1 的交点附近为引入管的起始位置，结合系统图，引入管横管标高为 $H1+3.40\mathrm{m}$，引入管的管径为 65mm，穿过砖墙接防水套管 h，经过一个蝶阀和一个止回阀后，折向轴线 ②-J 与轴线 ②-2 的交点附近处，接第一个三通后垂直向上连接至直径50mm 的管，接第二个三通的干管管径变为 40mm，垂直向上连接至直径 32mm 的管，接第三个三通垂直向上连接至直径 32mm 的管，干管再往前延伸后的管径变为 25mm，直至引入管的终点位置，结合图纸设计说明，该管道为 PPR 管，给水引入管的定位见图 3-2-28。

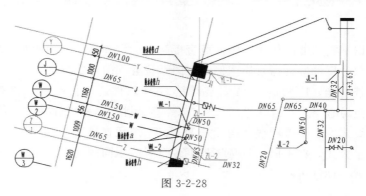

图 3-2-28

　　① 给水管道新建构件。在进行识别之前，首先需要对管道构件进行新建。在构件类型切换栏中，单击"管道（水）"构件类型，新建一个构件，默认的新建管道构件名称为"GSG-1"，材质及规格信息为 PPR 给水管、$DN25$，软件中显示样式为绿色。根据引入管在图纸中的情况，对各属性内容进行修改，"属性编辑器"修改后，为了便于区分，参照卫生器具显示样式的修改方法，可以将填充颜色改为需要的颜色，新建管道构件界面

如图 3-2-29。

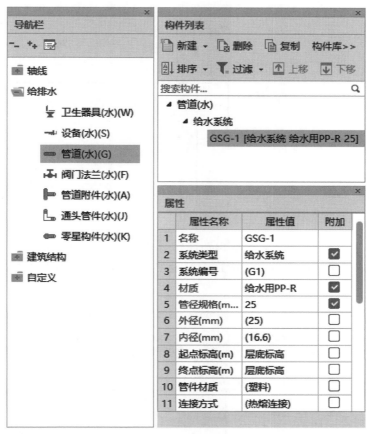

图 3-2-29

与新建卫生器具不同，新建的给水管道构件有多个规格型号，包括 $DN65$、$DN50$、$DN40$、$DN32$、$DN25$ 等。在实际工程中，构件繁多，很多情况下，都需要在绘图区域反复检查核对，进行工程量和模型的区分。软件提供了一套自动显示构件名称和楼层的机制，将光标移至构件位置，无需单击，就能显示该构件的名称和楼层信息。采用"用途＋材质名称＋空格＋规格型号"的名称形式要比软件默认创建的"汉语拼音字母＋编号"的形式更加实用，因此，本书中以长度为单位的构件，创建的名称都按这样的形式进行操作，不同名称的构件显示信息如图 3-2-30。

此外，在"属性"信息栏中，标高信息的表达采用两种形式：直接输入标高数字；"层顶标高（或层底标高）＋数字"。一般采用第二种形式。

安装工程在计算工程量时，很多构件的安装高度相对于本层楼地面来说几乎是相同的。采用"层顶标高（或层底标高）＋数字"的形式来表达标高简单明了，计算起来也较为简单。第一层楼地面标高为 ±0.000m，两种表达形式对应的标高是相同的。

② 给水管道的构件识别。在软件绘图区域上部【工程绘制】页签下的"管线提量"功能包中，单击＜选择识别＞按钮，激活该功能，按照状态栏的文字指示，单击需要识别的管线（图 3-2-31）。注意：阀门和水表图例符号之间存在很短的管线，也需要单击选中。之后单击鼠标右键，弹出"选择要识别成的构件"提示框，接着按照之前讲述的方法，完成构件

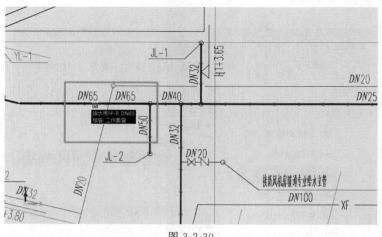

图 3-2-30

的关联操作，单击"确认"按钮，完成识别操作（图 3-2-32）。这样，构件就能按照修改好的样式在绘图区域中显示出来了，给水管 $DN50$ 水平管道即识别完毕。识别完毕的管线模型如图 3-2-33。

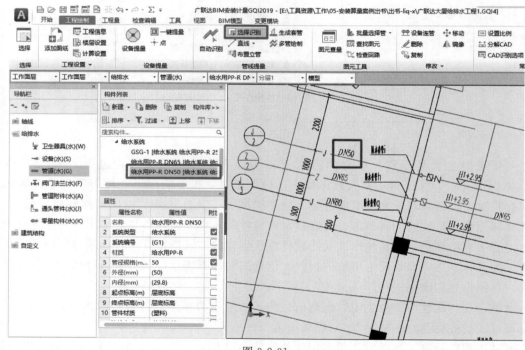

图 3-2-31

③ 图层的显隐。识别给水管道时，选中需要识别管线过程中往往会遇到图线干扰项太多的问题，需要将给水管线与建筑图线、非给水管线及阀门图线区分开，才能进行选中操作，进而识别。设计者进行 CAD 制图的时候，通常会将设计的对象划分成各种不同的图层来分别进行绘图设计。基于这个思路，广联达 BIM 安装计量软件可以提取希望保留的图层而隐藏掉其他图层，从而方便识别操作。

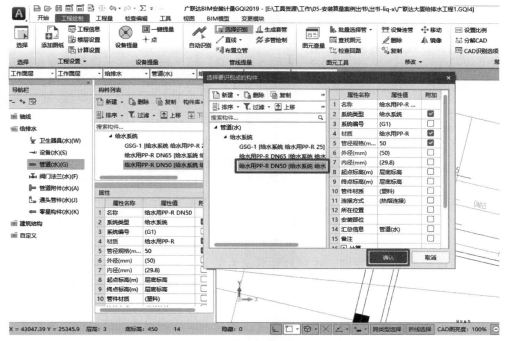

图 3-2-32

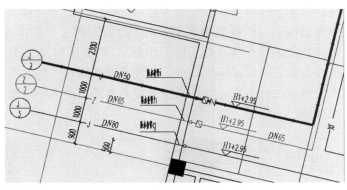

图 3-2-33

　　单击软件绘图区域上方【视图】页签"界面显示"功能包下的＜CAD 图层＞按钮（图 3-2-34），软件右下角出现"CAD 图层"窗体，单击＜显示指定图层＞按钮（图 3-2-35），按照软件界面右下方的文字说明，鼠标左键选中要显示的 CAD 图元，再单击鼠标右键进行确认，这时左键单击选中部分对应的图层将会被选中，在软件中呈深蓝色状态，右键确认完

图 3-2-34

成操作后，未被选中的图层就被隐藏起来了。保留下来的图线，已经去除了大部分的干扰，在这样的图纸中，按照之前讲述的操作，便不难把剩下的给水管线识别完毕。

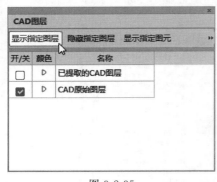

图 3-2-35

需要注意的是，刚才的操作中，只选中一个图层中的一条图线，软件就能将这条图线对应的图层一次性全部选中。这一功能可使识别化繁为简。

实际工作中，有时部分有用的图层并未被选中，但绘图区域的图线已经进入只显示选中图层的状态，无法被显示出来，这就需要回到图纸的最原始状态去重新进行图层的选择。此外，对于本实例工程，还有没被识别的排水管和雨水管，这些图线对应的图层选择也需要回到图纸原始的状态才能进行。在"CAD图层"窗体中，勾选"CAD原始图层"左侧的开关复选框，此时所有 CAD 原始图层均会显示出来。

单击＜隐藏指定图层＞按钮，按照软件界面右下方的文字说明，鼠标左键选中要隐藏的 CAD 图元，再单击鼠标右键进行确认，这时左键单击选中部分对应的图层将会被选中，在软件中呈深蓝色状态，右键确认完成操作后，被选中的图层就被隐藏起来了。保留下来的图线，去除了大部分的干扰，在这样的图纸中，按照之前讲述的操作，便不难把剩下的给水管线识别完毕。恢复全部显示的方法与前述相同。

④ 三维观察及相关操作。绘图区域的显示状态为平面俯视图，要观察短立管，必须通过三维观察才能实现。单击软件绘图区右上方方框中按钮（"动态观察"），该按钮被点亮，这时，在绘图区域中部出现了一个特殊的图案：1 个大圆圈和 4 个小圆圈（图 3-2-36）。将光标移动到绘图区域特殊图案的内部（即大圆圈内部），按住鼠标左键不放，自由移动，这时，绘图区域的图形将会以光标位置为中心进行各种角度的旋转，从而实现三维观察。按照这样的方法，将视图旋转合适的角度，并用鼠标滚轮调节视图的大小，就可以得到观察这根短立管的合适的三维视图。

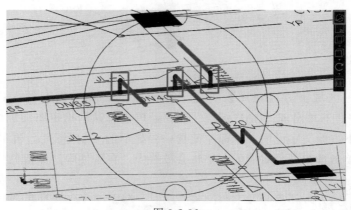

图 3-2-36

另外，单击"动态观察"图标的下半部分，会展开为"动态观察"与"实体渲染"两个图标。这里的"动态观察"的作用与之前讲述的完全一致；而单击"实体渲染"按钮，除了能进行三维观察外，还会对卫生器具、阀门等统计个数的器具用实体效果进行渲染。由于给水管的阀门和与之连接的卫生器具都未识别，读者可自行尝试，此处不赘述。

如需结束"动态观察"状态，可以单击绘图区右上角"动态观察"功能按钮下方带有"2D"字样的功能按钮，这样就能回到平面图；单击"3D"三维功能按钮（图 3-2-36 右上角图标），就会重新回到刚才三维查看的状态之下，可方便快速进行三维观察。"动态观察"经常用于绘图区域的检查，因为很多细节问题无法通过平面图观察，需要通过三维效果才能查出。

⑤ 布置立管操作。通过软件自动生成立管的要求比较严格，需要立管连接的水平管，两端水平管的标高差距也不能太大。将地下一层平面图中给水管的水平部分全部识别完毕后，接着就需要布置 JL-1、JL-2 立管，以完成一层楼给水管的识别操作。首先进行 JL-2 的识别，JL-2 被一根安装过滤器和水表的水平管分成了两段，从系统图观察为标高 0.200mm 以下和以上的两个部分，平面图观察为带有 JL-2 的一个"大圈"和一个"小圈"。已经识别好的给水管，先连接的是较大"圆圈"的 JL-2 立管，因此，先进行该立管的识别。单击【工程绘制】页签下"管线提量"功能包中的<布置立管>功能按钮（图 3-2-37），弹出"立管标高设置"窗体，可以设置起始点高度，然后按照状态栏的文字提示，单击代表 JL-2 的这个"大圈"的中心，$DN50$ 的立管就布置完成（图 3-2-38），生成的立管如图 3-2-39。

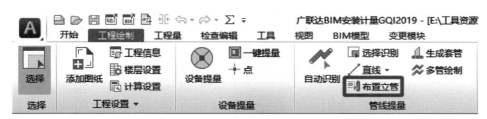

图 3-2-37

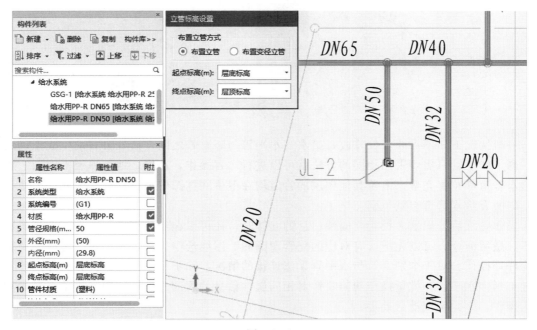

图 3-2-38

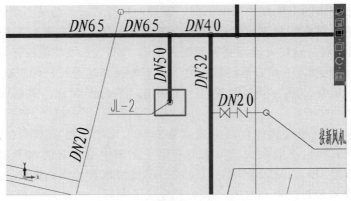

图 3-2-39

　　在平面图上，观察发现，水平管接到"圆圈"外侧，并未延伸至"圆圈"内部的立管位置。通过动态观察发现，生成的立管与水平管的确无任何连接。这是由于在给排水制图标准中，平面图上立管表示为圆圈加引出线及文字符号，而在软件中，被识别的不同管径的管道在绘图区域中会有构件的大小区别。被识别出的立管如果尺寸不够大，是无法填充满立管原始的 CAD 立管"圆圈"图线的，因此就会造成与连接的水平管道间有较大空隙，无法进行连接。立管动态观察如图 3-2-40。

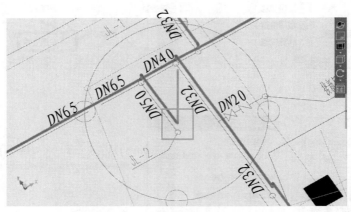

图 3-2-40

　　一般情况下，不需要任何修改，给水管水平管与竖直管之间连接处会自动生成正确的通头，剩下的立管只需要采用相同的方法就可以进行布置操作，这样，地下一层平面图上所有的给水管道都布置完毕。由于其他楼层的管道均在卫生间详图中另行计算，因此该大楼平面图上的所有给水管道也就识别完毕了。

　　操作熟练后，识别多根相同属性信息的立管时，还可以在经典模式下单击＜立管识别＞按钮，激活命令，可以先把所有对应的立管"圆圈"图线选中完毕，再进行＜选择要识别成的构件＞操作。对于个别立管与水平管无法连接的情况，除了手动逐个拖拽管道外，还可以通过＜延伸水平管＞批量操作功能，针对相同属性信息的管道先进行选中，再单击鼠标右键确认操作，一并实现批量处理。

　　（2）排水管道的识别

　　给水管道识别完毕后，接着进行排水管道的识别。排水管道的识别操作与给水管道几乎完全相同。首先点击【工程绘制】页签，再点击给排水专业中"管道"构件类型。新建管道构件，将"系统类型"属性值改为"排水系统"，相应构件就划分到排水系统的节点下，然后就可以进行直线绘制、布置立管或识别提量等操作了。

① 排水管的构件属性。在识别排水管之前，首先要看懂排水管系统图。找到给排水系统图中的排水管系统图，一般按照水流方向先从卫生器具或其他设备开始，结合系统图和给排水平面图，弄清楚管道内水的流向、管径和所经过的卫生器具或设备。排水管系统图中，由于排水管需要考虑自然放坡，所以排水管的标高在排出端与接管端不相同。在实际工作中，对于安装在建筑内的管道工程，一般不考虑坡度对水平管道的影响。由于软件中无法输入坡度信息，在排水管的标高信息中统一输入管道最底端标高即可，其他信息可参照"属性"编辑器中的一系列属性值进行修改。排水管系统图如图 3-2-41。

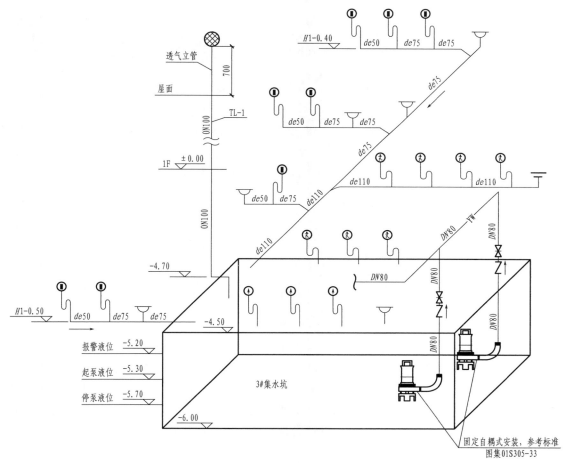

图 3-2-41

对于识别水平管，软件提供有"选择识别""自动识别"两种方式。采用"自动识别"方式进行管道的识别较为便捷，尤其在没有手动建立管道构件前，通过选择任意一段表示管线的 CAD 线及对应的管径标识，软件会自动生成对应属性的管道构件，可一次性识别该楼层内所有符合识别条件的给排水水平管。管道的属性也可在属性栏中修改（图 3-2-42）。

在构件列表的排水管道构件下，单击"属性"编辑器第 16 项"计算"，展开 6 项计算相关的功能，分别是"标高类型""计算设置""是否计量""乘以标准间数量""倍数"和"图元楼层归属"。根据图纸设计说明和制图标准，排水管道的标高指管道底部的标高。单击"标高类型"信息栏中任何一个位置，在信息栏的右侧会出现下拉列表框按钮"下三角号"，单击该按钮，在弹出的选项中，单击选中"管中标高"即可（图 3-2-43）。同时，为了进行颜色区分，将显示样式改为"黄色"。构件属性信息修改好后，结合图纸信息，按照识别给水管的方法，可把排水管识别完毕。采用"管道识别"时，若在管道位置存在已识别完毕的卫生器具，软件将自动生成与卫生器具连接的管道，可节省大量的时间。

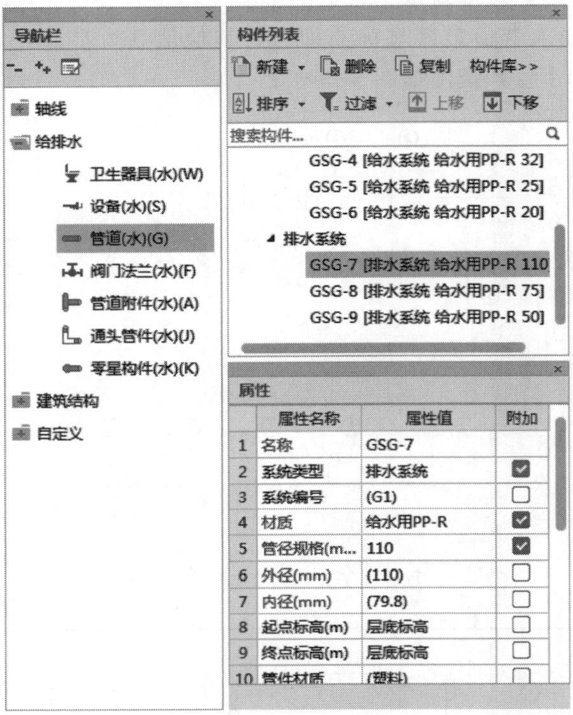

图 3-2-42

图 3-2-43

点击"计算设置"后边的属性值"按默认计算设置计算"，出现"三点"按钮，点击"三点"按钮，弹出"计算参数"界面，可以对给排水管道的计算参数进行设置。计算设置项目包括"给水支管高度计算方式""按规范计算""输入固定计算值""排水支管高度计算方式""按规范计算""输入固定计算值""支架个数计算方式""接头间距计算设置值""机械三通、机械四通计算规则设置""过路管线是否划分到所在区域""超高计算方法""给排水工程操作物超高起始值""刷油防腐绝热工程操作物超高起始值"。

以上计算设置项目均可以按照工程需要进行调整，例如点击"给水支管高度计算方式"，下方会提供三种选择方式，当选择其中一种计算方式后，其他两项计算不起作用。参考依据为《建筑给水排水及采暖工程施工质量验收规范》（GB 50242—2002）。切换其他计算方式，同样有其他操作规范说明。点击下方的"确认"按钮，调整后的计算设置就被保存下来，并将影响所有给排水管道工程量的相关计算出量结果。给排水管道在属性编辑器中进行计算设置如图 3-2-44。

② 直线绘制。第一步，触发"直线"功能，绘图区左上角弹出"直线绘制"设置辅助

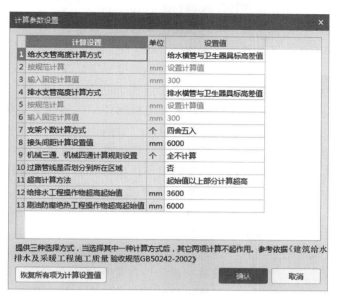

图 3-2-44

框，其位置可以自由移动（图 3-2-45），并随着直线功能启动或退出，内容在工程不关闭功能的情况下会记忆。

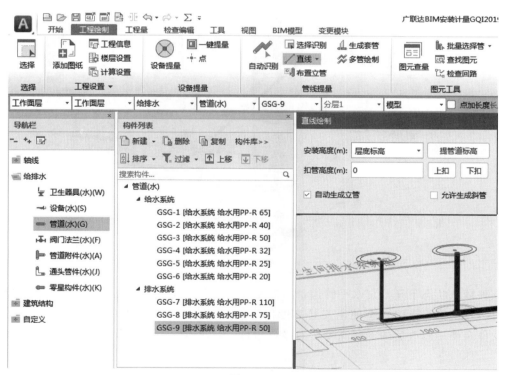

图 3-2-45

　　第二步，结合构件列表、快速切换构件下拉框，可以在不退出功能的情况下进行构件的快速切换，并可保持相同的标高进行连续绘制。

第三步，编辑安装高度。可在绘图区进行"直接绘制"（不需要在"构件列表"中编辑起点终点标高，且有下拉记忆功能，可记忆每一次标高的调整值，方便后续快速调用），"直线绘制"设置窗体中安装高度设置如图 3-2-46。

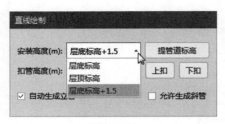

图 3-2-46

第四步，提管道标高。可以通过选择绘图区任意专业的管道图元进行标高提取。例如在多专业综合时，水管道根据桥架、通风管道的位置进行绕弯时，可以不退出"直线"功能，了解已有图元标高位置，进行高度合理调整，实现快速绕弯。

第五步，在提取了已有管道标高后，或者已知需要绕弯的情况下，可以通过输入扣管高度值，通过"上扣""下扣"功能快速对安装高度进行固定值调整，免去心算过程，保证结果准确。调整后可继续绘制，实现绕弯。

第六步，自动生成立管。可在不退出"直线"功能的情况下，快速调整设置。此勾选项与"绘制横管是否自动生成立管连接设备和横管"功能相同，控制管道端点是否生成立管。结合系统图和平面图，在平面图上进行排水管的建模绘制后，部分排水管道及卫生器具模型如图 3-2-47。

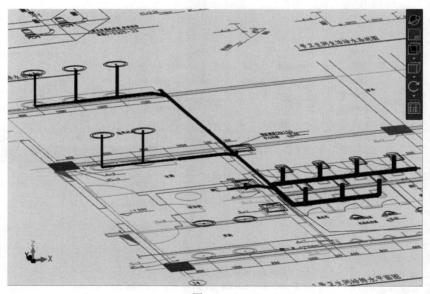

图 3-2-47

软件默认状态下是绘制水平管道，当需要进行斜管绘制时，请勾选"允许生成斜管"功能。直线点击第一点时，会使用安装高度作为起点标高，应先修改安装高度，再点击第二点，软件会使用修改后的安装高度作为终点标高，完成斜管绘制。本案例工程中不涉及斜管绘制。

在【工程绘制】页签下"管线提量"功能包中，"布置立管"功能用来完成竖向干管或竖向支管工程量的计取；"生成套管"功能是在绘制或识别给排水管道过程中，存在管道穿过砌块墙需要计算套管工程量情况，这时软件可自动生成与线式图元相同形状及符合父图元规格的套管图元；"多管绘制"功能一般不在给排水专业中使用，在这里不作介绍。

在【工程绘制】页签下"修改"功能包中，"设备连管"功能可解决多个设备与一个管道进行连接的问题，软件根据构件列表所选管道构件自动连接至设备。

在【检查编辑】页签下的"编辑工具"功能包中，有"延伸水平管""修改标注""生成立管""平齐板顶"功能。其中，"延伸水平管"功能用来处理因图纸上所绘制的立管只是示意而与实际管径相差较大，而导致与其相连水平管没有延伸到立管中心的问题；对于通过如"自动识别"等功能识别后的管道，当存在管道的管径、标高等设计变更或是其他情况时，可以利用"修改标注"功能完成对管道图元的管径、标高属性值的修改，无需删除已有图元进行二次识别；"生成立管"功能可以快速生成连接设备与水平管间的立向管道。"平齐板顶"功能可以快速调整板下构件图元高度，解决建筑"错层"问题。在实际工程中，可以根据具体需要选择相应的功能进行操作。

3.2.1.3　阀门附件计算

识别完平面图中所有管道后，按照给排水工程构件的绘图顺序，进行阀门及管道附件的识别。阀门或管道附件，都需与管道进行连接才能发挥作用，除具体型号外，其规格都以连接管道的管径大小进行分类。

（1）阀门的计算

① 阀门的新建。阀门、管道附件属于不同的构件类型归属，需要单击构件类型切换栏中对应的构件类型分别新建构件。

单击构件类型切换栏中的"阀门法兰（水）"，再在右侧构件新建及编辑栏单击"新建"，并在展开的按钮栏中单击"新建阀门"，在界面中就会出现名称为"FM-1"的构件（图 3-2-48）。

软件新建的构件，很多属性信息内容都是默认生成的，往往需要进行修改。根据图纸信息，图纸中的阀门共有两种，即止回阀和 PPR 管配套阀门。在平面图中，PPR 管配套阀门出现在引入管和卫生间的干管上。引入管的管径为 $De50mm$，卫生间干管的管径为 $De25mm$，因此，PPR 管配套阀门的规格也分为 $De50mm$ 和 $De25mm$ 两种。

新建阀门构件时，阀门的类型是通过在"属性"窗口中构件类型属性值下拉列表框进行单击选中的，阀门类型下拉列表框如图 3-2-48。

由于设计者未对 PPR 管配套阀门的类型作具体的规定，新建阀门的类型属性值应手动输入为"PPR 管配套阀门"，名称也应修改为"PPR 管配套阀门"。其他信息按照工程需要或规定进行修改即可，并把显示样式修改为"黄色"，以便区别。注意，"规格型号（mm）"信息栏中不需要输入任何信息（图 3-2-49）。

② 阀门的识别。按照前文卫生器具的识别方法，先对引入管上的 PPR 管配套阀门进行识别。识别出的构件数量为 2 个。

此时，观察该构件图元对应的属性信息，在"规格型号（mm）"信息栏中出现了对应的规格，且该规格信息与实际相符。识别完毕后构件的属性信息如图 3-2-50。

然而，在卫生间给水管处的 PPR 管配套阀门，软件并没有识别出来，这是由于设计者在该处所画的图例符号尺寸有所差异，因此需要再进行一次识别操作。按照图例识别的方法，识别该阀门，在弹出的"选择要识别成的构件"对话框，无需重新创建新的构件，单击选中刚才被识别完毕的构件即可。识别完毕，识别的数量为 16 个，并在定义界面的构件新建及编辑栏中出现了 1 个新的构件，名称为"PPR 管配套阀门-1"，对应的规格型号属性值为"$De25$"。"PPR 管配套阀门-1"的构件属性信息如图 3-2-51。

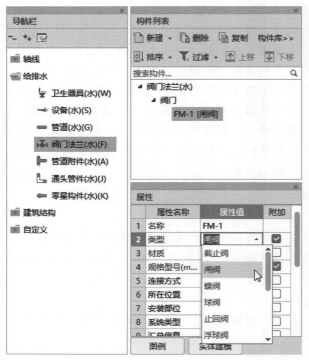

图 3-2-48

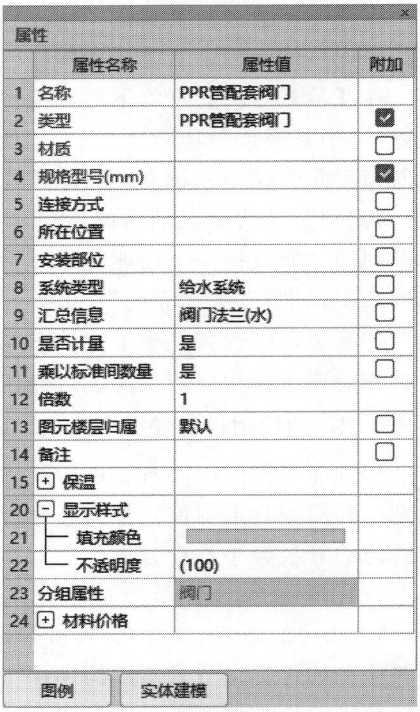

图 3-2-49

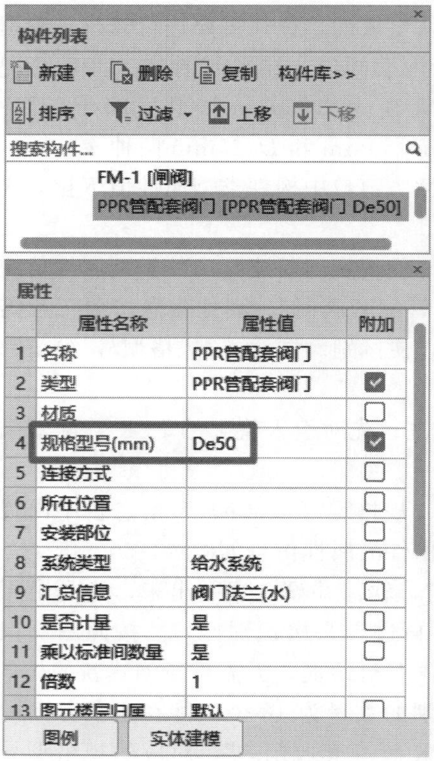

图 3-2-50

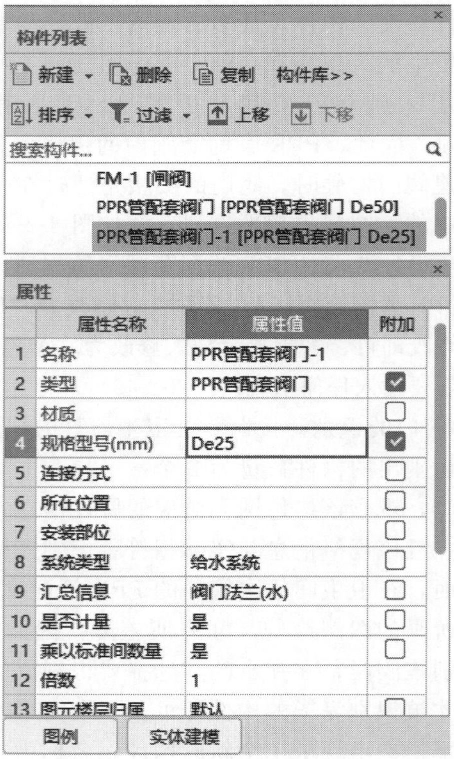

图 3-2-51

识别阀门或管道附件时，软件将按照安装管道的管径规格来新建构件，并自动添加该类型阀门的管径值，因此，对同种类型的阀门，构件只需要新建一次构件即可。照此方法，可进行止回阀识别。

（2）管道附件的识别

管道附件和管件要学会区分。管材就是管道主体材料，比如 PPR 水管。管件，就是管道安装所必需的与主管材配合安装的构件，比如三通、水封等。附件，就是管材和管件连接所必需使用的附件，比如法兰、密封圈等，包括计量件（水表及其附件）、安全件（膨胀节、U 形管及其附件）、管件（弯头、三通、活节等及其附件）、控制件（阀门、水龙头及其附件）等，管道附件是以上所有附件类型的总称。

① 管道附件的新建。管道附件的新建方法与阀门相同，但由于分类较多，需要逐个进行新构件的创建。创建时，在类型属性值下拉列表框选项中，选择对应的类型应仔细，以免出错。识别阀门或管道附件前，务必先完成管道构件识别或绘图输入的操作，否则，将无法在绘图区域中生成阀门或管道附件的新构件。管道附件的下拉选框如图 3-2-52。

图 3-2-52

② 管道附件的识别。管道附件的识别也与阀门相同，在此不赘述。

3.2.1.4　附属工程量计算

附属工程量计算在软件中即对零星工程量的处理。按照前文介绍的给排水构件识别顺序，给排水工程的构件都已被识别或绘制完毕，但大套图纸仍有少量的零星构件需要额外处理。

根据图纸设计说明，管道穿楼板应设钢套管，其直径比管道大两号。针对这种状况，需要进行钢套管等零星构件的处理。

（1）现浇板的计算

① 现浇板的新建。软件在处理套管时可采用自动生成的方式，但前提是工程中必须存

在设置套管的条件，即应存在楼板。

在一层的楼层状态下，单击构件类型切换栏中"建筑结构"构件包，在展开的构件类型中，单击"现浇板（B）"构件类型，并在右侧"构件列表"窗口中单击"新建"按钮，开始新建现浇板构件。"建筑结构"展开构件类型下新建现浇板构件如图 3-2-53。

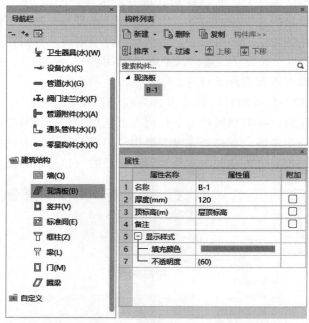

图 3-2-53

② 现浇板的绘制。在"绘图"功能包中单击"矩形"按钮，按照状态栏的文字提示，单击绘图区域中的一点，这时，在光标位置出现一个斜线填充的拖拉框，按住鼠标左键不放，拖动光标，将拖拉框大小调整到能够覆盖绘图区域中带有图线的区域，再单击鼠标右键，完成操作。

此时，拖拉框并不会消失，而是形成了一个内部斜线填充的矩形区域，该区域即为生成的现浇板构件。拖拉框覆盖绘图区域后生成的现浇板如图 3-2-54。

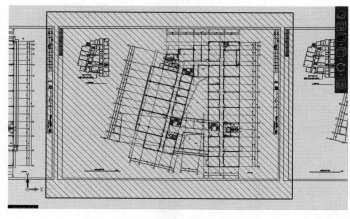

图 3-2-54

　　生成的现浇板构件只是为自动生成套管提供一个前提条件，其区域的大小和板厚并不十分准确，只需保证矩形区域覆盖到需要生成套管的构件位置即可。

　　（2）绘图输入界面的楼层切换

　　完成一层的楼板构件创建后，需要进行第二层和第三层楼板的新建，因此，需要先把楼层状态切换至第二层。

　　单击导航栏上方工具条中"首层"旁的下拉列表框按钮，在弹出的楼层选项中，选中对应的楼层即可进行楼层的切换。这里，单击"第 2 层"，便可将楼层状态切换至第二层。重复操作，就可以把第二层和第三层的现浇板构件布置完毕。导航栏上方工具条中楼层切换示意如图 3-2-55。

　　（3）管道的套管

　　① 套管构件的新建。在绘制或识别给排水工程图元过程中，管道图元穿过砌块墙需要计算套管工程量，软件可以自动生成与线式图元相同形状及符合父图元规格的套管图元。当墙体及线式图元二者缺一时，可以通过新建套管，点绘所需套管图元进行布置。布置完现浇板构件就可以通过软件操作自动生成套管了。

图 3-2-55

　　单击导航栏"给排水"构件包中的"零星构件（水）"，此时，在右侧"构件列表"中，单击"新建"按钮，在展开的功能按钮中单击"新建套管"进行套管构件的新建。

　　软件将按默认方式新建构件，其名称为"TG-1"。根据图纸说明信息，这样的零星构件的尺寸要比安装的管道大两号，若仍按管道新建构件的方式来更改名称，套管规格筛查的工作量较大。这里，在"名称"属性值输入信息栏中，不进行任何修改，其他信息也不作修改。新建套管构件及属性默认信息如图 3-2-56。

　　② 生成套管。点击【工程绘制】页签下"管线提量"功能包中的"生成套管"功能按钮，软件会弹出套管"生成设置"窗体。在窗体内设置生成套管位置，墙板分开设置。此功能支持按照不同墙体类型生成不同类型套管，也可以按照不同系统设置不同类型穿板套管；支持墙板套管管径分开设置；支持按照墙板类型及套管类型设置孔洞规格及孔洞类型。进行相关设置后，点击"确定"按钮，将自动进行生成套管的操作。完成操作后，弹出提示框，提示总共识别出套管的数量。套管生成设置窗体如图 3-2-57。

　　识别完毕后，在"构件列表"弹窗中会新增两个构件"TG-2"和"TG-3"，分别对应不同的规格型号。新增的套管构件如图 3-2-58。

　　再利用"动态观察"功能调整视角检查套管以及安装位置的情况，会发现所需加设套管的管道比套管的管径小两号，符合图纸的设计要求。在管道上安装的套管如图 3-2-59。

　　查看设计说明，得知图中还有灭火器图例符号，由于灭火器属于消防工程，不归属于给排水工程，因此不进行计算。

　　进行构件检查时，为了避免其他类型的构件影响观察，需要对其中一些构件进行隐藏。可以先单击绘图区域中任意一个位置，在英文输入法状态下输入想要隐藏的构件对应的构件类型名称后的英文字母（caps lock 开关不受影响），这样，属于这个构件类型的所有构件都会被隐藏掉，如需恢复，再输入一次该构件类型对应的字母即可。

图 3-2-56

图 3-2-57

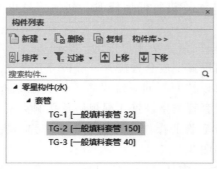

图 3-2-58

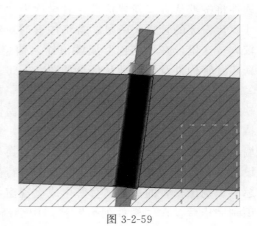

图 3-2-59

3.2.2 喷淋系统算量流程

喷淋系统算量流程如图 3-2-60。

喷淋系统的计算重点和难点同样在于管道。由于喷淋系统的覆盖范围较广，对于管道出水量的要求又很高，因此往往具备下列特点：①喷头数量非常多；②管道管径变化频繁；③连接支管烦琐；④阀门及其他管道附件规格繁多。

针对喷淋系统特点，需要计算下列内容：①喷头；②管道；③管道阀门；④管件及管道

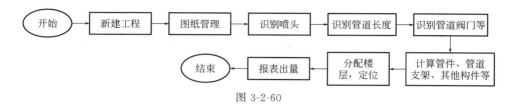

图 3-2-60

支架；⑤其他构件。

　　了解到这些，按照软件规定的操作方法进行操作，才能得出正确、完整的工程量，做到不漏项、不重复。

　　喷淋系统的管道流向也可以看成是给排水管道工程中的给水管流向，因此，经图识别时，楼层的识别应遵循从下到上的顺序逐层进行。根据喷淋系统的算量特点，需要通过软件绘图识别大量的构件，平面图各个构件的绘图输入识别的顺序应按照喷头、管道、管道附件的顺序执行。按照这样的识别顺序，即可开始进行构件的识别或绘图，进而进行工程量计算。

3.2.2.1　喷头计算

（1）新建喷头构件

　　将楼层状态切换至"第－1 层"，按照构件的识别顺序，首先识别喷头。单击构件类型切换栏中的"喷头（消）"，再新建喷头构件。新建喷头构件如图 3-2-61。

图 3-2-61

　　根据图纸信息，喷头采用 ZST15/68 型玻璃闭式喷头，喷头为下垂型喷头，距顶板 500mm。根据这些内容就可以修改刚才新建构件的属性信息（图 3-2-61）。根据工程设置中的工程图纸信息，水平管道敷设高度为"层顶标高－1.1m"，因此，喷头安装高度为"层顶标高－1.6m"。

（2）识别喷头

接下来只需单击软件界面上方"识别/绘制"功能包中的"设备提量"按钮，选中绘图区域中喷头的图例符号，再按照前文识别卫生器具的方法进行操作即可。喷头的图例符号如图 3-2-62，喷头识别的数量提示如图 3-2-63。

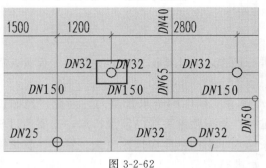

图 3-2-62   图 3-2-63

3.2.2.2 管道计算

按照识别顺序识别管道，首先识别水平管道，即安设于梁下的水平喷淋管道。

（1）喷淋提量

在经典模式的消防专业下，切换到"管道（消）"构件类型下，上方功能区切换到【绘制】页签下，"识别"功能包内包含常用的消防喷淋管道的多个自动识别功能，包括"喷淋提量""标识识别""系统图""选择识别""立管识别""按喷头个数识别""按系统编号识别"等。"喷淋提量"功能位置如图 3-2-64。

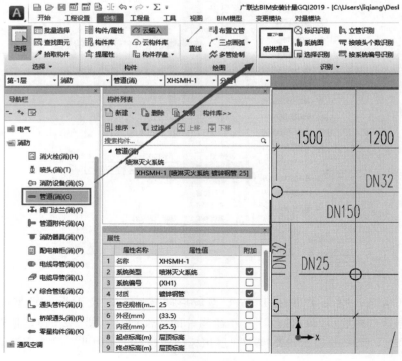

图 3-2-64

操作步骤如下所述。

① 使用导入图纸功能，将消防水专业喷淋系统的图纸导入软件内。

② 触发"喷淋提量"功能，框选需要识别的喷淋系统的全部图纸，右键确认。框选需要识别的喷淋图纸如图 3-2-65。

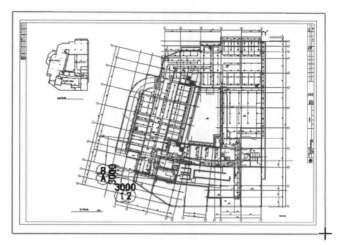

图 3-2-65

③ 在弹出来的识别设置窗体内设置危险等级，以及管道的材质与标高。

"喷淋提量"设置窗体如图 3-2-66。其中："管道材质"与"管道标高"用来设置最后生成的管道图元的材质与标高；"轻危险级"与"中危险级"来自规范，分别代表着不同管径对应的最大喷头个数；"优先按标注计算管径"选项勾选后，在识别时优先按照图纸上的标识来识别管径，无管径时则以喷头个数推算；可以修改不同的管径可对应的最大喷头个数，参考依据来自规范。

图 3-2-66

④ 设置完毕右键确认后绘图区会显示识别结果的预览效果，可查看识别范围内管道的

位置与管径是否正确，识别结果确认无误后点击"生成图元"按钮来生成图元。生成图元效果及"喷淋分区反查"窗体如图 3-2-67、图 3-2-68。

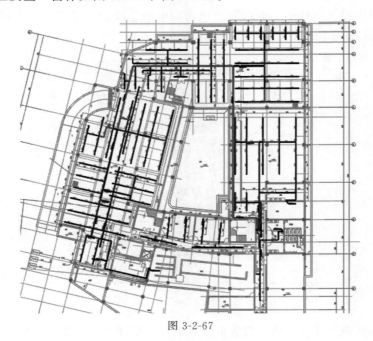

图 3-2-67

图 3-2-68

部分名词解释如下。

"分区"：由起点（水流指示器）至终点（末端试水装置）所有的管道和喷头统称为一个分区。

"无入水口"：整个分区内无入口也没有末端试水装置时，会将该分区标记为无入水口。

"回形系统"：起点（水流指示器）至终点（末端试水装置）存在多个路径，导致软件无法准确按照喷头计算路径上的管径。

"孤立"：存在没有连接管道的喷头。

"管径错误"：连接喷头个数多的管道管径比连接喷头个数少的管道管径小。例如：连接 3 个喷头的管径是 32mm，连接 1 个喷头的管径却是 65mm，所以 65mm 可能是错误管径。

"喷淋分区反查"窗体中功能介绍如下。

"锁定"：防火分区锁定后，被锁定的防火分区不可编辑和变更。

"入水口"：勾选入水口复选框，可以更改入水口，入水口更改后识别结果会联动发生改变。

"单选"：可以选中或者取消选中单根管道的识别效果，绘图区选中预览效果时窗体还可以定位至所在分区。

"多选"：一次性选中同属性的 CAD 线。只能进行补选识别，不能进行批量取消识别。

"补画"：CAD 图纸中存在管线缺少时，可以使用"补画"功能将识别效果补画出来。

"改管径"：触发后选择"预览管道"，可以修改该管道的管径。

 操作技巧

　　避免"回"字形管道操作方法。

　　① 不同分区交错复杂，导致管道"打架"，出现"回"字形时，只需要将其中一个防火分区锁定即可，锁定后的防火分区不再参与计算。

　　② 同一个防火分区内的 CAD 线交叉时没有断开，导致管线错误交叉造成"回"字形时，先取消会"回"字形处的管道识别效果，再在原有的 CAD 线上进行补画，补画时遇到 CAD 线交叉处需要断开，不可一笔直接补画过去。

　　③ 同一个防火分区内的 CAD 线错误连接喷头导致"回"字形时，先取消"回"字形处的管道识别效果，再在原有的 CAD 线上进行补画，补画时遇到喷头时不需要连接上喷头，直接穿过喷头一笔补画过去。

操作技巧

　　管道由于误差导致连接不上喷头。

　　CAD 线紧挨喷头图元，却显示连接 0 个碰头的主要原因如下：

　　① 管道需要在喷头上有断点，CAD 线直接穿过喷头不会视为连接上喷头；

　　② 直接连接喷头的管道 CAD 线的长度要>50mm，如果≤50mm 则会被过滤掉；

　　③ 管线全部被包含在一个喷头图元的范围内时，会被过滤掉。

（2）按系统编号识别

　　① 按系统编号识别的一般操作。单击构件类型切换栏中的"管道（消）"，切换构件功能包界面。接着将界面上方功能区切换到【绘制】页签下，在"识别"功能包内单击"按系统编号识别"按钮，激活此功能。按照状态栏的文字提示，先选择一根表示管道的 CAD 线，这时，图纸中连续的 CAD 管线将会被一次性选中，并在软件中呈深蓝色状态，再选择一个表示管道管径的标示符号，被选中的标示在软件中也呈深蓝色状态，单击鼠标右键，完成操作。按系统编号识别操作界面如图 3-2-69。

　　此时，软件会弹出"管道构件信息"对话框。单击右上角的"建立/匹配构件"按钮，软件会根据对话框中的系统类型、材质和管径等内容，在构件新建及编辑栏中自动创建对应的构件，并按管径进行区分，自动匹配添加到对话框中"构件名称"列；或者双击单元格，点击"⋯"按钮弹出"构件选择"对话框，两种方式均可建立与不同规格的与管径相匹配的构件，"管道构件信息"对话框如图 3-2-70。

　　被自动新建的管道构件默认标高为层顶标高，按照工程图纸中的信息，应该修改为"层顶标高−1.1m"。

图 3-2-69

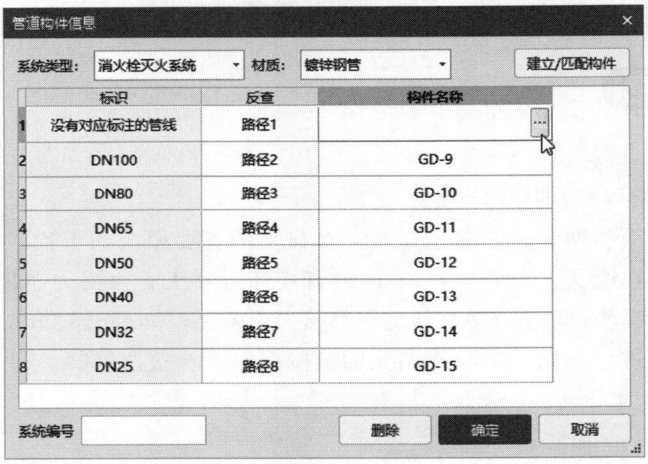

图 3-2-70

　　单击"管道构件信息"对话框右下角的"取消"按钮，关闭对话框，再在定义界面一一选中被自动创建的各个构件，对它们的属性信息——"起点标高"和"终点标高"进行修改，改成"层顶标高－1.1m"即可。

　　接着，仍采用之前的操作方式，选择一根表示管道的 CAD 线和一个表示管道管径的标示符号，单击鼠标右键，重新弹出"管道构件信息"对话框，再单击界面右上角的"建立／匹配构件"按钮，回到对话框中自动匹配的构件状态。

　　② 自动识别的构件反查。软件会根据 CAD 管线附近的管径标示自动识别，并归属到对应的管径构件中去。但有时软件会因 CAD 管线缺少管径标示或 CAD 管线附近存在的管径标示太多而无法准确匹配，因此，需要进行反查。

　　先反查 DN150mm 构件对应的情况。双击"反查"列中"DN150"对应的单元格，这时，单元格会出现"…"按钮，单击该按钮，完成操作，构件反查窗体操作界面如图 3-2-71。

　　此时，软件暂时关闭对话框，在绘图区域中，对应的 DN100 构件选择的管线被标记成

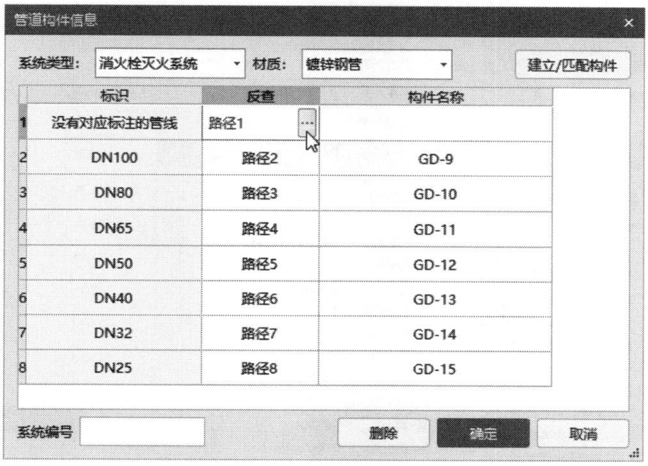

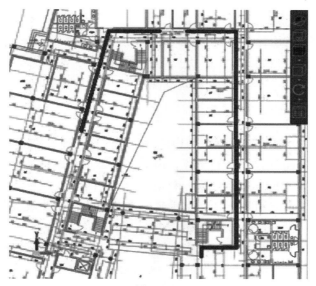

图 3-2-71

绿色，并不断闪烁，提示使用者查看管线位置。被反查的 $DN100$ 构件对应的 CAD 管线如图 3-2-72 中粗线。

图 3-2-72

如需取消其中的某一段，只需单击选中该段闪烁的线段即可。被选中后，该线段将不再闪烁，软件也不会对这些管线进行任何处理。若需要额外添加匹配的线段，则单击没有闪烁的图线即可。需要注意的是，如果软件已对该线段进行了构件的匹配，将会弹出对话框，提示是否进行修改，如需修改，单击"是"即可。利用这些方法就可以检查出各个不同管径的管线对应的路径是否正确。

"管道构件信息"对话框中"没有对应标注的管线"经反查，为"$DN25$"的管线。先双击"构件名称"列中"没有对应标注的"对应的单元格，这时，单元格右侧会出现"⋯"按钮，单击该按钮，在弹出的"选择要识别成的构件"对话框中，选择"$DN25$"的构件，如图 3-2-73。

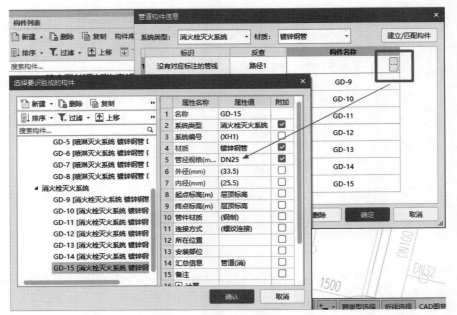

图 3-2-73

软件自动生成的管道构件，均以"GD-数字"形式作为构件的名称，为方便后期处理，应该将这些构件名称修改为"用途＋材质＋空格＋规格型号"的形式。由于构件名属于公有属性，只需要修改"定义"界面构件新建及编辑栏中对应的各个构件属性中相应的内容即可。

（3）批量生成单立管

利用"动态观察"功能查看识别好的构件时，软件只在管道的端头位置自动生成了与喷头连接的立管，而在中间位置并没有形成，因此，需要进行单独处理。由于这样的情况太多，若使用"设备连管"的方法将会十分麻烦。

回到俯视状态，单击界面上方"二次编辑"功能包中的"生成立管"按钮，激活该功能。按照状态栏的文字提示，先选择需要连接立管的设备，即喷头。按照构件的批量选择中介绍的方法，选中所有的喷头，再单击鼠标右键，进行确认。接着在弹出的"选择要识别成的构件"对话框中，双击"DN25"的构件，完成构件关联，这时，软件弹出提示框，提示立管已生成。

再次使用"动态观察"功能，此时，各个立管都已经正确连接在喷头位置。水平管处理完毕后，接下来需要处理立管、阀门以及管道附件等内容，按照 3.2.1 中所述的处理方法操作即可。

3.2.2.3 阀门附件计算

阀门法兰采用点式识别方式。先单击消防专业中"阀门法兰"构件类型，根据图纸设计要求新建阀门法兰，在"属性"编辑器中输入相应的属性值，各操作窗体如图 3-2-74。

然后点击"图例识别"按钮或"标识识别"按钮对整个工程中的阀门法兰分楼层进行自动识别，本案例工程采用"图例识别"功能较为便捷。

对于阀门法兰、管道附件这类依附于管道的图元，需要在识别完所依附的管道图元后再

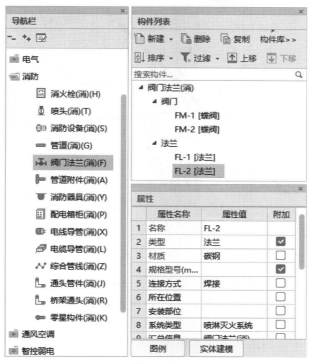

图 3-2-74

进行识别。通过"图例识别"或"标识识别"识别出的阀门法兰，软件会自动匹配出它的规格型号等属性值。

3.2.2.4 附属工程量计算

（1）管道附件识别

采用点式识别方式。单击消防专业中"管道附件"构件类型，根据图纸设计要求新建相应的管道附件，在"属性"编辑器中输入相应的属性值，管道附件有水表、压力表、水流指示器等。点击"图例识别"或"标识识别"选项对整个工程中的管道附件分楼层进行自动识别，本案例工程建议采用"图例识别"较为便捷。

（2）通头管件识别

单击消防专业中"通头管件"构件类型，因为通头多数是在识别管道后自动生成的，所以基本不需要手动建立此构件。

如果没有生成通头或者生成通头错误并执行删除命令后，可以点击工具栏"生成通头"功能，拉框选择要生成通头的管道图元，单击右键，在弹出的"生成新通头将会删除原有位置的通头，是否继续"窗体中点击"是"，软件会自动生成通头。通头管件的三维图如图 3-2-75。

（3）零星构件识别

单击消防专业中"零星构件"构件类型，根据图纸设计要求新建相应的零星构件，在"属性"编辑器中输入相应的属性值，零星构件有：一般套管、普通套管、刚性防水套管等。点击工具栏"自动生成套管"，拉框选择已经识别出的需要由套管进行保护的管道后，单击右键自动生成套管。

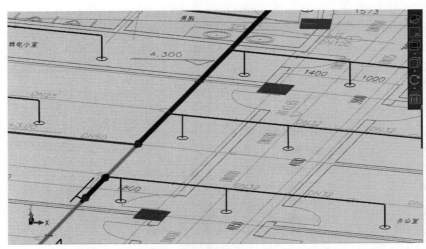

图 3-2-75

　　"自动生成套管"功能主要用于消防管道穿墙或穿楼板套管的生成，软件会自动按照比对应管道的管径大两号的规则生成套管。对于由按照管道的管径取套管规格的情况，可以利用"自适应构件属性"功能，选中要修改规格型号的套管图元，点击右键，选择"自适应构件属性"，在弹出窗体中，勾选自适应属性对应表中的"规格型号"即可。

3.2.3　消火栓系统算量流程

　　消火栓系统算量流程如图 3-2-76。

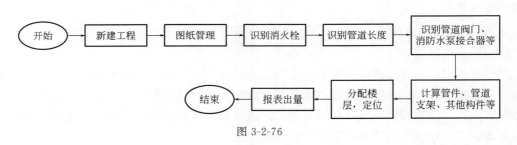

图 3-2-76

　　消火栓管道工程的计算，重点和难点同样在于管道。由于消火栓对管道出水量要求较高，消火栓管道工程往往具备以下特点：①消火栓数量较多；②消火栓连接支管烦琐；③立管数目较多；④阀门及其他管道附件规格繁多；⑤水箱及配套设备零碎。

　　针对消火栓管道工程的特点，需要计算下列内容：①消火栓；②管道；③管道阀门、消防水泵接合器等；④管件及管道支架；⑤其他构件。消火栓管道工程的管道流向可以看成是给排水管道工程的给水管流向，因此，绘图识别时，楼层的识别应遵循从下到上的顺序逐层进行。根据给排水工程的算量特点，需要通过软件绘图识别大量的构件，平面图构件的绘图输入识别顺序为设备→管道→阀门法兰→管道附件。按照这样的顺序，即可开始构件的识别或绘图，进而对工程量进行计算。

　　了解了需要计算的内容，按照软件规定的操作方法进行操作，才能不漏项、不重复地得到正确、完整的工程量。

3.2.3.1　消火栓计算

（1）新建消火栓构件

在构件类型导航栏中，单击"消火栓（消）"，切换至"消火栓（消）"功能包界面，再单击软件上方【绘制】页签中的"消火栓"功能，进行功能内的新建或选择构件，然后识别提量；也可先新建或选择消火栓构件。新建消火栓构件操作界面如图 3-2-77。

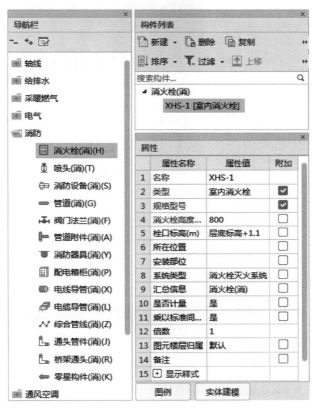

图 3-2-77

（2）识别消火栓

在"识别/绘制"功能包中，单击"识别消火栓"按钮，激活该功能。按照状态栏的文字提示，单击选择需要识别的 CAD 图元。选择完毕，被选中的 CAD 图元在软件中呈深蓝色，再按照状态栏文字提示，单击鼠标右键进行确认，完成操作。此时，弹出"识别消火栓"对话框。在"识别消火栓"对话框中，需要根据图纸情况修改参数设置。"消火栓参数设置"下方有"要识别成的消火栓"，单击其右侧"┉"按钮，弹出"选择要识别成的构件"对话框，可以选择已有消火栓构件，也可以新建消火栓构件，识别消火栓图例操作如图 3-2-78。

根据图纸信息，并参照卫生器具的构件新建过程中构件各项参数设置的方法，完成构件的各项属性信息内容的修改。接着在"选择要识别成的构件"对话框双击"室内消火栓"构件，完成 CAD 图例和构件的关联。

回到"识别消火栓"的对话框界面，在对话框界面最下方，有两组图例，一组为消火栓下部接连接管道示意图，另一组为消火栓侧面接连接管道示意图，可根据图纸情况来选择。

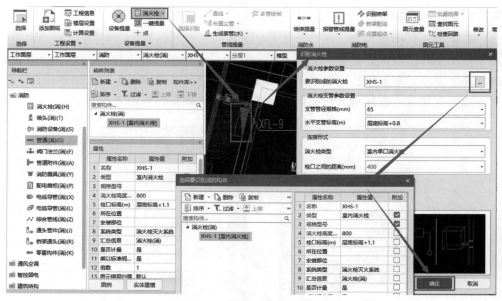

图 3-2-78

　　"消火栓支管参数设置"中内容，根据图纸设计说明要求，管径按默认选为"65"即可；水平支管的安装高度，在图纸中没有交代，这里可以使用软件默认的设置，即层底标高＋0.8m，其他参数无需修改，单击对话框下方的"确定"按钮，完成操作。"识别消火栓"的各项参数设置窗体如图 3-2-79。

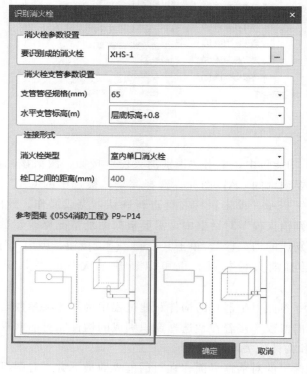

图 3-2-79

最后，会弹出识别的设备数量"提示"对话框，表明识别成功。如果出现管线重合的提示，由于尚未进行管道的识别，可暂不理会，单击"确定"按钮，完成操作。识别的设备数量"提示"对话框如图 3-2-80。

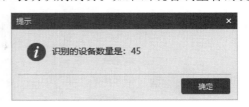

图 3-2-80

识别完毕的消火栓将会自动配置一根连接短管（图 3-2-81），这样就省去了额外处理消火栓连接短管的操作。

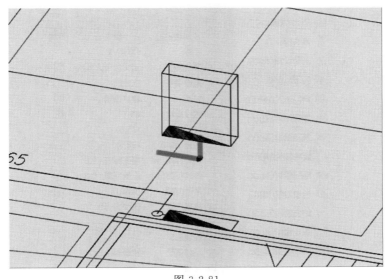

图 3-2-81

观察识别后的连接消火栓的短管，会发现大部分的短管是沿着原始的 CAD 图线进行布置的，但仍有少部分短管未按照此方式布置，甚至是在没有图线的位置完成了短管构件的布置。解决方法是：单击该管道构件，按照管道构件拉伸操作的方法，用鼠标将管道构件的一端拖拽至对应的图线位置。调整完连接短管，使用"检查模型"功能，检查是否仍有消火栓 CAD 图元未被识别成构件，若存在，说明图例符号有差异，存在未被识别的消火栓。为了不影响已识别的消火栓构件，应新建构件，再按照同样的操作识别消火栓。

3.2.3.2　管道计算

（1）新建管道构件

识别完消火栓后，按照消火栓管道工程的绘图顺序，进行管道的识别。在构件类型切换栏中，单击"管道（消）"，切换至管道构件类型。由于在识别消火栓时，连接短管是自动匹配生成的，因此，在构件新建及编辑栏中，存在一个名称为"JXGD-1"的构件，即消火栓连接短管构件。新建管道构件操作界面如图 3-2-82。

仔细观察该构件的"属性"编辑器，会发现存在一些问题。由于是软件自动生成的构件，存在以下问题：①构件名称不符合本书对管道构件命名按照"用途＋材质名称＋空格＋规格型号"形式的要求；②构件的很多内容都是按照默认的方式创建的，其中，"系统类型"默认为"喷淋灭火系统"，显然与实际要求不符；③构件的显示样式也按照默认的样式设置为"灰白色"，因此，需要重新设置这些内容。

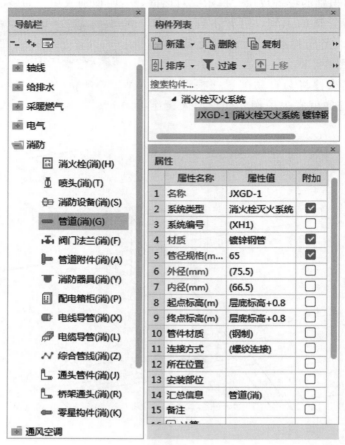

图 3-2-82

　　"名称""系统类型""填充颜色"三项内容，只有"名称"在软件中为蓝色字体，为公有属性，因此，只要在构件的"属性"编辑器按照要求修改"名称"内容，所有的连接短管的构件名称就都会发生改变。其余两项，在软件中为黑色字体，为私有属性，根据前文构件公有属性和私有属性的介绍，必须选中需要修改的构件，才能对构件私有属性内容的修改产生作用。若逐一选中这些构件再进行属性修改，工作量将太大，在实际工作中完全不可行。因此，要修改这两项内容，必须对构件一次性全部选中，才能实现对构件私有属性的快速修改。

　　(2) 识别管道

　　① 立管识别。消火栓给水系统图如图 3-2-83。

　　根据消火栓给水系统图，使用"立管识别"功能或"布置立管"功能，进行立管的识别或绘制。规范要求每台消火栓水泵都必须有独立的吸入口，从消防水池中取水，消防水泵的吸水口不在同一个地方。消火栓系统的水泵按照规范要求必须要有两路管道接入环状管网中，并且在两路管道之间必须设置检修阀门。消火栓水泵必须要设置检查管，定期开启水泵运行，水流从水池抽出并回放到水池中去。由系统图可知接入环状管网的管道标高、水泵吸入口管道标高、压出口标高等信息，水泵吸入口在穿越水池壁时，预埋有柔性防水套管。立管布置完毕后，就可以进行水平管道的识别了。

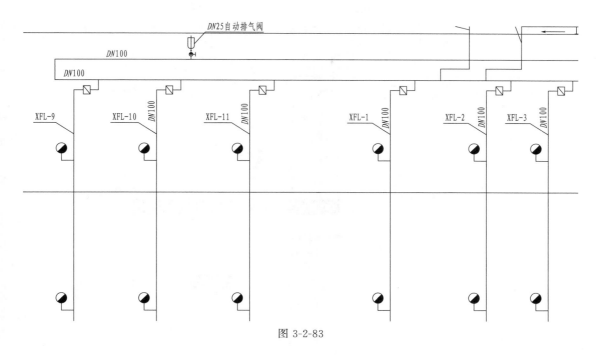

图 3-2-83

② 水平管道的选择识别。按照给水管道识别过程中的各项操作以及本章管道设置方法，不难把所有的水平管道给识别或绘制出来，需要注意的是，新建消火栓管道构件属性信息时，应结合本工程的设计要求和相关标准，并区分其与给水管道构件属性的不同。

应用"选择识别"功能来识别消防水平管道。首选，触发"选择识别"功能，然后在绘图区 CAD 底图上选中需要识别的水平管道，单击鼠标右键，弹出"构件编辑窗口"。这时，单击其中一个"⋯"按钮，将弹出"选择要识别成的构件"对话框，提示进行构件关联，可以新建管道构件，也可以选择已经定义好属性的管道构件。此处与给排水管道识别稍有不同，因实际工程中，有些消火栓管道工程存在连接短立管的情况，因此，软件要求对横管（水平管道）和连接短管分别进行构件的选择关联。本工程不存在这样的情况，因此，上下两个选框都选择同一个构件进行关联即可，单击"确定"按钮，完成对应管道的识别。水平管道的选择识别操作如图 3-2-84。

3.2.3.3　阀门附件计算

采用点式识别方式。单击消防专业中"阀门法兰（消）"构件类型，根据图纸设计要求新建阀门法兰，在"属性"编辑器中输入相应的属性值，新建阀门法兰操作窗体如图 3-2-85。

点击"图例识别"功能或"标识识别"功能对整个工程中的阀门法兰分楼层进行自动识别，本案例工程建议采用"图例识别"较为便捷。

对于阀门法兰、管道附件这类依附于管道的图元，需要在识别完所依附的管道图元后再进行识别。通过"图例识别"功能或"标识识别"功能识别出的阀门法兰，软件会自动匹配出它的规格型号等属性值。

除了自动识别功能，也可以使用手动布置的方法，例如统计蝶阀的个数。以往计算阀门的工程量，多是先识别管道，再识别阀门，才能得到阀门构件的工程量。由于管道在平面图

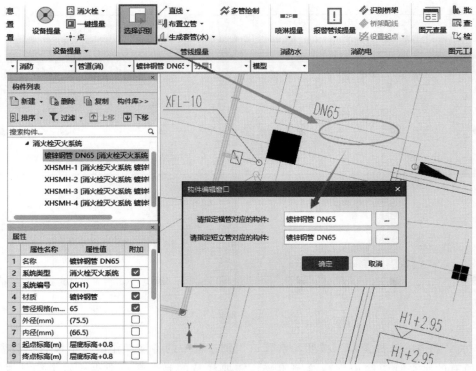

图 3-2-84

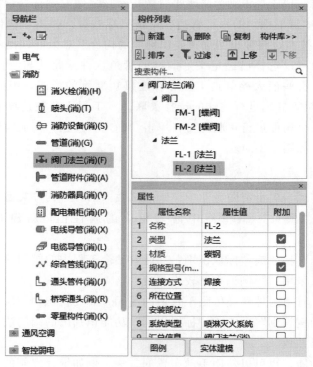

图 3-2-85

已被识别完毕，因此，这里再次识别管道已无实际意义。而软件中提供的阀门识别功能，又必须是在阀门处存在管道构件才能使用。由于这里只需计算阀门的数量，所以不必严苛地执行软件的规定操作，只要能统计出阀门的数量即可。采用在"阀门法兰"构件类型中新建构件的方法，以及利用设备识别或绘图时无需存在管道构件就可被识别的特点，来完成阀门的布置。需注意的是，系统图中不仅立管有蝶阀，水平管也有同样的蝶阀，而水平管的蝶阀，已在之前的操作中识别完毕，为避免重复，不能采用图例识别的方法，而应采用点选布置的方法。

在"阀门法兰（消）"中新建构件，并修改构件属性信息。由于未识别管道，且又不是使用正常识别阀门的方法，因此，必须将蝶阀属性信息中的规格型号描述正确，这样，软件才能计算出对应规格的构件。本工程中，这些安装在立管上的蝶阀，规格为 $DN100$、$DN65$，其中 $DN65$ 蝶阀，安装在屋顶消火栓的支管上，仅有两个。新建阀门构件操作界面如图 3-2-86。

图 3-2-86

单击【工程绘制】页签下"设备提量"功能包中的"点"功能按钮，激活点选布置操作功能，按照状态栏的提示，单击立管上蝶阀 $DN100$ 对应的 CAD 图元，这样在 CAD 图元的位置就会有构件被布置上去。按照这样的方法，对各根立管上的蝶阀依次单击就能完成蝶阀构件手动布置操作。布置完蝶阀 $DN100$，再新建蝶阀 $DN65$，按照同样的方法，布置完毕。最后单击"汇总计算"功能按钮，系统图上零星处理的构件的工程量就被计算出来了。

由于蝶阀 $DN65$ 仅有两个，处理蝶阀构件时，先用蝶阀 $DN100$ 构件，采用"图创"识别出所有的蝶阀，再用单独点选或框选的方式，选中水平管道的蝶阀进行导出并修改蝶阀

$DN65$ 对应位置的构件属性，也能得到相同的结果，但这样的方法，只适合阀门规格唯一或阀门不同规格数量较少的情况。

3.2.3.4　附属工程量计算

（1）管道的支架设置

根据工程所在地区定额的编制说明，塑料给排水管道的支架已在定额中考虑，因此，给排水工程实例中并未对管道支架进行额外的设置。但本节消火栓管道实例工程中，必须对管道支架进行设置。

单击消防管道构件属性信息中支架前的"⊞"，展开支架属性内容信息。

"支架间距设置"需要根据图纸设计要求和相关国家标准才能正确进行。由于图纸只要求管道配置支架，并未给出其他信息，因此，需要查看国家标准《建筑给水排水及采暖工程施工质量验收规范》（GB 50242—2002）对管道支架的规定。

《建筑给水排水及采暖工程施工质量验收规范》（GB 50242—2002）中有关长立管管道支架间距的要求为：①楼层高度小于或等于 5m，每层必须安装 1 个；②楼层高度大于 5m，每层不得少于 2 个；③管卡安装高度，距地面应为 1.5～1.8m，2 个以上管卡应匀称安装，同一房间管卡应安装在同一高度上。

水平管按照最接近的管径对应的内容设置，立管根据安装的楼层高度区分。本实例工程层高有 6m 和 4.2m，根据标准的要求可知：大于 5m 需要设置 2 个支架，小于或等于 5m 只需设置 1 个。因此，将长立管的管道间距设置为 2.5m，这样，既可满足层高为 6m 的楼层管道支架设置要求，又可满足层高为 4.2m 的楼层管道支架设置要求，同时，还节省了反复重新设置的时间。

消防管道构件大部分属于水平管，连接消火栓的弯曲的短立管不属于长立管的范畴，无需考虑支架。"支架间距（mm）"一行输入数值"6000"，只考虑水平管道安装管道支架即可。

关于支架类型，图纸信息并未对管道支架采用的类型作出具体的解释。由于涉及管道支架的国家标准或地区、行业标准较多，因此，无法确定本实例工程所用的支架类型，进而无法得到管道支架的重量。支架类型设置需要点击如图 3-2-87 方框中按钮，弹出"选择支架"窗体，选择对应的支架类型，设置相应的支架参数，确认即可。管道构件属性中支架展开内容以及"选择支架"窗体如图 3-2-87。

设置好支架间距就能计算出管道支架的数量了，而管道支架的类型需要等待设计者针对该部分进行设计变更额外出图，补充参考的标准，才能进行修改。这里，有了支架间距可以统计出支架数量，先做到不漏项即可。

管道的刷油保温与前面给排水管道设置的方法一致，此处不赘述。

（2）通头管件识别

单击消防专业中"通头管件"构件类型，因为通头多数是在识别管道后自动生成的，所以，基本不需要手动建立此构件。

如果没有生成通头或者生成通头错误并执行删除命令后，可以点击工具栏"生成通头"功能按钮，拉框选择要生成通头的管道图元，单击鼠标右键，在弹出的"生成新通头将会删除原有位置的通头，是否继续"确认窗体中点击"是"，软件会自动生成通头。通头管件的三维图如图 3-2-88。

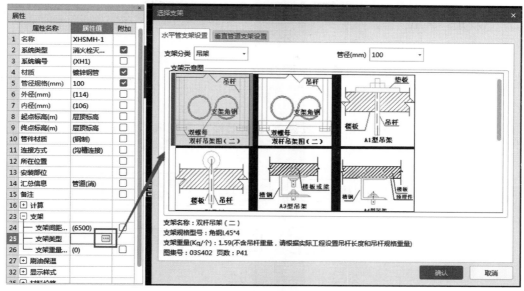

图 3-2-87

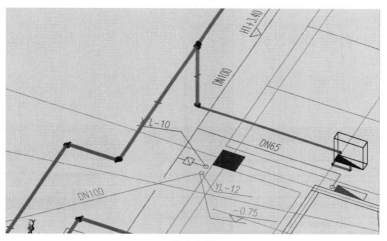

图 3-2-88

（3）零星构件识别

单击消防专业中"零星构件"构件类型，根据图纸设计要求新建相应的零星构件，在"属性"编辑器中输入相应的属性值，零星构件有：一般套管、普通套管、刚性防水套管等。点击工具栏"自动生成套管"功能按钮，拉框选择已经识别出的需要由套管进行保护的管道后，单击右键自动生成套管。

"自动生成套管"功能主要用于消防管道穿墙或穿楼板套管的生成，软件会自动按照比对应管道的管径大两个号的规则生成套管。对于由按照管道的管径取套管规格的情况，可以利用"自适应构件属性"功能完成。选中要修改规格型号的套管图元，点击鼠标右键，选择"自适应构件属性"功能按钮，在弹出的窗体中，勾选上自适应属性对应表中的"规格型号"即可。

3.3 暖通专业

3.3.1 采暖专业——散热器算量流程介绍

3.3.1.1 软件操作流程

通过软件智能识别，快速完成采暖燃气专业工程量的计取。软件操作流程如图 3-3-1 所示。

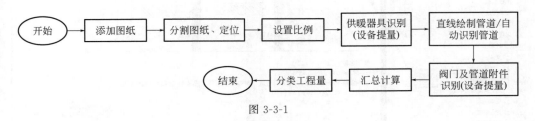

图 3-3-1

（1）添加图纸

① 应用场景。新建采暖工程，选择要算量的专业，导入图纸，做好前期的算量准备工作。

② 操作流程。

a. 双击"广联达 BIM 安装计量"图标，进入软件开始界面，单击"新建"，进入"新建工程"窗体，如图 3-3-2。

b. 新建完工程后，弹出绘图界面，单击"图纸管理"窗体中的"添加"按钮，进行添加，如图 3-3-3。

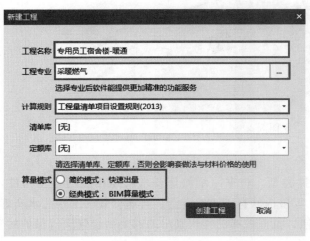

图 3-3-2

图 3-3-3

（2）楼层设置

① 应用场景。按照图纸设计要求，建立对应的楼层关系，为后续的识别和模型查看提供条件。

② 操作流程。单击【工程设置】页签下的＜楼层设置＞按钮，弹出"楼层设置"窗体，

如图 3-3-4。

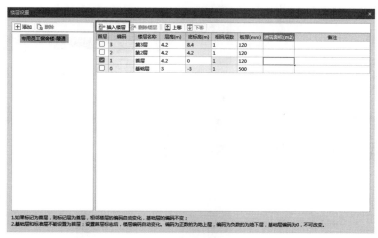

图 3-3-4

（3）定位、分割图纸

① 应用场景。将 CAD 图纸添加到对应楼层，进行逐层建模算量，从而实现按楼层出量和查看三维模型。

② 操作流程。

a.定位。单击"图纸管理"窗体中"定位"按钮［图 3-3-5(a)］，单击弹出的"状态栏"中的"交点"按钮，选择定位点后，生成"×"标记［图 3-3-5(b)］方框中图形。

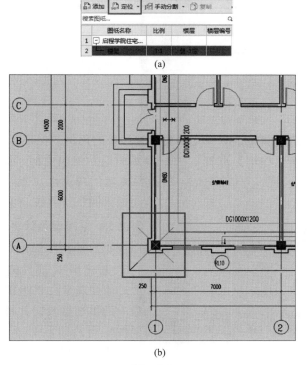

图 3-3-5

　　b. 分割图纸。单击"图纸管理"窗体中"手动分割"按钮，拉框选择要拆分的 CAD 图，右键弹出窗体（图 3-3-6～图 3-3-8）。

图 3-3-6

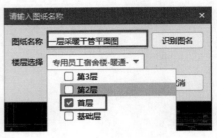

图 3-3-7

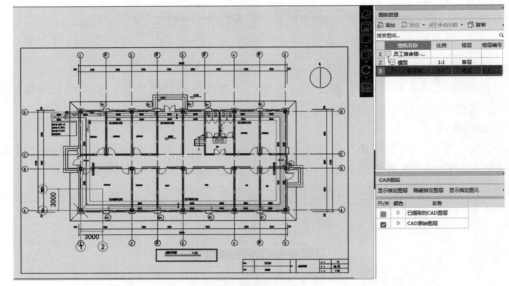

图 3-3-8

（4）设置比例

　　① 应用场景。在进行算量前，一定要先检查图纸的比例，保证算量结果的准确性。

　　② 操作流程。单击【绘图】页签下"CAD 编辑"功能包中的"设置比例"按钮，拉框选择要设置比例的图纸范围，右键确认，选择要测量的两端点位置，弹出"尺寸输入"窗体，输入调整值（图 3-3-9、图 3-3-10）。

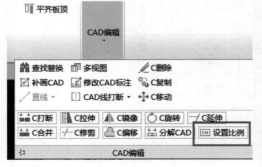

图 3-3-9

3.3.1.2　采暖设备计算

　　散热器计算操作如下。

　　① 新建构件/属性编辑器。

　　a. 应用场景。根据图纸设计要求新建案例工程中的供暖器具，并根据设计要求填写相应的属性。

　　b. 操作流程。在【绘图】页签下，单击左侧导航栏采暖燃气专业中的"供暖器具（暖）"

构件类型，新建供暖器具，在其"属性"栏中修改名称和类型等信息（图 3-3-11）。

图 3-3-10

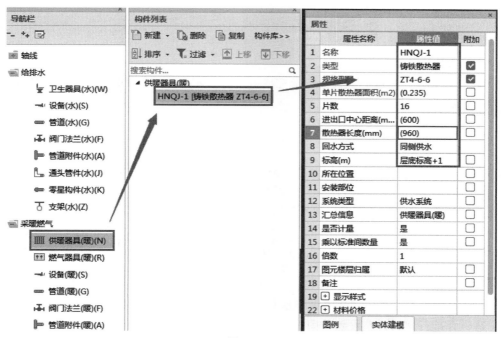

图 3-3-11

② 设备提量。

a. 应用场景。选择代表散热器的 CAD 图例，可以一次性将形状一样的同类设备全部识别完成。

b. 操作流程。点击【绘图】页签下识别功能包中"设备提量"按钮，选择要识别的 CAD 图例，右键确认后弹出"构件选择"窗体，选择已建立好的构件类型，确认后，可以将相同图例全部识别（图 3-3-12）。

图 3-3-12

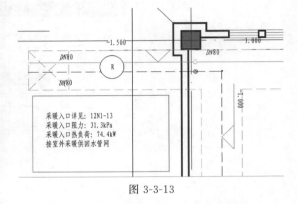

图 3-3-13

3. 3. 1. 3　管道计算

（1）干管的计算

① 入户管计算。根据图纸设计要求完成入户管（图 3-3-13、图 3-3-14）的绘制以及外墙皮预留的绘制。

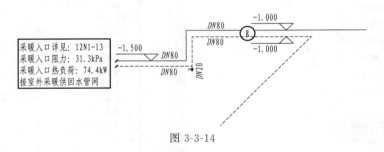

图 3-3-14

直线绘制操作如下。

a. 在【绘图】页签下，单击左侧导航栏采暖燃气专业下"管道（暖）"构件类型，"新建"管道，并进行"属性"设置（图 3-3-15）。

b. 单击【绘图】页签中＜直线＞命令，弹出"直线绘制"窗体（图 3-3-16、图 3-3-17）。

c. 在"安装高度"窗体中输入安装高度。考虑入户管外墙皮要预留 1.5m，在绘制时，需勾选绘图区上方"点加长度长度"，输入要预留的长度值，然后进行绘制（图 3-3-18）。

② 干管计算。干管的计算分为供水管和回水管，根据图示标高和管径进行量取（图 3-3-19）。

a. 直线绘制。结合看平面图和系统图，可以看出管道在入户后，进行了翻弯的设计，在直线绘制管道时，需要进行相应标高的调整，可以在直线绘制窗体中直接修改，采用"上扣""下扣"绘制，也可绘制完再统一进行标高属性的调整，操作详见①入户管计算内容（图 3-3-20、图 3-3-21）。

图 3-3-15

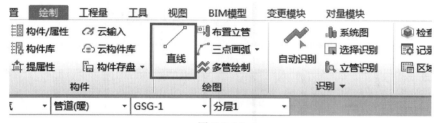

图 3-3-16

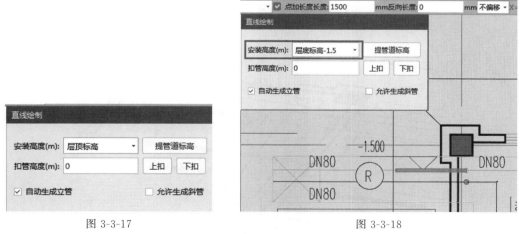

图 3-3-17　　　　　　　　　　　　　图 3-3-18

b. 自动识别。可以按照图纸中标注的 CAD 线和标识快速完成整条回路的算量。

ⅰ.【绘制】页签下，单击"识别"功能包中"自动识别"按钮，如图 3-3-22。

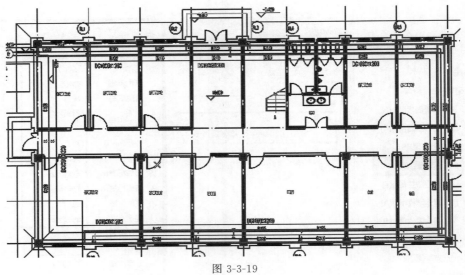

图 3-3-19

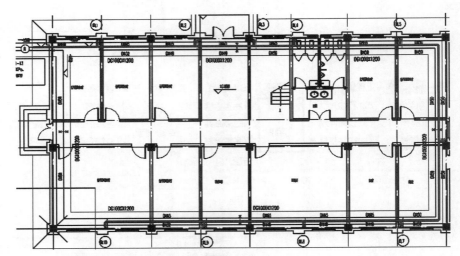

图 3-3-20

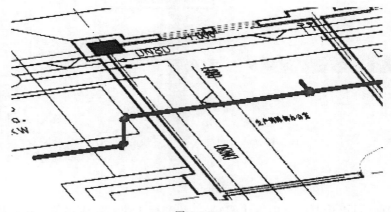

图 3-3-21

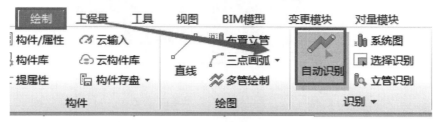

图 3-3-22

ⅱ. 选择图纸中要识别的 CAD 线和标识，右键确认后弹出窗体如图 3-3-23。

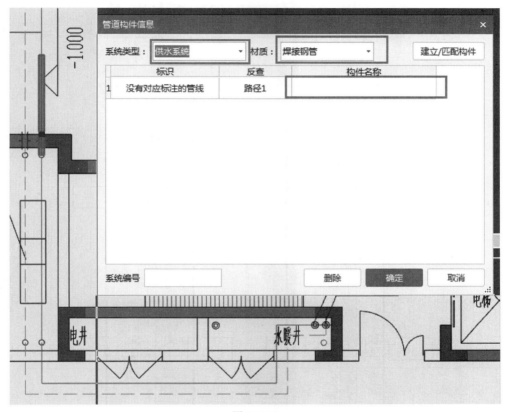

图 3-3-23

ⅲ. 在"管道构件信息"窗体中，选择要识别成的构件名称，双击"构件名称"单元格，选择对应构件，然后点击"确定"，如图 3-3-24。

ⅳ. 生成管道图元，进行标高的调整，调整后的标高差会自动生成立管，如图 3-3-25。

（2）立管计算

根据图纸设计，快速布置竖向管道。

①【绘制】页签下，单击"绘图"功能包中＜布置立管＞命令，弹出图 3-3-26 所示窗体，选择立管布置方式为"布置变径立管"。

② 单击窗体中"添加"按钮，进行构件的添加，然后设置对应的起点标高和终点标高，进行立管布置，生成立管图元，如图 3-3-27。

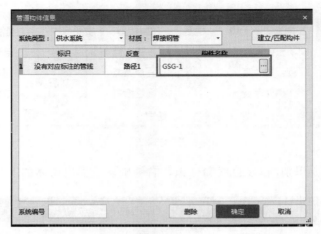

图 3-3-24

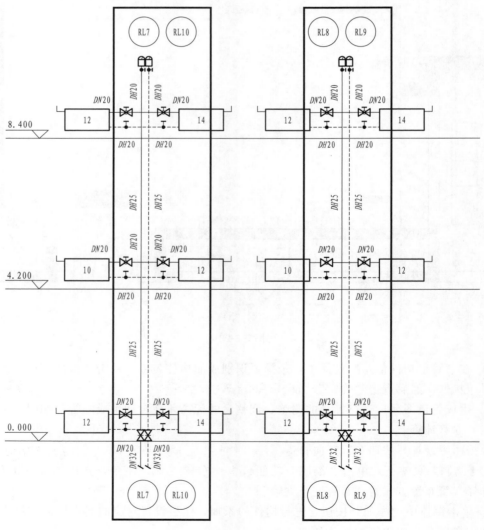

图 3-3-25

图 3-3-26

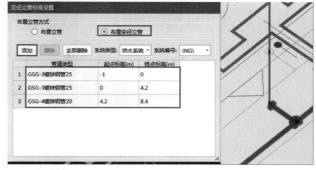

图 3-3-27

3.3.1.4　阀门附件计算

（1）水平管阀门计算

① 点绘。通过"点绘"的方式快速完成阀门的布置。

a. 点击【绘图】页签下绘图功能包中"点绘"按钮，新建阀门构件，在"属性"编辑器下方的"图例"按钮中双击图例窗体，弹出节点构造图，选择对应的图例，进行布置。操作界面如图 3-3-28。

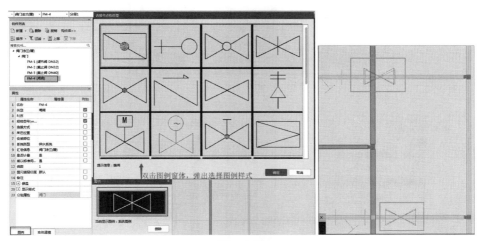

图 3-3-28

b. 布置完成后，通过"自适应属性"功能，可以快速匹配管道规格。点击"自适应属性"按钮，点选或拉框选择要适应的阀门图元，右键确定后弹出"构件属性自适应"窗体，勾选要适应的属性，确定后软件会按照对应管道规格生成阀门规格。操作界面如图 3-3-29～图 3-3-32。

图 3-3-29

图 3-3-30

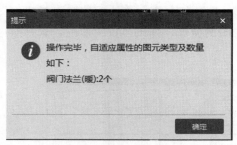

图 3-3-31

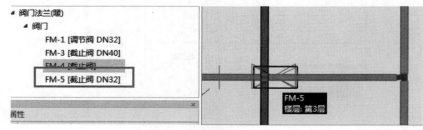

图 3-3-32

② 设备提量。选择代表阀门的 CAD 图例，可以一次性将形状一样的同类阀门全部识别完成。

点击【绘图】页签下识别功能包中"设备提量"按钮，选择要识别的 CAD 图例，右键确认后弹出"构件选择"窗体选择已建立好的构件类型，点击"确认"，软件可以将相同图例全部识别，再通过"自适应属性"功能将管道规格"适应"到阀门规格型号上（图 3-3-33）。

（2）立管阀门计算

点击【绘图】页签下绘图功能包中"点绘"按钮，新建阀门构件，可以在属性编辑器下方的图例按钮中双击图例窗体，弹出节点构造图，选择对应的图例，设置好标高后（图 3-3-34）进行布置，布置效果见图 3-3-35。

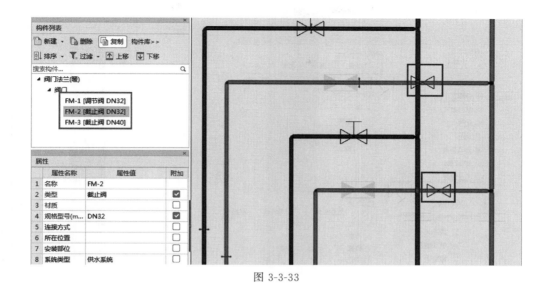

图 3-3-33

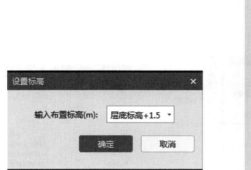

图 3-3-34　　　　　　　　　　　　　　　　图 3-3-35

3.3.1.5　附属工程量计算（以套管为例）

当管道穿过墙或楼板时，根据相交关系，软件会自动生成穿墙、穿楼板套管。

（1）识别墙

① 在【绘制】页签下，单击左侧导航栏建筑结构专业下"墙"构件类型，新建墙，进行属性设置（图 3-3-36）。

② 点击【绘制】页签下"识别"功能包中"自动识别"按钮，选择两条代表墙的 CAD 线，右键选择首层，点击"确定"生成墙图元（图 3-3-37、图 3-3-38）。

（2）生成套管

切换到采暖专业的"零星构件"下，显示墙图元（快捷键 Q），点击"生成套管"功能，生成套管。界面操作及效果如图 3-3-39～图 3-3-41。

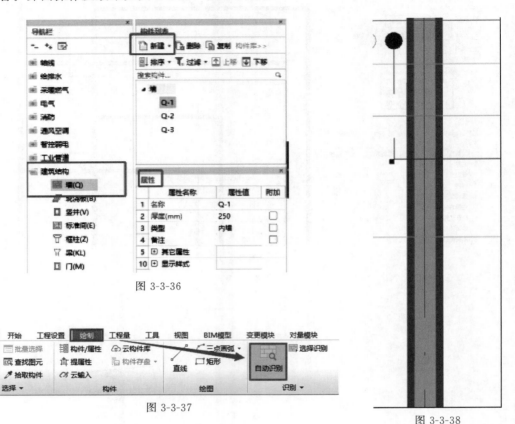

图 3-3-36

图 3-3-37

图 3-3-38

图 3-3-39

图 3-3-40

3.3.2　采暖专业——地采暖算量流程介绍

3.3.2.1　软件操作流程

通过软件智能识别，快速完成采暖燃气专业工程量的计取。以某工程为例，软件操作流程如图 3-3-42 所示。

（1）添加图纸

① 应用场景。首先新建工程，选择要算量的专业，然后导入图纸，做好前期的算量准备工作。

② 操作流程。

a. 双击"广联达 BIM 安装计量"图标，进入软件开始界面，单击"新建"进入"新建工程"窗体（图 3-3-43）。

图 3-3-41

图 3-3-42

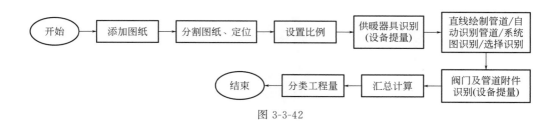

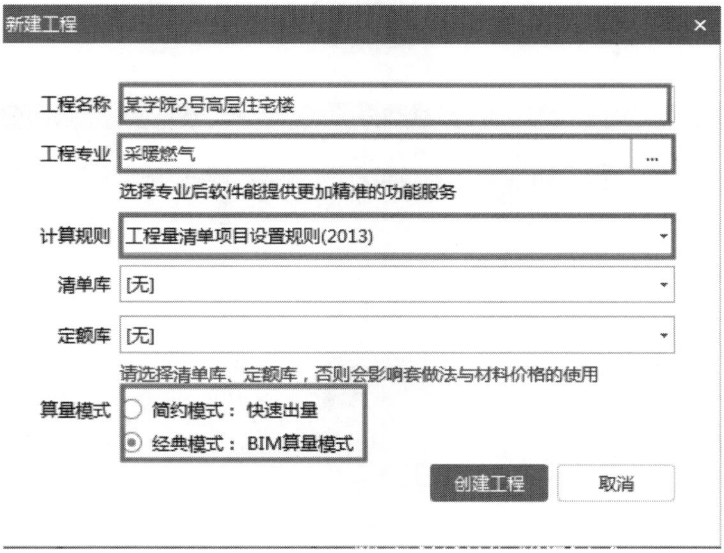

图 3-3-43

b.创建工程完成后，弹出绘图界面，单击右侧"图纸管理"窗体中的"添加"按钮，进行图纸添加，图纸添加完成后界面如图 3-3-44。

（2）楼层设置

a.应用场景。按照图纸设计要求，建立对应的楼层关系，为后续的识别和模型查看提供条件。

b.操作流程。单击【设置】页签下的＜楼层设置＞按钮，弹出楼层设置窗体（图 3-3-45）。

（3）定位、分割图纸

① 应用场景。将 CAD 图纸添加到对应楼层，进行逐层建模算量，从而实现按楼层出量和查看三维模型。

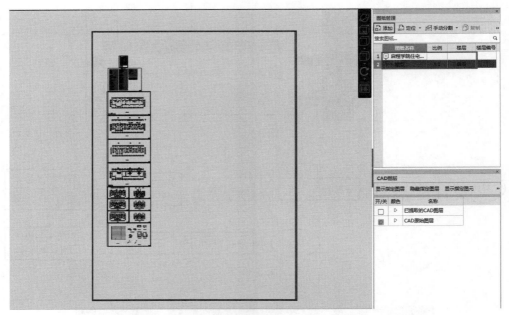

图 3-3-44

首层	编码	楼层名称	层高(m)	底标高(m)	相同层数	板厚(mm)	建筑面积(m2)	备注
☐	12	屋面层	4.77	31.8	1	120		
☐	11	第11层	2.8	29	1	120		
☐	10	第10层	2.9	26.1	1	120		
☐	9	第9层	2.9	23.2	1	120		
☐	8	第8层	2.9	20.3	1	120		
☐	7	第7层	2.9	17.4	1	120		
☐	6	第6层	2.9	14.5	1	120		
☐	5	第5层	2.9	11.6	1	120		
☐	4	第4层	2.9	8.7	1	120		
☐	3	第3层	2.9	5.8	1	120		
☐	2	第2层	2.9	2.9	1	120		
☑	1	首层	2.9	0	1	120		
☐	-1	第-1层	3.3	-3.3	1	120		
☐	0	基础层	3	-6.3	1	500		

1.如果标记为首层,则标记层为首层,相邻楼层的编码自动变化,基础层的编码不变;
2.基础层和标准层不能设置为首层;设置首层标志后,楼层编码自动变化,编码为正数的为地上层,编码为负数的为地下层,基础层编码为0,不可改变。

图 3-3-45

② 操作流程。

a. 定位。

单击"图纸管理"窗体中"定位"按钮（图 3-3-46），点击下方状态栏中的"交点"按钮（图 3-3-47 方框中图标），选择定位点后，生成如图 3-3-48 方框中"×"标记。

b. 分割图纸。单击"图纸管理"窗体中"手动分割"按钮，拉框选择要拆分的 CAD 图，右键弹出窗体（图 3-3-49～图 3-3-51）。

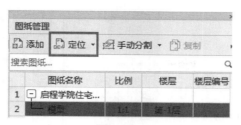

图 3-3-46

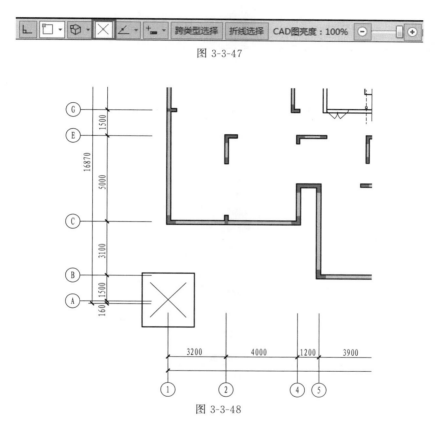

图 3-3-47

图 3-3-48

图 3-3-49

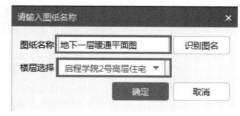

图 3-3-50

（4）设置比例

① 应用场景。采暖专业中平面图和大样图的设计比例是不一样的，在进行算量时，要调整为统一的比例，以保证算量结果的一致性。

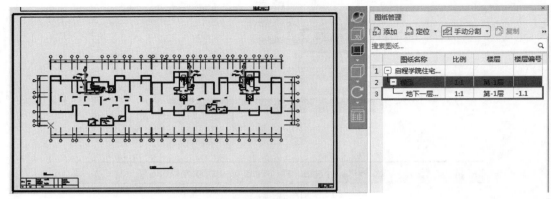

图 3-3-51

② 操作流程。

a. 单击【绘图】页签下 "CAD 编辑" 功能包中的 "设置比例" 按钮，拉框选择要设置比例的图纸范围，然后选择要测量的两端点位置，弹出 "尺寸输入" 窗体，输入调整值。操作界面如图 3-3-52～图 3-3-54。

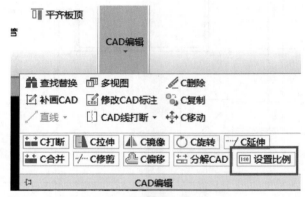

图 3-3-52

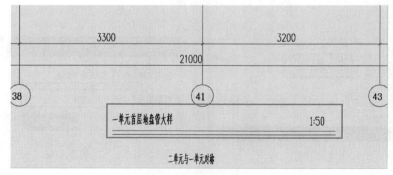

图 3-3-53

b. 点击 "确定" 后比例确定为 1∶100。如要检查设置的比例是否正确，可以通过【工具】页签下 "辅助" 工具包中的＜测量两点间距离＞进行比例的检查确认（图 3-3-55）。

图 3-3-54

图 3-3-55

（5）计算规则设置

① 应用场景。不同专业的计算规则不一样，在算量前，要按照图纸设计说明或相关清单、定额规范进行软件中规则的设置，确保算量的准确性。

② 操作流程。

a. 单击"工程设置"功能包中"计算设置"按钮，弹出窗体（图 3-3-56）。

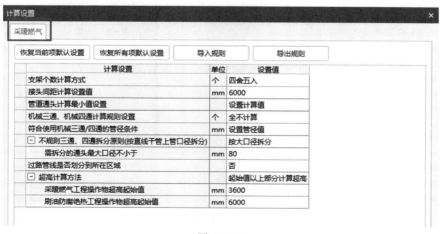

图 3-3-56

b. 窗体中，可以对各个"设置值"进行调整，默认值是根据相关清单、规范给定的，在本案例工程中按默认值执行。

3.3.2.2 采暖设备计算

（1）入户设备计算

采暖热力入口装置如图 3-3-57。

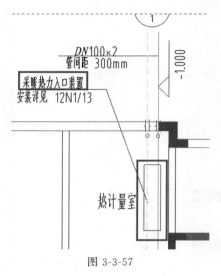

图 3-3-57

① 新建构件/属性编辑器。

a. 应用场景。根据图纸设计要求新建案例工程中的供暖器具，并根据设计要求填写相应的属性内容。

b. 操作流程。在"绘图"界面，单击左侧导航栏采暖燃气专业中"供暖器具（暖）"构件类型，新建供暖器具，在其"属性值"中修改名称和类型。操作界面图 3-3-58。

② 设备提量。

a. 应用场景。选择代表采暖热力入口装置 CAD 图例，可以一次性将形状一样的同类设备全部识别完成。

b. 操作流程。点击【绘图】页签下识别功能包中"设备提量"按钮，选择要识别的 CAD 图例，右键确认后弹出"构件选择"窗体，选择已建立好的构件类型，点击"确认"，可以将同类构件全部识别完成（图 3-3-59）。

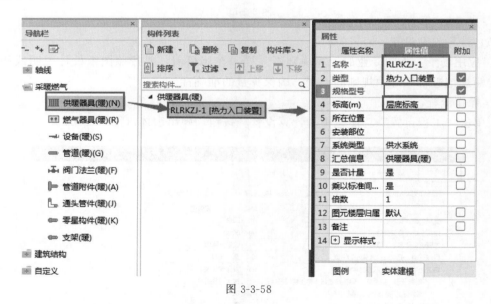

图 3-3-58

（2）采暖分集水器（图 3-3-60、图 3-3-61）计算

① 新建构件/属性编辑器。

a. 应用场景。根据图纸设计要求新建案例工程中的供暖器具，并根据设计要求填写相应的属性内容。

b. 操作流程。在"绘图"界面，单击左侧导航栏采暖燃气专业中"供暖器具（暖）"构件类型，新建供暖器具，在其"属性值"中修改名称和类型，具体操作同图 3-3-58。

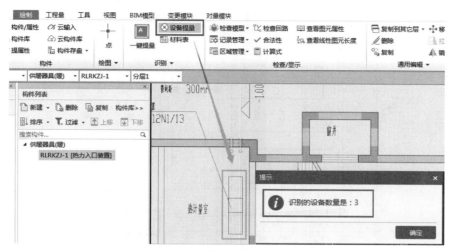

图 3-3-59

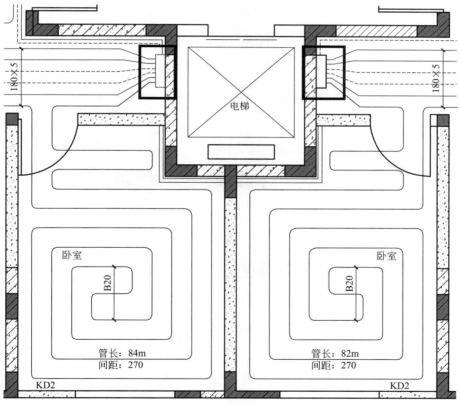

图 3-3-60

② 设备提量。

a. 应用场景。选择代表采暖热力入口装置 CAD 图例，可以一次性将形状一样的同类设备全部识别完成。

b. 操作流程。点击【绘图】页签下识别功能包中"设备提量"按钮，选择要识别的

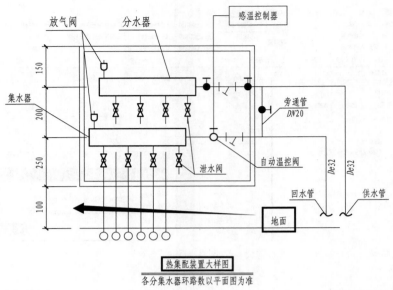

热集配置装置大样图

各分集水器环路数以平面图为准

图 3-3-61

CAD 图例，右键确认后弹出"选择要识别成的构件"窗体，选择对应构件类型，点击"确认"，可以将相同图例全部识别完成（图 3-3-62、图 3-3-63）。

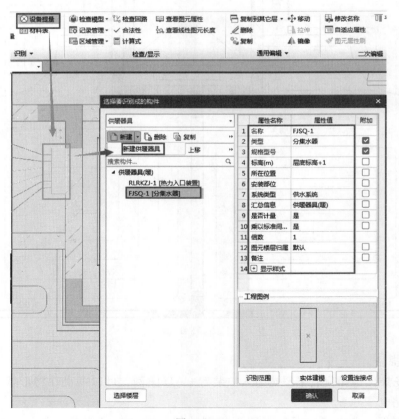

图 3-3-62

3.3.2.3　管道计算

（1）干管计算

根据图纸中的预留长度、标高等信息完成入户
管及干管的绘制以及外墙皮预留的绘制（图 3-3-64、
图 3-3-65）。

① 入户管计算。根据图纸设计要求完成入户管
的绘制以及外墙皮预留的绘制。

图 3-3-63

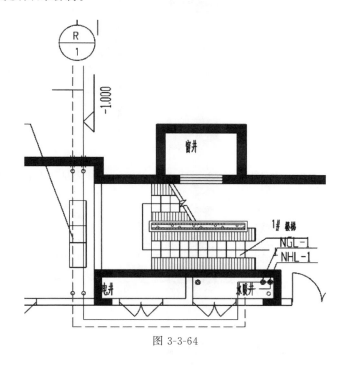

图 3-3-64

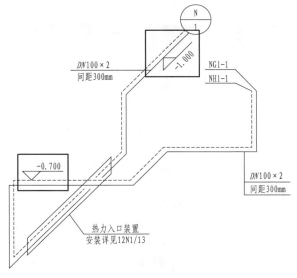

图 3-3-65

ⅰ.在【绘图】页签下，单击左侧导航栏采暖燃气专业下"管道（暖）"构件类型，新建管道，进行属性设置。操作界面如图 3-3-66。

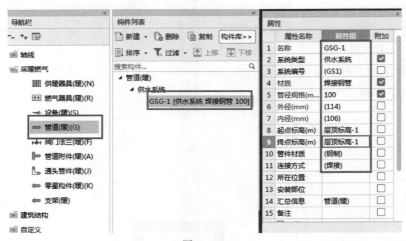

图 3-3-66

ⅱ.单击"绘图"功能包中"直线"命令，弹出"直线绘制"窗体，如图 3-3-67、图 3-3-68。

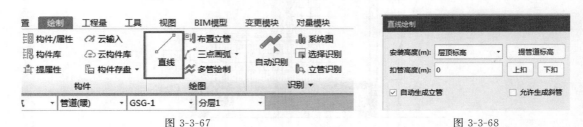

图 3-3-67　　　　　　　　　　　　　　　　图 3-3-68

ⅲ.窗体中输入安装高度。考虑入户管外墙皮要预留 1.5m，在绘制时，需勾选绘图区上方"点加长度长度"，输入要预留的长度值，进行绘制（图 3-3-69）

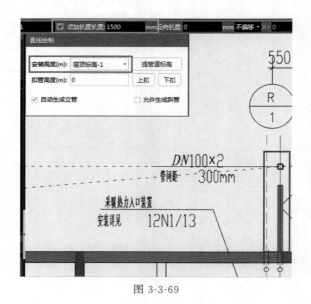

图 3-3-69

② 干管（图 3-3-70）计算。

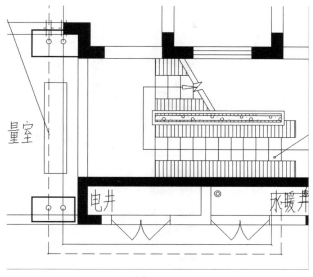

图 3-3-70

a. 直线绘制。结合看平面图和系统图，可以看出管道在入户后，进行了翻弯的设计，在直线绘制管道时，需要进行相应标高的调整，可以在"直线绘制"窗体中直接修改，采用"上扣""下扣"绘制，也可绘制完后统一进行标高属性的调整操作，详见 3.3.1.3（1）中①入户管计算内容（图 3-3-71、图 3-3-72）。

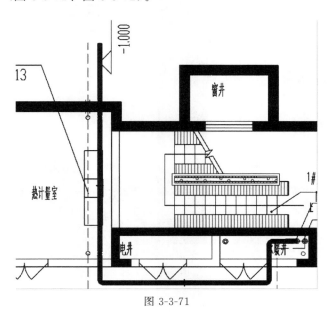

图 3-3-71

b. 自动识别。可以快速按照图纸中标注的 CAD 线和标识完成整条回路的算量。

ⅰ. 在【绘制】页签下，单击"识别"功能包中＜自动识别＞按钮（图 3-3-73）。

ⅱ. 选择图纸中要识别的 CAD 线和标识，右键确认后弹出窗体如图 3-3-74。

ⅲ. 在"管道构件信息"窗体中，选择要识别成的构件名称，双击"构件名称"单元格，

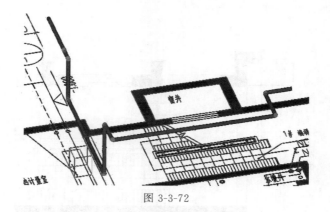

图 3-3-72

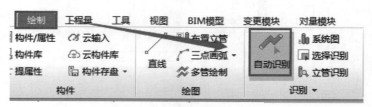

图 3-3-73

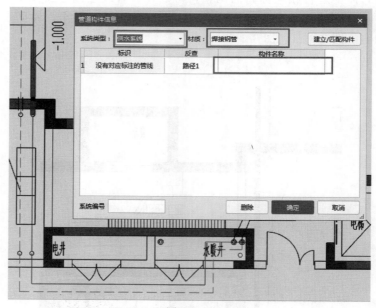

图 3-3-74

选择对应构件，然后点击确定，如图 3-3-75。

ⅳ. 生成管道图元，进行标高的调整，调整后的标高差会自动生成立管，如图 3-3-76。

（2）立管的计算（图 3-3-77）

① 立管识别（系统图）。根据系统图，快速提取立管标高、管径、编号等信息，形成构件系统树，智能定位平面图中立管对应位置，进行算量。

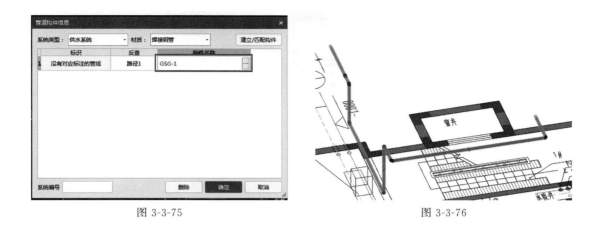

图 3-3-75　　　　　　　　　　　　　　　图 3-3-76

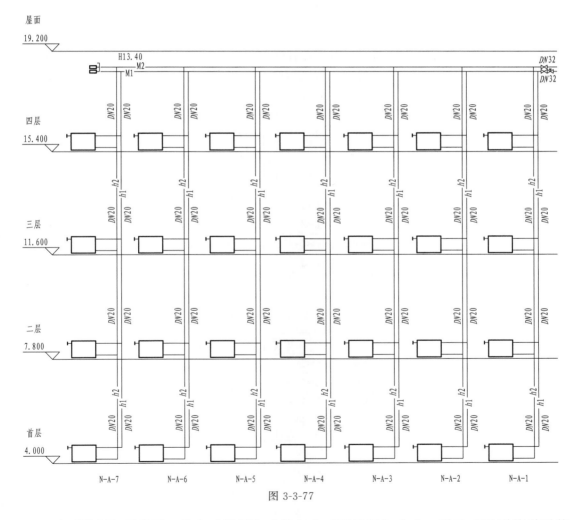

图 3-3-77

a. 在【绘制】页签下，单击"识别"功能包中"系统图"命令，弹出"识别管道系统图"窗体（图 3-3-78）。

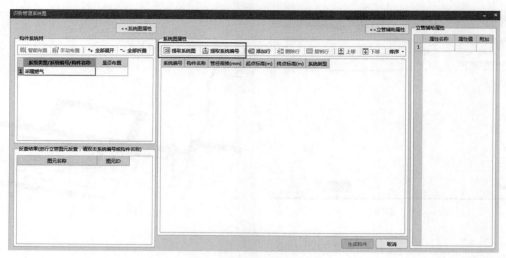

图 3-3-78

b. 单击窗体中"提取系统图"按钮，查看状态栏提示信息，选择一根代表立管的竖直 CAD 线及系统编号的标识，右键确认，再次右键确认弹出窗体，窗体中显示提取的系统编号及构件信息，输入标高属性（图 3-3-79、图 3-3-80）。

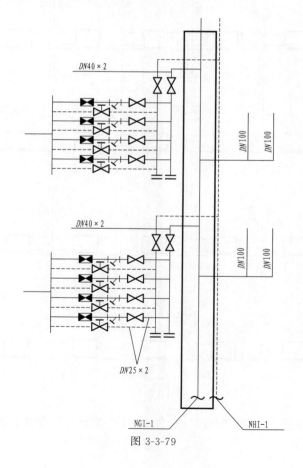

图 3-3-79

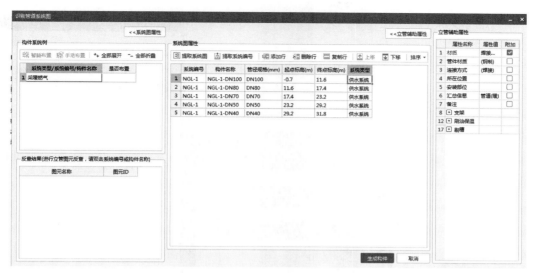

图 3-3-80

　　c. 系统图属性编辑完成后，点击"生成构件"，左侧窗体中会生成构件系统树（图 3-3-81）。
　　d. 系统树建立后，可以选择智能布置和手动布置两种方式。单击"智能布置"，弹出"布置结果"窗体（图 3-3-82、图 3-3-83）。

图 3-3-81

图 3-3-82

　　e. 生成立管图元。在系统图窗体左侧构件系统树下方生成图元名称及图元 ID，点击单元格可以进行绘图区图元的反查（图 3-3-84、图 3-3-85）。
　　② 立管绘制（布置立管）。根据图纸管道设计走向，快速进行竖向管道绘制。
　　a.【绘制】页签下，单击"绘图"功能包中"布置立管"命令，弹出"变径立管标高设置"窗体，选择立管布置方式为"布置变径立管"（图 3-3-86）。

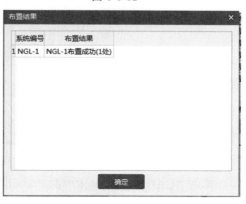

图 3-3-83

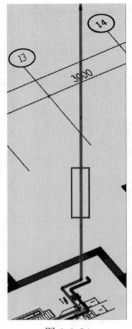
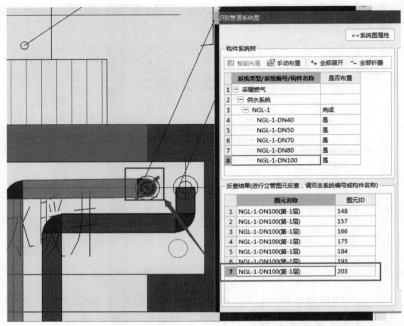

图 3-3-84　　　　　　　　　　　　　　　图 3-3-85

图 3-3-86

b. 单击"添加"按钮，进行构件的添加。设置对应的起点标高和终点标高，进行立管布置，生成立管图元（图 3-3-87、图 3-3-88）。

（3）支管的计算（图 3-3-89）

地暖敷设管（图 3-3-89）的计算分为按延长米计算和按面积计算，软件有选择识别和自定义面两种方式可选择，下面分别对两种算量方式进行介绍。

① 选择识别。快速完成地暖管长度的计算。

a. 单击"CAD 图层"窗体中的"显示指定图层"按钮，图区显示全部地暖管（图 3-3-90、图 3-3-91）。

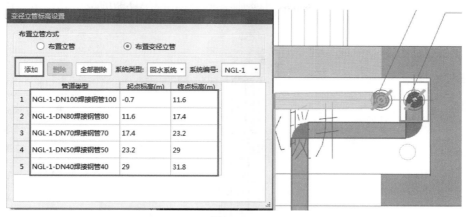

图 3-3-87

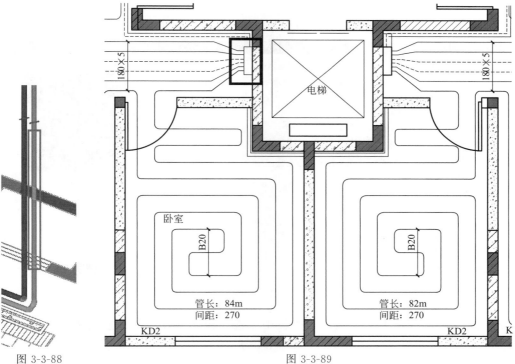

图 3-3-88

图 3-3-89

图 3-3-90

b. 单击 "识别" 功能包中 "CAD 识别选项"，调整选中 CAD 弧的最小直径值 (图 3-3-92、图 3-3-93)。

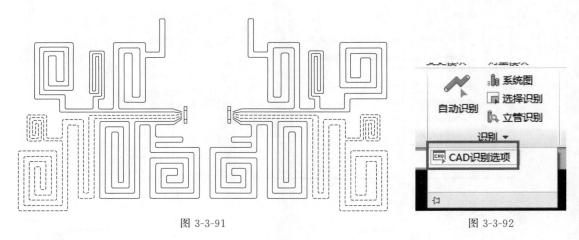

图 3-3-91

图 3-3-92

1 设备和管连接的误差值(mm)	20	
2 连续CAD线之间的误差值(mm)	1000	
3 判断CAD线是否首尾相连的误差值(mm)	5	
4 作为同一根线处理的平行线间距范围(mm)	5	
5 判断两根线是否平行允许的夹角最大值(单位为度)	4	
6 选中标识和要识别CAD图例之间的最大距离(mm)	500	
7 水平管识别时标识和CAD线的最大距离(mm)	500	
8 拉框选择操作中，允许选中CAD弧的最小直径(mm)	10	
9 管线识别的图层和颜色设置	按相同图层和相同颜色进行识别	
10 表示管线有标高差的圆圈最大直径值(mm)	500	
11 作为同一组标注处理的最大间距(mm)	2000	
12 可以合并的CAD线之间的最大间距(mm)	3000	
13 设备提量中参照设备与候选设备的比例大小设置	50%以上	

CAD识别选项

选项示例

选项说明

对管线识别的范围进行设置

恢复所有项默认设置   确定   取消

图 3-3-93

c. 点击 "确定"，单击 "识别" 功能包中 "选择识别" 按钮，框选代表地暖管的 CAD 线，右键确认后生成图元 (图 3-3-94、图 3-3-95)。

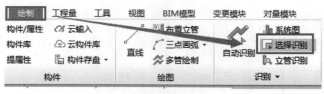

图 3-3-94

② 自定义面。快速完成地暖管面积的计算。

a. 点击导航栏 "自定义→自定义面"，新建自定义面 (图 3-3-96)。

b. 在【绘制】页签下，单击 "绘图" 功能包中 "直线" 命令，进行面积的绘制，按绘制结果，生成地暖管面积图元（图 3-3-97）。

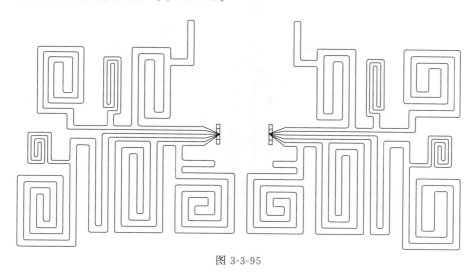

图 3-3-95

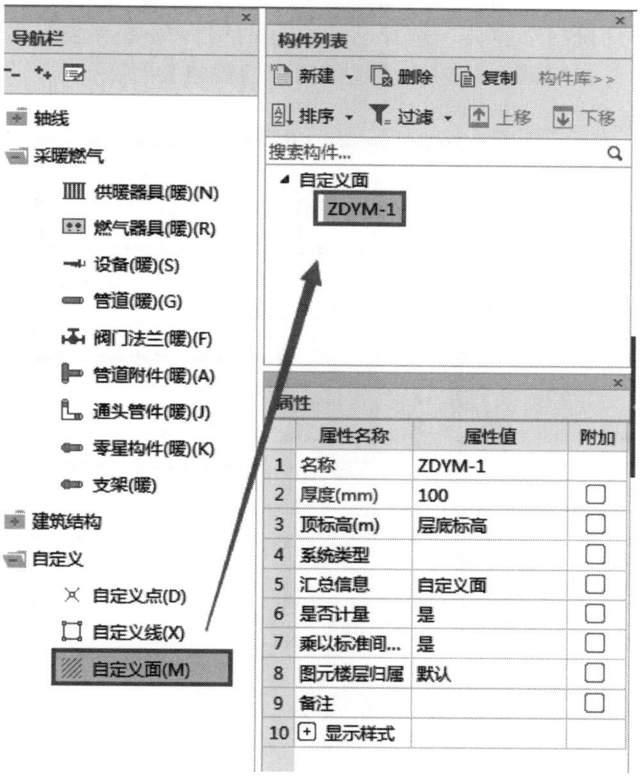

图 3-3-96

3. 3. 2. 4　阀门附件计算

（1）水平管阀门计算。

① 设备提量。选择代表阀门的 CAD 图例，可以一次性将形状一样的同类阀门全部识别
完成。

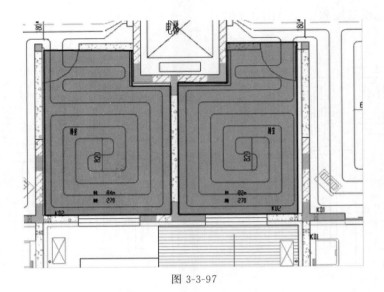

图 3-3-97

点击【绘图】页签下"识别"功能包中"设备提量"按钮,选择要识别的 CAD 图例,右键确认后弹出"构件选择"窗体,选择已建立好的构件类型,点击"确认",可以将同类构件全部识别完成,并且可以自适应管道规格到阀门规格型号上(图 3-3-98)。

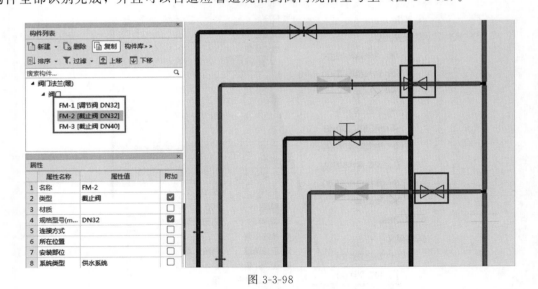

图 3-3-98

② 点绘。CAD 图中标识不全或者未标识的,可以通过点绘的形式布置。

a. 点击【绘制】页签下"绘图"功能包中"点"按钮,新建阀门构件,可以在"属性"编辑器下方的"图例"窗口中双击图例,弹出节点构造图,选择对应的图例进行布置(图 3-3-99)。

b. 布置完成后,通过"自适应属性"功能,可以快速匹配管道规格。点击"自适应属性"按钮,点选或拉框选择要适应的阀门图元,右键确认后弹出"构件属性自适应"窗体,勾选要适应的属性,确定后按照对应管道规格生成阀门规格(图 3-3-100~图 3-3-103)。

(2)立管阀门计算。立管上布置阀门、管道附件具体操作同采暖专业——散热器中阀门附件的计算，这里不再详细讲解。

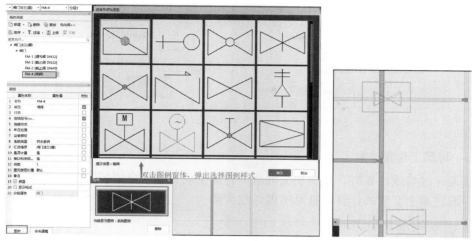

图 3-3-99

图 3-3-100

图 3-3-101

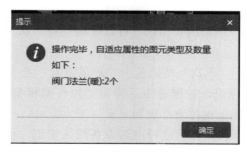

图 3-3-102

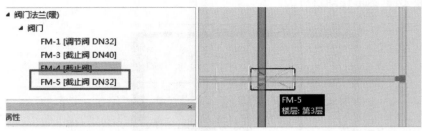

图 3-3-103

3.3.2.5 附属工程量计算

当管道穿过墙或楼板时，根据相交关系，自动生成穿墙、穿楼板套管，具体操作同采暖专业——散热器中套管的计算，这里不再详细讲解。

3.3.3 通风空调专业

3.3.3.1 软件操作流程

通过软件智能识别，快速完成通风空调专业工程量的计取。案例工程软件操作流程如图 3-3-104。

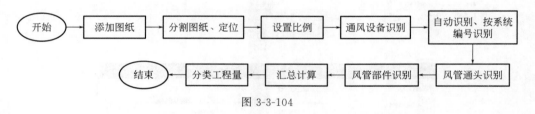

图 3-3-104

在采暖专业讲解中，已经对添加图纸、分割图纸、定位、设置比例的操作流程进行了详细的讲解，通风空调算量的前期导图工作同采暖专业，不再另行说明，读者可以结合前文内容进行通风空调专业的实操。

3.3.3.2 通风空调设备计算

（1）新建构件/属性编辑器

根据图纸设计要求新建案例工程中的通风设备，并根据设计要求填写相应的属性信息。

单击"绘图"界面左侧导航栏通风空调专业中"通风设备（通）"构件类型，新建风机盘管，在其属性值中修改名称和类型（图 3-3-105）。

（2）通风设备识别

选择代表风机盘管的 CAD 图例和标识，可以一次性将形状一样编号不一样的同系列设备全部识别完成。

① 点击【绘图】页签下"识别"功能包中"通风设备"按钮，将光标移到 CAD 图中，选择要识别的 CAD 图例和标识，右键选中后弹出"构件编辑窗口"，按图纸要求填入属性值，点击"确认"，可以将同类构件全部识别完成（图 3-3-106）。

② 点击"确认"按钮，软件自动进行空调设备图元识别，识别完成后，弹出识别数量提示窗体（图 3-3-107）。

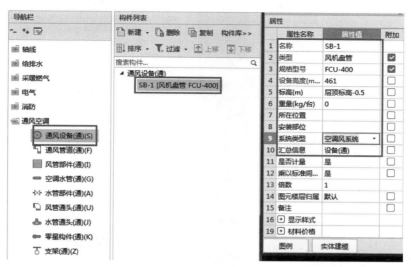

图 3-3-105

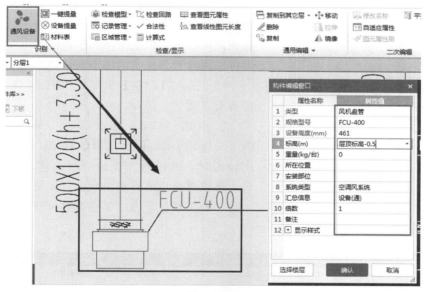

图 3-3-106

图 3-3-107

③ 对本层唯一的新风机设备采用同样的方法进行识别，按照图纸的要求输入属性内容，如图 3-3-108。

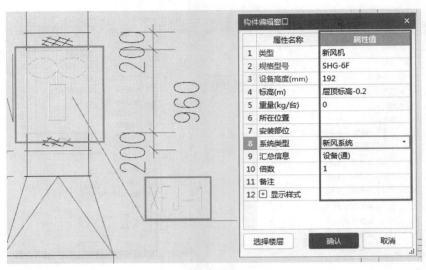

图 3-3-108

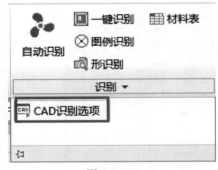

图 3-3-109

④ 在识别通风设备的过程中，有些图纸会出现图例与标识距离较远而不能识别的情况；或者图例与标识距离较近，识别了不属于该图例的标识，在软件中可以通过调整设置值的方式来解决这个问题。

a. 点击在【绘制】页签下"识别"功能包中的下拉箭头（图 3-3-109）。

b. 点击"CAD 识别选项"弹出对话框，如图 3-3-110 所示，可在此修改数值。当图例与标识距离较远时，可以调大该值；当图例与标识对应错误时，可以调小该值。调整后就可以更好地识别建模。

（3）工程量参考。某框架办公楼通风空调工程通风设备工程量参考如图 3-3-111。

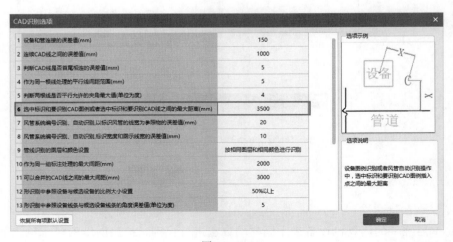

图 3-3-110

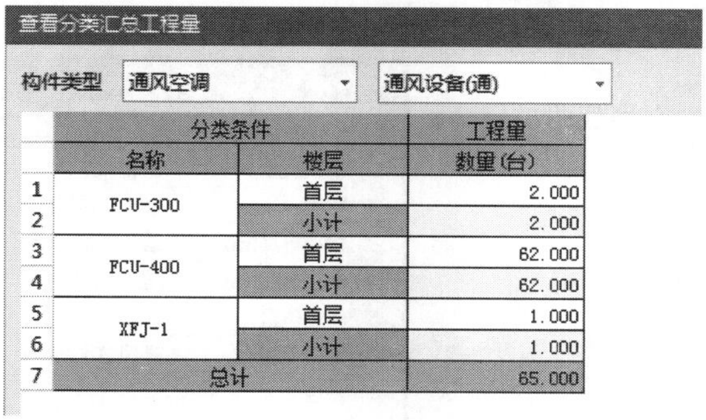

图 3-3-111

3.3.3.3　通风空调管道计算

（1）空调风系统风管计算

① 新建构件/属性编辑器。根据图纸设计要求新建案例工程中的风管，并根据设计图纸要求填写相应的管道属性信息。

在【绘图】页签下，单击左侧导航栏采暖燃气专业下"管道（暖）"，选择"通风空调专业→通风管道"，在构件列表点击"新建矩形风管"，新建风管尺寸为 500mm×120mm 的风管构件，根据设计要求设置其他属性定义（图 3-3-112）。

② 风管自动识别。一次性将 CAD 图纸中风管按不同规格全部识别完成。

a. 在【绘图】页签下，单击<自动识别>功能按钮，绘图区光标变为"回"字形时鼠标左键单击选择与空调设备相连的代表空调回风管的两条 CAD 线和对应的风管尺寸标注 500×120，此时软件中管道与标识尺寸为选中状态蓝色，单击鼠标右键确认，生成本层全部空调回风管图元，若风管端头与已识别的风机盘管连接可自动生成黄色风管表示风管软连接（图 3-3-113～图 3-3-115）。

b. 若风管识别时存在较大的设备与管连接的误差值，可以通过调整"CAD 识别选项"操作，快速完成识别操作。

图 3-3-112

c. 点击【绘图】页签下"识别"功能包中的下拉箭头，再点击"CAD 识别选项"弹出对话框修改数值，确认后使用"自动识别"功能，即可全部识别完成（图 3-3-116、图 3-3-117）。

（2）新风系统风管计算

对本层的新风管道采用与空调系统同样的方法进行识别。

① 按照图纸的要求输入属性值（图 3-3-118、图 3-3-119）。

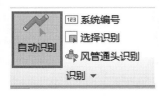

图 3-3-113

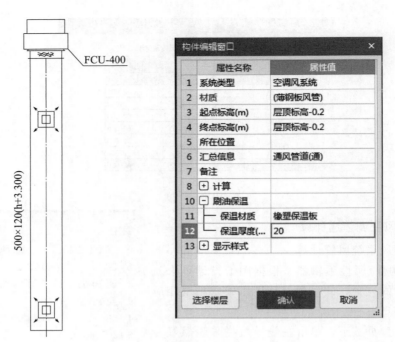

图 3-3-114

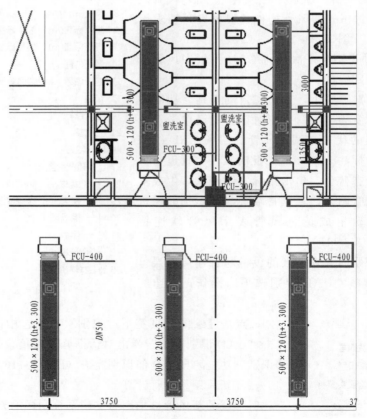

图 3-3-115

图 3-3-116

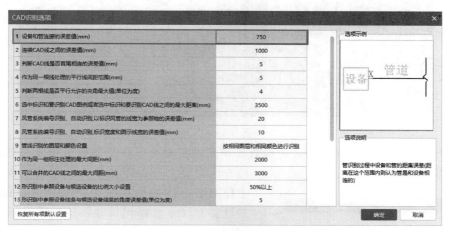

图 3-3-117

② 在进行风管识别时，可以选择多个楼层一次性全部识别。在弹出的"构建编辑窗口"中左下角单击"选择楼层"按钮，弹出"选择楼层"窗体（图 3-3-120）。

图 3-3-118

图 3-3-119

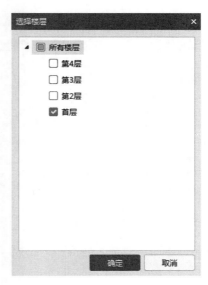

图 3-3-120

③ 单击"确认"，被选择的楼层全部识别完成（图 3-3-121）。

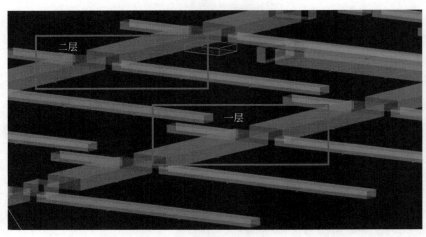

图 3-3-121

④ 当发现部分管道未识别时，先检查要识别的管道与已识别的管道形状是否相同，再检查该管道上是否存在没有标识的现象。本案例工程图纸中连接风机的风管采用的是圆形风管，并且管道尺寸与标识尺寸不符，需重新进行识别（图 3-3-122）。

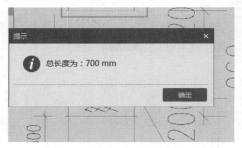

图 3-3-122

a. 首先调整"CAD 识别选项"，修改误差数值，确认后，使用"自动识别"功能，进行新风系统送风管的建模（图 3-3-123）。

b. 单击"自动识别"功能按钮，在绘图区中，选择代表新风风管的两条 CAD 线和对应的风管尺寸标注，此时管道与标识尺寸在软件中为蓝色选中状态，右键确认后弹出窗体，然后生成图元（图 3-3-124）。

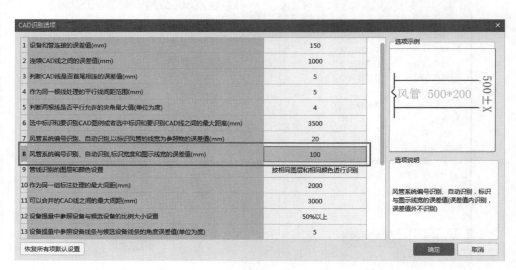

图 3-3-123

c.此时，风机与风管之间会自动生成软接头，如果发现连接风机的管道未生成时，可以直接进行风管的拉伸，软接会自动生成连接管道（图 3-3-125）。

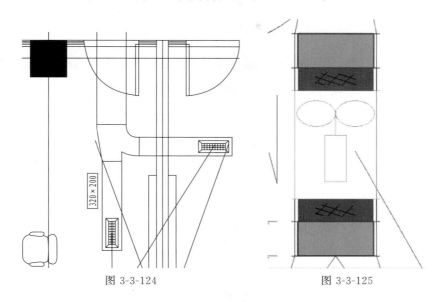

图 3-3-124　　　　　　　　　　图 3-3-125

（3）工程量参考

某学院框架办公楼通风空调工程风口工程量参考如图 3-3-126、图 3-3-127。

		分类条件				工程量		
	名称	截面尺寸	楼层	管径(宽×高)	长度(m)	展开面积(m²)	保温体积(m³)	保护层面积(m²)
1	JXFG-1	<空>	首层	500×120	261.261	323.963	7.139	376.
2				小计	261.261	323.963	7.139	376.
3			小计		261.261	323.963	7.139	376.
4		小计			261.261	323.963	7.139	376.
5	JXFG-2	<空>	首层	400×200	209.674	251.608	5.556	293.
6				小计	209.674	251.608	5.556	293.
7			小计		209.674	251.608	5.556	293.
8		小计			209.674	251.608	5.556	293.
9	JXFG-3	<空>	首层	630×320	34.455	65.464	1.411	72.
10				小计	34.455	65.464	1.411	72.
11			小计		34.455	65.464	1.411	72.
12		小计			34.455	65.464	1.411	72.
13	JXFG-4	<空>	首层	1000×320	44.945	118.654	2.528	127.
14				小计	44.945	118.654	2.528	127.
15			小计		44.945	118.654	2.528	127.
16		小计			44.945	118.654	2.528	127.
17	JXFG-5	<空>	首层	1250×400	7.131	23.533	0.498	24.
18				小计	7.131	23.533	0.498	24.
19			小计		7.131	23.533	0.498	24.

查看分类汇总工程量　　构件类型 通风空调　　通风管道(通)　□软接头

设置构件范围　设置分类及工程量　导出到Excel　导出到已有Excel　☑显示小计　　　退出

图 3-3-126

3.3.3.4　风管阀门附件计算

（1）风口计算

快速完成风口的数量统计，并且可以根据风口规格型号等，自动生成与风口连接的短立管。

① 在【绘图】页签下，左侧导航栏通风空调专业中选择风管部件，单击"风口"按钮（图 3-3-128）。

图 3-3-127

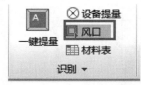

图 3-3-128

② 单击选择代表风口的图例，此时图例在软件中为蓝色选中状态，单击鼠标右键确认，弹出"选择要识别成的构件"窗体，点击"新建"按钮，可在构件属性栏设置其对应属性，在属性栏下方可以选择竖向风管的材质（图 3-3-129）。

③ 点击"确定"按钮，软件自动进行风口模型、风口与水平风管之间的竖向风管模型的生成（图 3-3-130、图 3-3-131）。

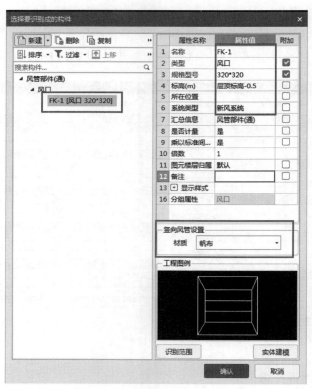

图 3-3-129

④ 工程量参考。某学院框架办公楼通风空调工程风口工程量参考如图 3-3-132。

（2）风阀计算

根据所选的 CAD 图例，快速完成同类风阀的数量统计。

图 3-3-130

图 3-3-131

查看分类汇总工程量				
构件类型	通风空调 ▼		风管部件(通) ▼	

	分类条件				工程量
	名称	楼层	类型	规格型号	数量(个)
1	FK-1	首层	风口	320×320	64.000
2				小计	64.000
3			小计		64.000
4		小计			64.000
5	总计				64.000

图 3-3-132

① 在【绘图】页签下，左侧导航栏通风空调专业中选择风管部件，单击"设备提量"按钮，选择要识别的图例，右键确认后弹出"选择要识别成的构件"窗体。

② 新建风管部件，输入类型、规格型号等属性值，点击"确认"按钮，生成图元（图 3-3-133、图 3-3-134）。

图 3-3-133

图 3-3-134

图 3-3-135

3.3.3.5 附属工程风管通头量计算

根据生成的风管图元，批量快速生成风管通头。

① 切换至通风空调专业中的通风管道构件下，在【绘图】页签下，触发"风管通头识别"按钮（图 3-3-135）。

② 在绘图区中，按住鼠标左键框选该层的全部新风管道后，点击鼠标右键批量生成该层的风管通头模型（图 3-3-136）。

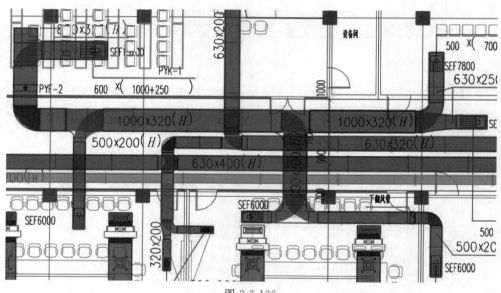

图 3-3-136

第④章

工程量套取清单及定额的应用指导

本章内容为工程量套取清单及定额的应用指导。本章帮助读者朋友们了解在广联达 BIM 安装计量中套取清单定额的应用流程以及清单定额报表导入广联达云计价平台 GC-CP5.0 的应用流程。

4.1 工程量套做法的概述

广联达 BIM 安装计量工程量套做法是将工程量集中进行套取清单、定额，并将套取的清单定额导入到广联达计价软件中。可方便造价人员将工程量快速转入到计价工作中。

集中套做法适用于：①编制招标清单，即工程量上套取工程量清单；②编制控制价，即工程量上套取清单及定额；③在有招标清单的基础上套取定额。如图 4-1-1。

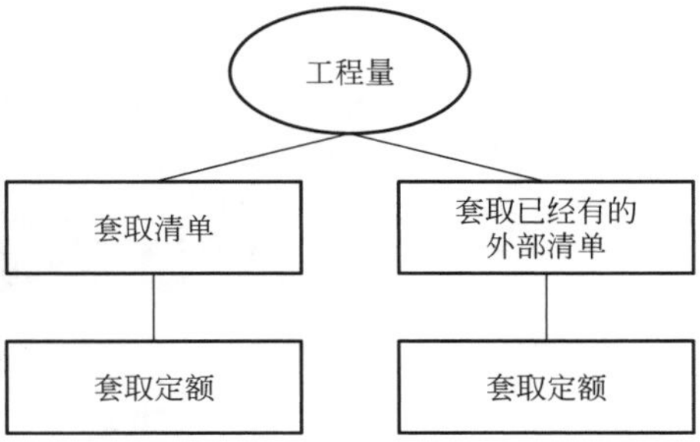

4.1.1 前期注意事项

进入"套做法"：在广联达 BIM 安装计量软件
中，"套做法"功能在【工程量】页签下，单击进入"套做法"页面（图 4-1-2）。

图 4-1-1

图 4-1-2

使用"集中套做法"前的准备及注意事项如下。

①"集中套做法"中的工程量条目受"汇总计算"影响，在使用前需要按照需要进行汇

总计算操作，并正确选择汇总计算的范围；

② 使用集中套做法需要提前指定清单库及定额库，单击"自动套用清单"功能，此时可能出现"找不到默认的清单库"提示，如图 4-1-3。

图 4-1-3

如出现该提示，应先关闭集中套做法界面，到【工程绘制】页签下单击"工程信息"进入到"工程信息"修改窗体中分别通过双击"清单库""定额库"属性值调出下拉菜单，进而选择对应的清单库及定额库（图 4-1-4）。如属性值中的下拉菜单没有对应的清单库或定额库，则需要通过广联达官方渠道下载对应地区的清单库或定额库。

图 4-1-4

4.1.2　界面介绍

"集中套做法"整体界面如图 4-1-5，分为 5 个区域。

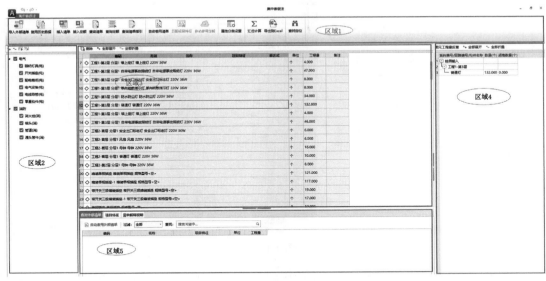

图 4-1-5

区域 1：功能按钮存放区。

区域 2：专业及构件类型显示控制区。通过复选框勾选范围可以直接控制区域 3 中的显示内容。

区域 3：工程量及清单、定额显示区。其中显示的工程量内容由区域 1 功能存放区的"属性分类设置"来控制（图 4-1-6）；单击"属性分类设置"弹出窗体进行显示设置，"属性列设置"显示的内容，与左侧"构件类型"一一对应，即每种构件类型都需要单独设置（图 4-1-7）；在"属性分类设置"窗体中通过复选设置后，对应的工程量将以设置的条件重新进行分组，如果已经套用过做法，分类条件改变，已套做法将会被删除，注意查看"属性分类设置"窗体下方的提示。

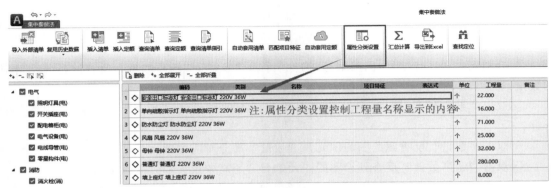

图 4-1-6

在"属性分类设置"中选中对应的"属性名称"可以通过上移、下移来分别将对应的属性值显示靠前、靠后。

图 4-1-7

区域 4：工程量反查区。此区域显示的内容与区域 3 内容联动，并可以通过双击反查到绘图区中（图 4-1-8）。

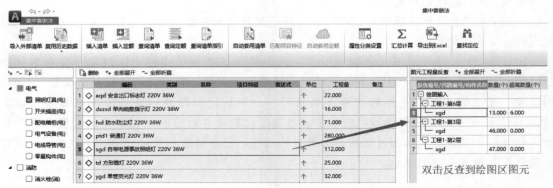

图 4-1-8

提示：

① 分别双击"系统编号/回路编号/构件名称""数量""超高数量"反查的是分别对应的数量；

② 双击"系统编号/回路编号/构件名称"反查的数量为"数量"与"超高数量"的合计；

③ 双击"数量"反查到绘图的图元是"数量"部分对应的图元；

④ 双击"超高数量"反查到绘图的图元是与"超高数量"部分对应的图元；

⑤ 双击"绘图输入→工程 1-第 6 层→超高数量→6"，示例效果如图 4-1-9。

区域 5：包含"查询外部清单""项目特征""清单解释说明"。

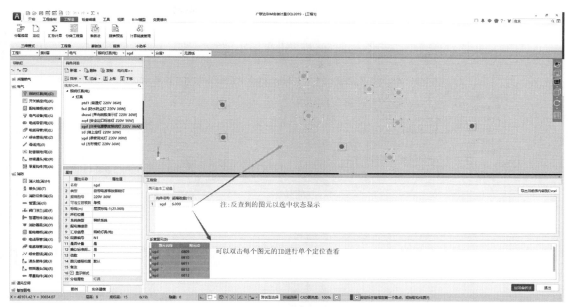

图 4-1-9

4.2　在广联达 BIM 安装计量中套取清单定额的应用

4.2.1　工程量套清单

4.2.1.1　工程量下套清单整体流程

工程量下套清单的流程如图 4-2-1。

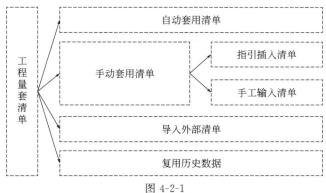

图 4-2-1

4.2.1.2　自动套用清单

点击功能区"自动套用清单"功能，软件自动匹配与工程量相匹配的清单。软件依据图元名称、类型的关键字进行匹配。自动套用清单成功的清单项需要及时做好对应检查，同时可能存在匹配不上的情况（图 4-2-2）。

图 4-2-2

4.2.1.3　查询清单

针对 4.2.1.2 中工程量未匹配清单的，可以通过单击功能区"查询清单"功能进行补充，操作界面如图 4-2-3。

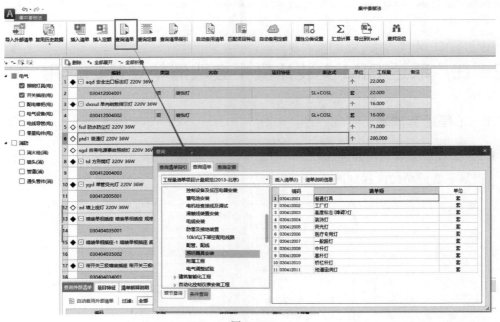

图 4-2-3

选择不同的工程量行，"查询清单"功能会根据构件类型进行联动，缩小查找范围。可以通过双击清单编码行直接插入到对应的工程量下或通过图 4-2-3"查询"窗体中"插入清单"功能进行插入，切换不同的工程量行可连续操作，无需关闭"查询"窗体。

4.2.1.4　手工输入清单

如果对构件清单比较了解，可以单击图 4-2-3 功能区"插入清单"功能，在对应的工程量下插入清单级的空行，在编码空白处单击 2 次，可以手动输入对应的清单编号。软件支持仅输入前 9 位编码，后 3 位顺序码自动生成。支持直接输入完整格式例如"030412001"，如输入"3-4-12-1"也可以自动转化为 030412001×××格式。

提示：如果双击编码空白处则弹出"查询"窗体。

4.2.1.5　导入外部清单

对已经有外部清单的情况，软件支持 Excel 格式的清单数据，实现工程量和清单的匹配。

单击"集中套做法"页面左上角"导入外部清单"功能，选择外部清单 Excel 格式文件（图 4-2-4）。

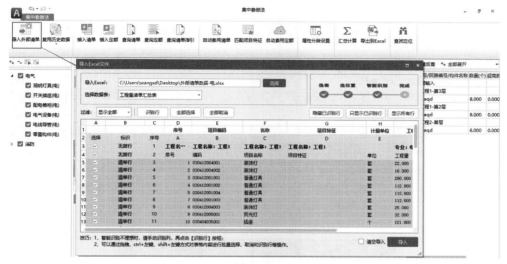

图 4-2-4

如图 4-2-4 页面，需要做如下调整：点击第一行对应的单元格，使得数据列与表头相对应，如果自动识别的行不正确可以单击第二列手动进行识别，调整无误后，单击"导入"按键进行导入，如果还有多份外部清单，可以依据提示继续导入。

"清空导入"如果勾选，则会将之前已经导入过的外部清单数据全部清空，应谨慎使用。

导入后外部清单在窗体的下方显示，如图 4-2-5 下方方框。

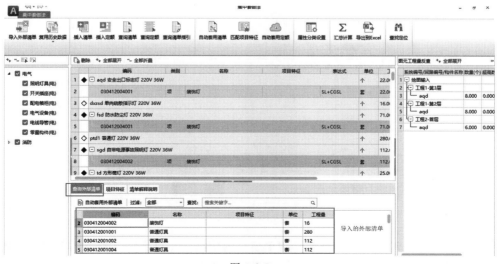

图 4-2-5

外部清单的使用：选择对应的工程量行，双击外部清单即可插入到对应的工程量下。外部清单显示区别于自主套用的清单项，自主套用的清单项呈现浅蓝色，外部清单呈现绿色。

4.2.1.6 清单的工程量编辑

清单项的"表达式"是以字母来显示的，双击"表达式"，可以将对应清单行的可编辑功能触发（图4-2-6），单击"⋯"按钮进入到编辑工程量表达式的"选择代码"窗体（图4-2-7）。

对于"选择代码"窗体中的"工程量表达式"，可以利用工程量代码及数字进行带括号的四则运算，加、减、乘、除对应的符号为＋、-、＊、/。

	编码	类别	名称	项目特征	表达式	单位	工程量
1	⊟ aqd 安全出口标志灯 220V 36W					个	22.000
2	030412004001	项	装饰灯		SL+CGSL+100	套	122.000
3	⊟ dxzsd 单向疏散指示灯 220V 36W					个	16.000
4	030412001003	项	普通灯具		SL+CGSL ⋯	套	16.000
5	⊟ fsd 防水防尘灯 220V 36W					个	71.000
6	030412004001	项	装饰灯		SL+CGSL	套	71.000
7	ptd1 普通灯 220V 36W					个	280.000
8	⊟ sgd 自带电源事故照明灯 220V 36W					个	112.000
9	030412004002	项	装饰灯		SL+CGSL	套	112.000

图 4-2-6

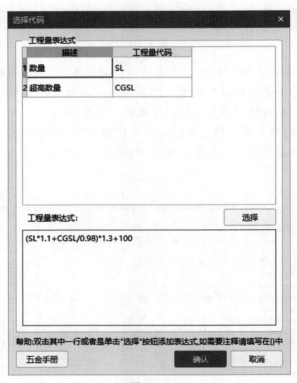

图 4-2-7

清单项目特征非常重要，它是区分清单项目的依据，是确定综合单价的前提，是履行合同义务的基础，软件中项目特征填写如图4-2-8中"①"处。

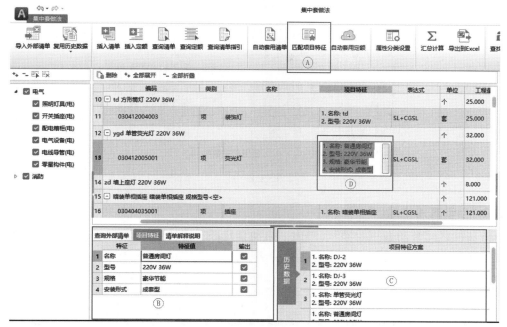

图 4-2-8

匹配项目特征：如图 4-2-8 中"Ⓐ"处，单击"匹配项目特征"功能，软件自动依据构件图元的属性项目特征匹配。

项目特征编辑：如图 4-2-8 "Ⓑ"处，可以在"特征值"列进行下拉选择或直接输入数值。

项目特征历史数据：如图 4-2-8 "Ⓒ"处，软件自动记忆之前使用过的项目特征，通过双击对应内容即可将项目特征直接加载到清单中。

项目特征修改：如图 4-2-8 "Ⓓ"处，双击清单项项目特征单元格，即可进入可编辑状态，点击"进入"可以自由编辑对应的项目特征值。

4.2.1.7 复用历史数据

如果有同类型的工程对应清单已经做过，想引用，可以使用"复用历史数据"功能来实现。此功能可以匹配清单项、清单项加定额项。

单击"复用历史数据"，弹出"选择文件"对话框，一次最多支持选择 5 个广联达 BIM 安装计量文件（框选或使用"Ctrl"键多选），单击打开后，出现对应提示窗口，如图 4-2-9，按照提示作出对应的选择即可。

4.2.2 套定额

4.2.2.1 套定额的流程

套定额的应用流程如图 4-2-10。

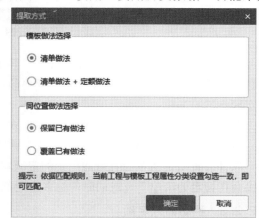

图 4-2-9

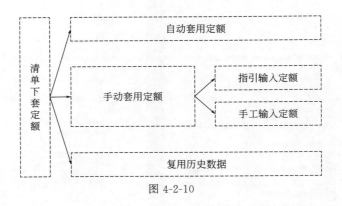

图 4-2-10

4.2.2.2　自动套用定额

　　单击功能区"自动套用定额",弹出"自动套定额"窗体(图 4-2-11)。使用此功能需要电脑进行联网,并登录。

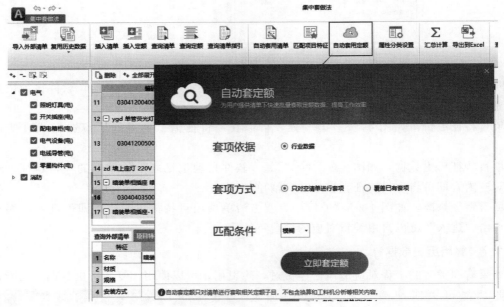

图 4-2-11

　　自动套定额中套项依据为行为数据,其中,套项方式有两种,套项方式为只对空清单进行套项,即仅针对清单项没有套过定额项的;套项方式为覆盖已有套项,即对全部清单重新套定额。

　　匹配条件有模糊、准确、精确三种方式,匹配率从高到低。

　　单击功能区"查询清单指引"功能,弹出"查询"窗体(图 4-2-12)。

　　软件会将指定清单项有可能用到的定额罗列出来,可以在"查询"窗体中双击对应的定额直接套在指定的清单下,或同时勾选多个定额单击"插入清单"一次性添加到对应清单下。

4.2.2.3　手动输入定额

　　如果对构件定额比较了解可以单击功能区"插入定额"功能,在对应的清单下插入定额

图 4-2-12

的空行，在编码空白处，可以手动输入对应的定额编号。

　　提示：如果双击编码空白处则弹出"查询"窗体，可以选择输入定额。

4.2.2.4　复用历史数据

　　单击"复用历史数据"功能，同时将历史工程中符合匹配原则的清单、定额一起导入。

4.2.3　查看和导出报表

　　软件提供导出到 Excel 表格、报表、导入广联达计价软件三种方式。

　　通过功能区"导出到 Excel"功能可以将图元工程量、清单、定额导出为 Excel 格式文件。

　　广联达 BIM 安装计量在报表预览中提供 4 张报表，如图 4-2-13、图 4-2-14。

图 4-2-13　　　　　　　　　图 4-2-14

4.3　清单定额报表导入广联达云计价平台 GCCP5.0 的应用

4.3.1　在安装计量中导出报表

　　在广联达 BIM 安装计量中，将各专业工作量计算好以后，接下来就是套取清单定额做法的工作。不同用户套清单定额做法的习惯各有不同，一部分用户习惯于在算量软件中直接套好清单定额；还有一部分用户习惯于在算完整个工程的工程量后，导入至计价软件中，再进行套清单定额的工作。其实，使用哪种方式最终的结果都是一致的，所以可以选择适合自已的、适合本地区规则的方式去做造价工作。

上一节已经介绍了如何在安装计量软件中套取清单定额的方法，接下来介绍如何将清单定额报表导入广联达云计价平台 GCCP5.0 软件中。

① 在安装计量软件中，确定工程完成后，切换到【工程量】页签，点击"汇总计算"功能，然后等待软件进行工程量汇总（图 4-3-1）。

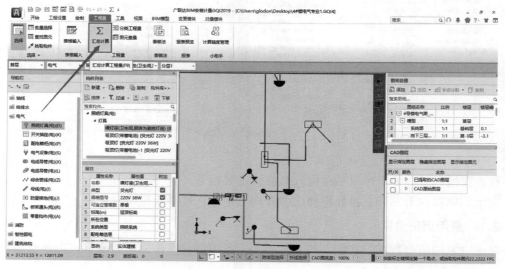

图 4-3-1

② 汇总结束后，点击【工程量】页签下的＜套做法＞功能。在此界面可以看到该工程的所有工程量已经全部罗列出来（若此处没有显示出来，可能是没有进行汇总结算的原因，回到上一级菜单，进行汇总计算即可）。

③ 接下来把各项工程清单定额做法套入到对应项当中，套做法完毕的界面如图 4-3-2所示。

图 4-3-2

④ 再次点击"汇总计算",这样就成功在安装计量软件中将整个工程的工程量及做法全部汇总完成,可以通过"导出 Excel"将工程文件以表格的形式导出到本地。

4.3.2　将安装计量工程导入到计价软件

4.3.2.1　通过 Excel 进行导入

① 在"套做法"界面,点击"导出 Excel",将 Excel 文件保存到本地。

② 打开广联达云计价平台 GCCP5.0 软件。

③ 新建工程。新建工程时需要注意,计价方式、清单库、定额库的选择均要与算量工程保持一致,以上几项若出现相互不对应情况,计价软件则会出现"无法导入工程"的提示,所以选择时一定要重点注意计价方式。操作界面依次如图 4-3-3、图 4-3-4、图 4-3-5、图 4-3-6。

图 4-3-3

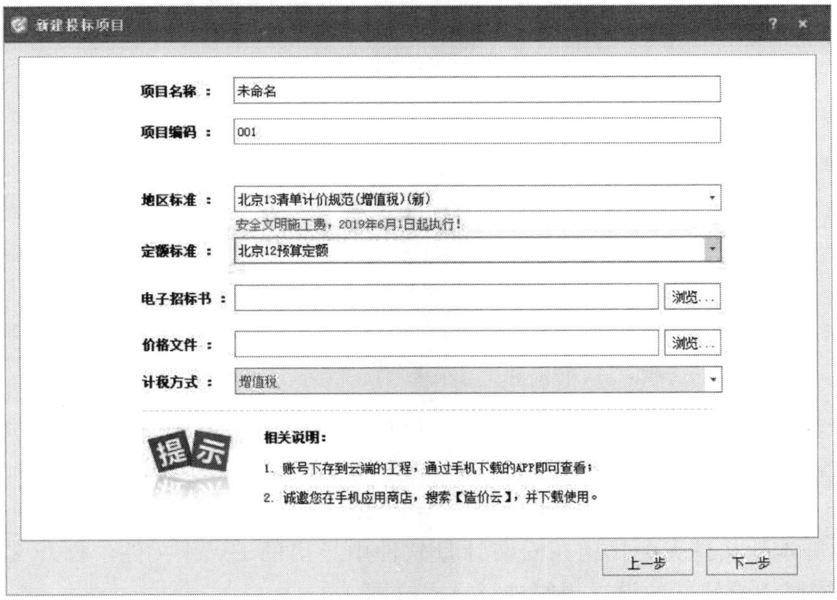

图 4-3-4

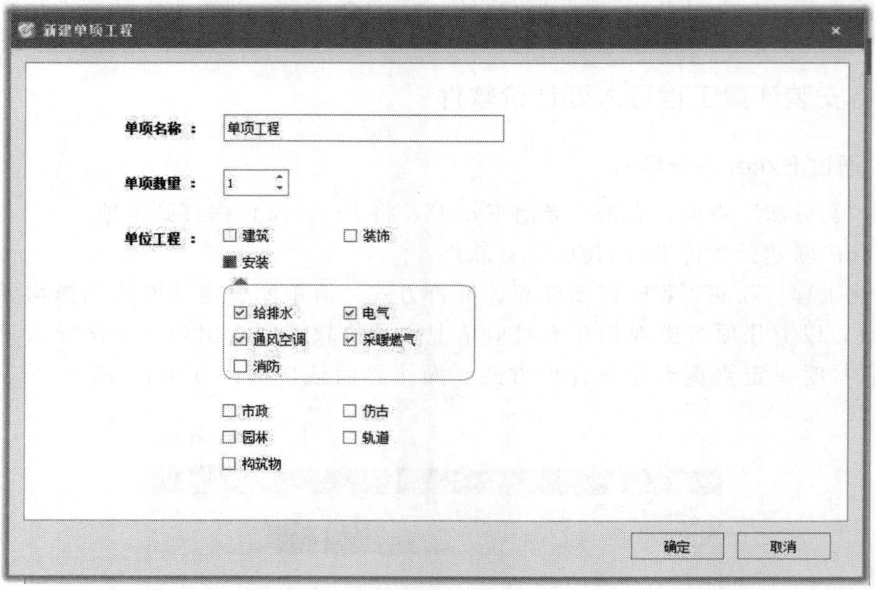

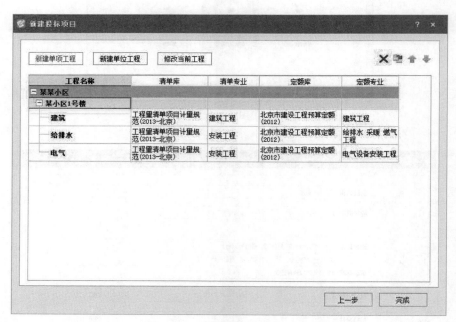

图 4-3-5

图 4-3-6

④ 进入软件编制界面后，将界面上部菜单栏换至"编制"界面，左侧三级结构管理，将界面切换至新建工程的对应模块（图 4-3-7）。

⑤ 点击"导入"按钮下拉菜单，选择"导入 Excel 文件"（图 4-3-8）。

⑥ 在电脑本地文件夹中找到在安装计量软件中导出的 Excel 文件，打开文件，在弹出的窗口中，按照计价软件的设置规则进行导入（图 4-3-9）。

⑦ 导入成功界面如图 4-3-10。

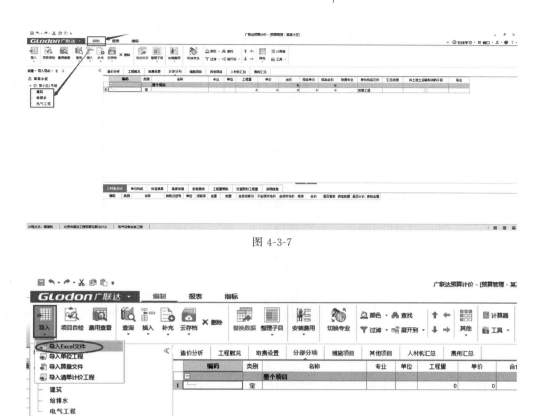

图 4-3-7

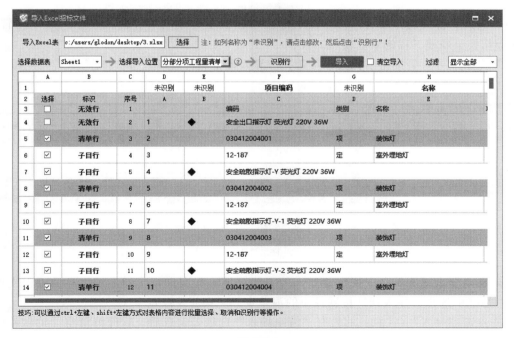

图 4-3-8

图 4-3-9

图 4-3-10

4.3.2.2　导入算量文件

① 在软件中套做法结束后，点击"汇总计算"，然后保存并关闭工程文件。

② 打开广联达云计价平台 GCCP5.0 软件。

③ 新建工程。新建工程时需要注意，计价方式、清单库、定额库的选择均要与算量工程保持一致，以上几项若出现相互不对应情况，计价软件则会出现"无法导入工程"的提示。

④ 进入软件编制界面后，将界面上部菜单栏换至"编制"界面，左侧三级结构管理，将界面切换至新建工程的对应模块。

⑤ 点击"导入"按钮下拉菜单，选择"导入算量文件"（图 4-3-11）。

图 4-3-11

⑥ 在电脑本地文件夹中找到要导入的安装算量工程文件，在弹出的"算量工程文件导入"对话框中选择要导入到计价软件中的清单定额（图 4-3-12）。

⑦ 点击"导入"（注意：此处有"清空导入"选项，勾选后，软件将清空计价软件中原有的内容；若不勾选，则追加导入）。导入后界面如图 4-3-13。

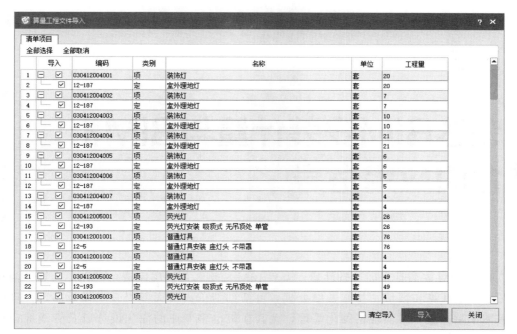

图 4-3-12

图 4-3-13

第⑤章

广联达BIM安装计量与BIM相结合的应用指导

广联达 BIM 安装计量通过软件建立工程 BIM 模型，依据国家清单规则、预算定额规则进行三维模型计算和预留、扣减长度处理，可帮助造价人员大幅提升工作效率，并且应用 BIM 技术于后期施工可实现精细化管理，尤其在机电多专业的深化设计以及管线综合排布分析应用中价值突出。

5.1 广联达 BIM 安装计量的 BIM 相关应用

本节主要介绍广联达 BIM 安装计量软件中的 BIM 管理、BIM 检查、BIM 剖切模块的应用介绍，具体功能位置如图 5-1-1。

图 5-1-1

5.1.1 BIM 管理模块

5.1.1.1 "模型合并"的应用介绍

机电多专业的 BIM 模型合并，是进行深化设计以及管线综合排布分析的前提。广联达 BIM 安装计量与 BIM 模型合并，侧重于以施工阶段为核心，可帮助施工技术人员、高级预算人员更快更早地发现项目中机电多专业冲突的问题，制订调整方案，同时避免或减少因图纸"错、漏、碰、缺"导致的变更问题，做好安装专业的造价把控工作。

（1）操作流程介绍

"模型合并"功能只支持对广联达 BIM 安装计量软件所创建的模型文件进行合并。在进行模型合并前，首先要了解目前已有模型工程文件的楼层、区域、包含专业等背景情况，然后再根据这些情况进行合并操作。比如，已有同一栋住宅楼项目全楼层、全区域给排水专业

和消防喷淋专业的两个模型工程文件，此时就可以使用"模型合并"功能进行两个模型工程
文件的合并，流程图见图 5-1-2。

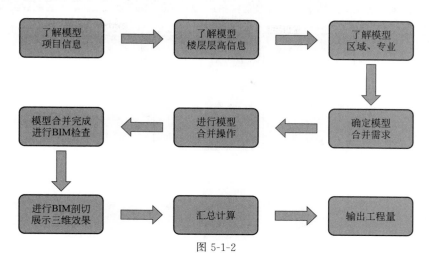

图 5-1-2

模型合并一次操作只支持两个模型工程文件的合并，并会对合并前的两个模型工程文件
进行自动备份，合并后模型工程文件是一个全新的工程文件，包含合并前两个模型工程文件
的全部模型信息，表格输入的信息不支持进行合并（图 5-1-3）。

图 5-1-3

（2）操作步骤详解

① 模型合并前准备。对要进行合并的两个或多个工程文件逐个进行软件版本检查，可
以尝试使用最新版本的广联达 BIM 安装计量软件
对工程文件进行打开，如需升级会弹出提示信息
（图 5-1-4）。

升级完成后，对升级后的工程进行简单查看，
主要关注"楼层设置"窗体中单项工程、楼层名
称、层高等信息（图 5-1-5）。

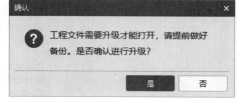

图 5-1-4

之后关注"图纸管理"窗体中图纸与分层的
对应关系（图 5-1-6）。

简单查看后，再进行工程文件保存操作。这样就完成了模型合并前的工程文件准备工
作。如果对项目工程文件比较熟悉，可以省略这些准备工作，直接按照需求进行模型合并
即可。

如果有两个以上的模型工程文件需要合并，应先选择两个模型工程文件合并，再用合并
结果和一个未合并模型文件进行合并，如此循环直至全部模型合并完成。

② 软件操作步骤。

a. 使用广联达 BIM 安装计量软件，打开任意一个需要合并的模型文件。

图 5-1-5

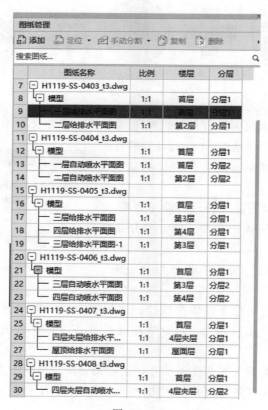

图 5-1-6

b. 打开工程文件后，鼠标单击"模型合并"功能按钮，触发命令（图 5-1-7）。

图 5-1-7

c. 在软件弹出的"打开"窗体中选择要合并的另一个工程文件，点击"打开"（图 5-1-8）。

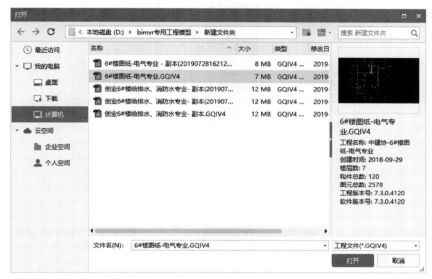

图 5-1-8

d. 打开后，软件会自动分析所选模型工程文件，并进行解析升级等操作。分析完毕后，在弹出"模型合并"窗体中进行设置楼层操作（图 5-1-9）。

图 5-1-9

e. 根据合并的要求，对窗体中"选择"列下的复选框进行操作，软件默认为全选。软件支持选择部分楼层模型合并，软件自动根据当前模型的情况，对被合并模型进行楼层匹配和分层匹配。"楼层"会优先匹配相同楼层，"分层"会优先选择相同楼层的无图纸无图元分层，当无法匹配楼层时，需要手动进行调整（图 5-1-10）。

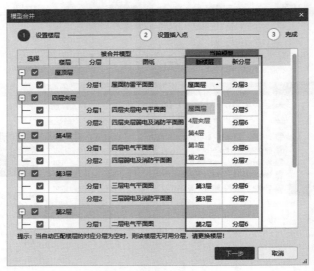

图 5-1-10

f. 设置楼层选择完毕，点击"下一步"进行设置插入点操作，窗体内将显示前面所勾选的楼层信息（图 5-1-11）。

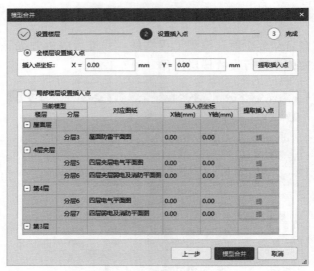

图 5-1-11

g. 插入点设置支持两种模式：一种为对全楼层模型设置插入点，另一种为对局部楼层模型设置插入点。软件默认为对全楼层设置模型插入点坐标，这种模式适合被合并模型全部楼层建模时已经按建筑轴网上下对齐，无需每个楼层单独设置插入点坐标的情况，否则应该使用"局部楼层设置插入点"的模式进行每一楼层的插入点设置（图 5-1-12）。

图 5-1-12

h. 插入点坐标的编辑，既支持手动编辑设置坐标，也支持使用"提取插入点"功能去软件绘图区自由地提取坐标（图 5-1-13）。

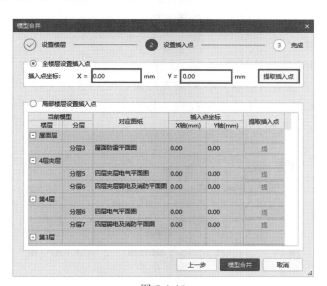

图 5-1-13

i. 设置好插入点后，点击"模型合并"，软件将按设置楼层及设置插入点的坐标位置进行模型合并。模型大小不同，需要等待的时间不同，可根据软件"进度条"进行查看。

j. 合并完毕后出现模型提示信息如图 5-1-14，可触发"合法性检查"功能（快捷键 F5），查看是否有不合法的图元。模型合并后的工程图纸可

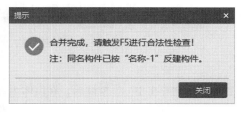

图 5-1-14

以在图纸管理窗体内查看。如需继续合并，重复以上操作即可。合并前工程文件的备份文件，可以在当前工程保存路径下查看。

读者可根据自身需求灵活应用工具。

5.1.1.2 "导出 IFC"的应用介绍

IFC 标准是目前受建筑行业广泛认可的国际性公共产品数据模型格式标准。各大建筑软件商均宣布了旗下产品对 IFC 格式文件的支持，许多国家也已开始致力于基于 IFC 标准的 BIM 实施规范的制定工作。

IFC 数据模型（industry foundation classes data model）是一个不受某一个或某一组供应商控制的中性和公开标准，是一个由 building SMART 开发用来帮助工程建设行业数据互用的基于数据模型的面向对象文件格式，是一个 BIM 普遍使用的格式。

广联达 BIM 安装计量中的"导出 IFC"功能，信息互用高效且兼容性强，使模型可以应用于建筑生命周期各个阶段的分析和计算。

（1）操作流程介绍

广联达 BIM 安装计量导出的 IFC 格式文件，可以在多款软件上应用，这里使用 Revit 软件进行操作流程的举例说明（图 5-1-15）。

图 5-1-15

（2）操作步骤详解

① 使用广联达 BIM 安装计量导出 IFC 文件。

a. 使用广联达 BIM 安装计量软件打开需要导出 IFC 格式的工程文件。

b. 可在快速启动栏或功能导航栏中找到"导出 IFC"功能（图 5-1-16、图 5-1-17）。鼠标单击"导出 IFC"功能按钮，触发命令。

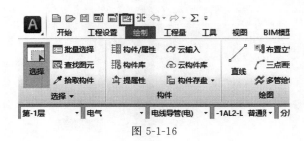

图 5-1-16

图 5-1-17

c. 弹出"导出 IFC"窗体后，在窗体内选择可导出的楼层列表、构件列表的范围（图 5-1-18）。

d. 点击"确定"，进入"导出 IFC"保存窗体（图 5-1-19）。选择导出 IFC 文件的路径，对文件命名后点击"保存"，生成 IFC 格式文件。

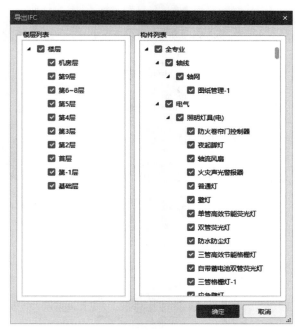

图 5-1-18

图 5-1-19

② 使用 Revit 进行 IFC 文件的导入和查看。

a. 运行 Revit 软件，点击左上角"文件"功能栏页签，如图 5-1-20 方框中内容。

b. 在弹出的功能菜单中，选择"打开"功能，在文件类型中选择"IFC"（图 5-1-21）。

c. 在弹出的"打开 IFC 文件"窗体中（图 5-1-22），选择使用 5.1.1.2（2）所述导出的 IFC 格式文件进行导入，然后等待完成导入。

d. 导入完成后，在 Revit 项目浏览器中选择"三维视图"，

图 5-1-20

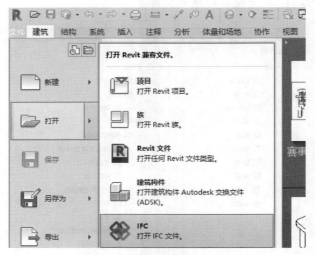

图 5-1-21

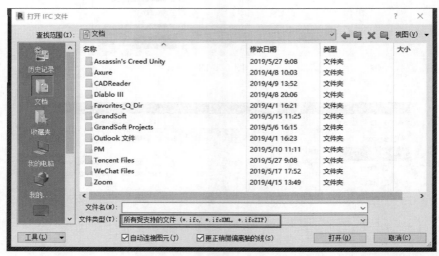

图 5-1-22

在属性栏中的"阶段化"下选择"阶段 3"（图 5-1-23），即可查看模型内容（图 5-1-24）。

5.1.2　BIM 检查模块

5.1.2.1　"碰撞检查"应用介绍

　　"碰撞检查"是 BIM 模型中最重要的应用之一，可提前暴露工程项目中各专业在空间中的冲突问题，并输出碰撞检查报告。专业人员应根据碰撞检查报告进行模型调整，然后重新检查，直至问题彻底解决。

　　操作步骤详解。

　　① 将工程项目中全部或局部多专业的模型建模完毕。

　　② 在功能导航栏中找到"碰撞检查"功能（图 5-1-25）。鼠标单击"碰撞检查"功能按钮，触发命令，弹出窗体（图 5-1-26）。

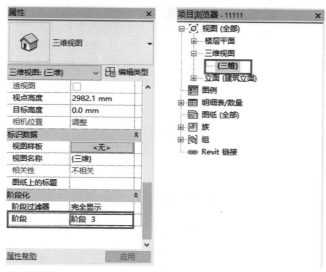

图 5-1-23

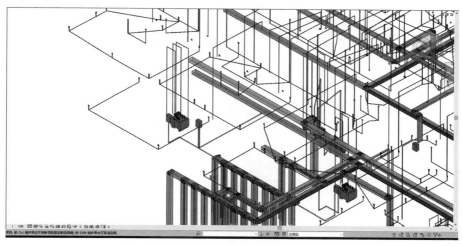

图 5-1-24

图 5-1-25

③ 触发"碰撞设置"功能按钮，弹出"碰撞设置"窗体（图 5-1-27），勾选需要检查的构件类型范围。"硬碰撞"和"软碰撞"是单选设置，默认选择"硬碰撞"。"硬碰撞"可以设置忽略的碰撞深度，默认是 0mm；"软碰撞"可以设置碰撞范围，默认是 300mm。此外还可以设置"参与碰撞的管道最小管径"，默认是 0mm，即所有管道都参与碰撞。点击"确定"后，设置生效。

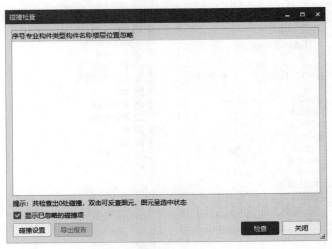

图 5-1-26

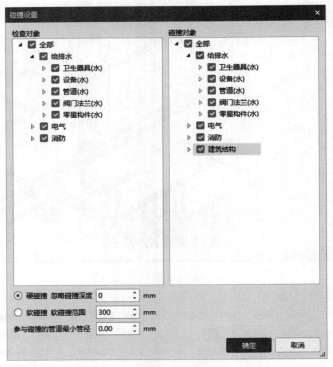

图 5-1-27

④ 触发"检查"功能（图 5-1-26），系统会将碰撞范围内的碰撞图元显示在窗体中，专业、构件类型、构件名称、楼层、位置等信息对比呈现（图 5-1-28）。其检查的原则是：线式图元与线式图元碰撞、点式图元与点式图元碰撞、不同专业间的图元的碰撞。

⑤ 鼠标双击碰撞结果行时，可以对绘图区的图元进行定位，查看模型中具体情况（图 5-1-29），方便用户进行多角度查看，思考模型调整方案。

⑥ 当实际应用中无需对模型调整时，勾选"忽略"列的复选框，然后取消"碰撞检查"

图 5-1-28

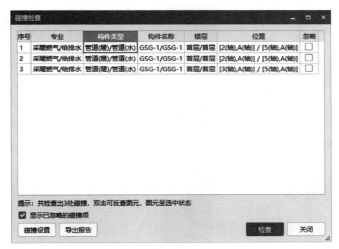

图 5-1-29

窗体下方的"显示已忽略的碰撞项"勾选，窗体中会自动过滤掉忽略的碰撞结果行。

⑦ 触发"导出报告"按钮，弹出"导出碰撞报告"窗体，可进行报告名称、报告保存地址等设置（图 5-1-30）。"导出碰撞视图"是指是否需要碰撞报告中含有模型缩微图，因其会增加报告的生成时长，应根据需要进行选择。

图 5-1-30

⑧ 鼠标单击"导出报告"按钮，可以将碰撞报告导出至 Excel 内（图 5-1-31）。

图 5-1-31

5.1.2.2 "避让设置"应用介绍

不同系统、专业之间的管道发生了碰撞，可以使用"避让设置"功能进行管道的快速避让调整。

（1）操作流程介绍

"避让设置"功能使用前，需要进行多专业、多系统的管道建模工作，再结合前面介绍的模型碰撞检查结果，有针对性地对模型进行调整。"避让设置"中管道调整工作需要用户有一定的业务基础和工程经验，掌握各专业管道综合排布的避让原则。通用场景的"避让设置"功能使用流程如图 5-1-32。

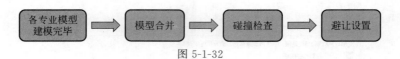

图 5-1-32

（2）操作步骤详解

① 将工程项目中全部或局部多专业的模型建模完毕。

② 使用"碰撞检查"功能进行检查，先概括地查看碰撞结果，然后关闭"碰撞检查"功能窗体。

③ 在导航栏中找到"避让设置"功能按钮（图 5-1-33），鼠标单击，触发命令后会弹出"避让设置"窗体（图 5-1-34）。

图 5-1-33

④ 点击窗体中的"碰撞报告"按钮，窗体内会显示之前进行了碰撞检查操作的结果（图 5-1-35）。此处支持双击结果行对碰撞位置进行定位。

图 5-1-34

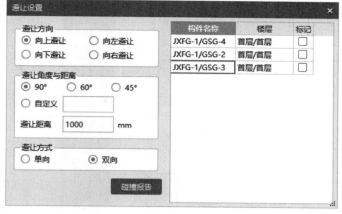

图 5-1-35

⑤ 此时建议使用"选择楼层及图元显示设置"功能（快捷键 F12），功能按钮位置如图 5-1-36。将弹出的窗口中内容调整至全专业的管道同时进行显示（图 5-1-37），方便后续有针对性地制订调整方案，避免调整后二次碰撞。

图 5-1-36

图 5-1-37

⑥ 在避让设置窗体中，可以进行"避让方向""避让角度与距离""避让方式"等参数的调整。这里对不同的参数设置进行举例说明，避让方向（图 5-1-38），左：向上避让；右：向下避让。避让角度（图 5-1-39），左：避让 90°；右：避让 60°。避让方式（图 5-1-40），左：单向避让；右：双向避让。

⑦ 设置完毕后，鼠标移动到绘图区选中需要进行避让的管道（图 5-1-41）。

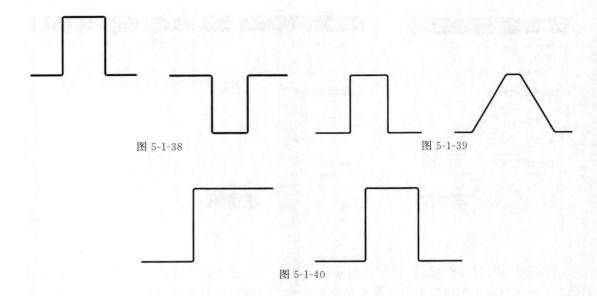

图 5-1-38   图 5-1-39

图 5-1-40

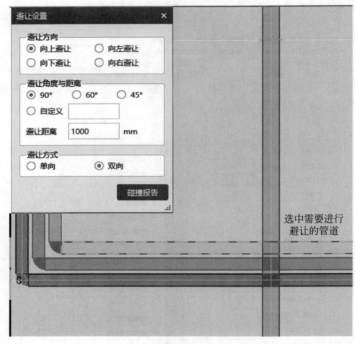

图 5-1-41

⑧ 避让方式选择为"双向"避让时，点击鼠标左键在管道上选择两个调整点后（图 5-1-42），点击鼠标右键确认，管道将按照避让设置参数进行调整。

⑨ 避让方式选择为"单向"避让时，点击鼠标左键在管道上选择一个调整点（图 5-1-43），然后选择需要修改标高的一段管道，点击鼠标左键选中管道即进行调整。

需要注意的是，应先在导航栏中选中对应专业的管道构件后，再触发"避让设置"功能才能选中管道图元。

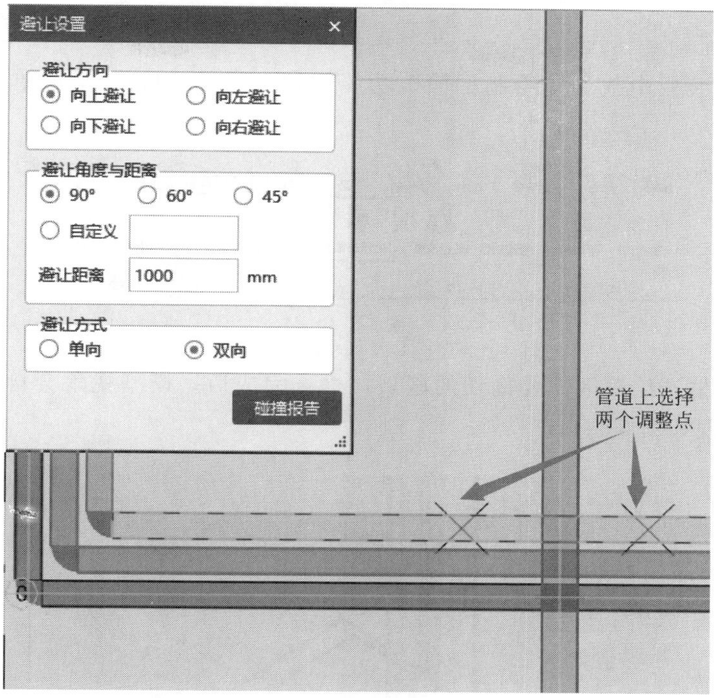

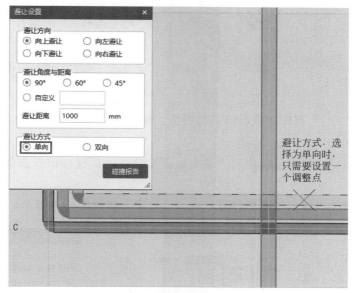

图 5-1-42

图 5-1-43

5.1.3　BIM 剖切模块

在广联达 BIM 安装计量的 3D 模型空间中，软件会确保平面、剖面的整体一致性。用户可用一套模型数据根据不同用途生成各种剖面图，并可以使用标注、文字的方式对剖面内容进行说明。

（1）绘制剖面

① 在功能导航栏中找到"绘制剖面"功能按钮（图 5-1-44）。鼠标单击功能按钮触发命令。

图 5-1-44

② 鼠标左键框选绘图区需要剖切的区域，框选完成后，模型视角会自动变为西南等轴侧角度，效果呈现如图 5-1-45。

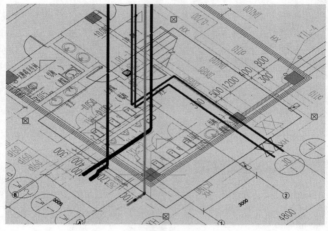

图 5-1-45

③ 此时点击"$\boxed{\times}$"图标，可退出剖切视角。

（2）保存剖面

① 在剖面绘制完成后，可以使用"保存剖面"功能，鼠标左键点击如图 5-1-46 方框中功能按钮位置。

② 在弹出的窗体中输入剖面名称后，点击"确定"保存剖面（图 5-1-47）。

图 5-1-46

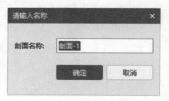

图 5-1-47

（3）剖面管理

① 保存剖面后，鼠标左键点击"剖面管理"功能按钮（图 5-1-48），弹出"剖面管理"窗体（图 5-1-49）。

图 5-1-48

图 5-1-49

② 在"剖面管理"窗体内查看被保存的剖面，鼠标左键双击剖面名称，可定位该剖面。

③ "直线标记""矩形标记""圆标记"功能可对剖面内的图元进行相应的标记，矩形标记如图 5-1-50。该功能操作方法与前面所讲绘制类功能操作方法类似，可以在触发功能后，查看状态栏的提示信息来指导操作。

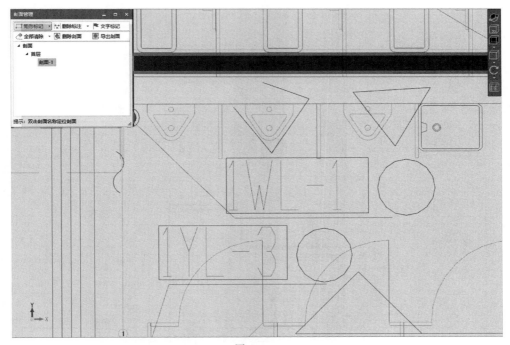

图 5-1-50

④ 标注相关功能（图 5-1-51）。可对剖面内的图元进行长度、标高、角度等标注。特别提示：在除俯视之外的其他视角下，只可用三维标注功能进行长度标注。

⑤ "文字标记"功能可对剖面内容进行文字标记。鼠标左键点击此功能后，在绘图区俯视状态下，点击绘图区任意位置，弹出文本输入框，再鼠标左键点击文本框出现输入符，此时可以进行文本输入，输入完成后，点击键盘"Enter"（回车键）完成输入。点击"Esc"或者鼠标右键可以退出"文本标记"功能。

⑥"清除标记""全部清除"功能（图 5-1-52），可将绘图的标记内容进行清除。"清除标记"为根据用户触发"清除标记"功能后的选择项进行清除；"全部清除"为对该剖面的全部线型、文字标记进行清除。

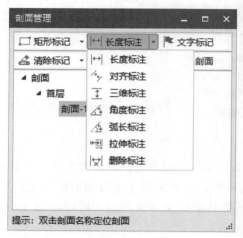

图 5-1-51　　　　　　　　　　　　　　　　　图 5-1-52

⑦"导出剖面"功能可将当前绘图区显示的内容进行截图导出，保存为 png 格式的图片文件（图 5-1-53）。

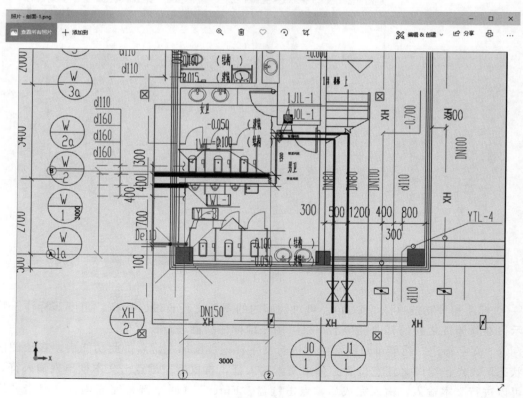

图 5-1-53

5.2 Revit 三维设计模型导入的应用

5.2.1 Revit 三维设计模型在造价阶段的应用流程

Revit 是 Autodesk 公司为建筑信息模型（BIM）构建的软件，并向暖通、电气和给排水工程师提供建模工具，用于设计和分析建筑系统。

Revit 构建的三维模型，可以应用到广联达 BIM 安装计量软件中，转化为三维计量模型，再对模型工程量套用清单定额做法后，最终应用到广联达 BIM 5D 产品的施工过程管理当中，流程见图 5-2-1。

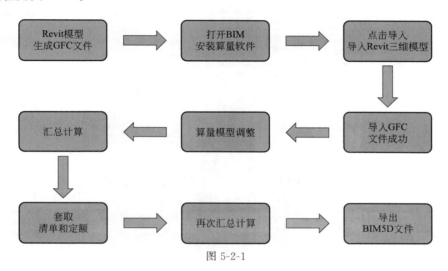

图 5-2-1

5.2.2 Revit 三维设计模型导入广联达 BIM 安装计量的案例

5.2.2.1 Revit 模型导出 GFC 文件操作流程

（1）Revit 导出 GFC 主流程

首先计算机要安装 Revit 2015、Revit 2016、Revit 2017、Revit 2018 其中之一的 64 位版本软件程序，再安装广联达 GFC for Revit 插件程序，可通过"广联达 G＋工作台"下载软件，单击"软件管家"，在弹出的窗体中搜索"GFC"，然后选择要安装的程序点击"一键安装"，按照提示信息完成插件安装（图 5-2-2）。

运行 Revit 程序，打开模型项目文件，在 Revit 软件的上方 Ribbon 工具条中找到选项卡"广联达 BIM 算量"，并在"广联达安装"的功能组中找到"登录"功能按钮（图 5-2-3），使用广联云账号进行登录（需要接入互联网）。

其余操作流程：使用广联云账号进行登录→工程设置→修改族名称使其符合规范→导出GFC 文件。

（2）操作步骤详解

① 登录完成后，鼠标左键触发"工程设置"功能（图 5-2-4），先进行工程设置，完成工程设置后，其他功能才可以使用。在右边栏"导出范围"中选择需要导出的链接模型，如

没有链接模型，此步骤可以省略，直接点击"下一步"（图 5-2-5）。

图 5-2-2

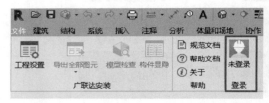

图 5-2-3

图 5-2-4

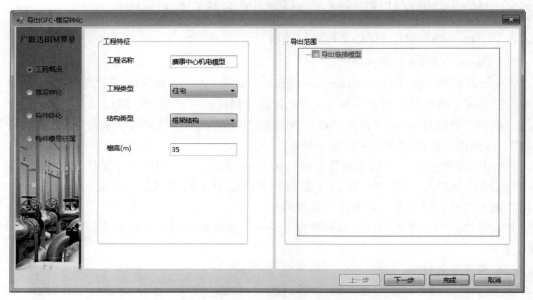

图 5-2-5

② 在进行楼层转化时，"导出 GFC-楼层转化"窗体左栏勾选需要生成楼层的标高，确定需要导出的楼层，右栏则自动生成对应内容，可根据需要设置首层（图 5-2-6），设置完成后点击"下一步"。当标高线的属性中既勾选"结构楼层"，又勾选"建筑楼层"时，在窗口中会出现过滤选择项"结构标高""建筑标高"，可进行过滤。

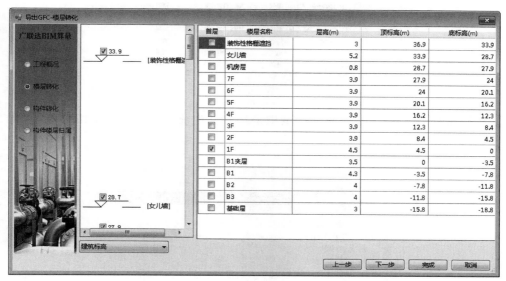

图 5-2-6

③ 进行构件转化。在图 5-2-7 所示页面上分为"全部构件"和"未转化构件"，第一次打开对话框，系统默认为"未转化构件"。根据 Revit 模型的族名称及系统类型，自动匹配算量专业、算量类型、算量子类别属性。若默认匹配错误，可手动进行修改。完成全部构件的转化后，点击"下一步"。

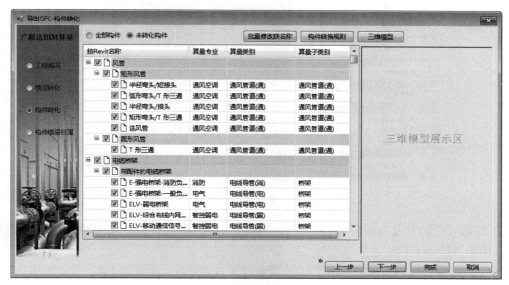

图 5-2-7

④ 广联达 BIM 安装计量对于电专业来说，分为电气、消防电、智控弱电，软件需要根

据清单定额进行工程量专业区分，所以一定要根据需要对算量专业进行调整（图 5-2-8）。

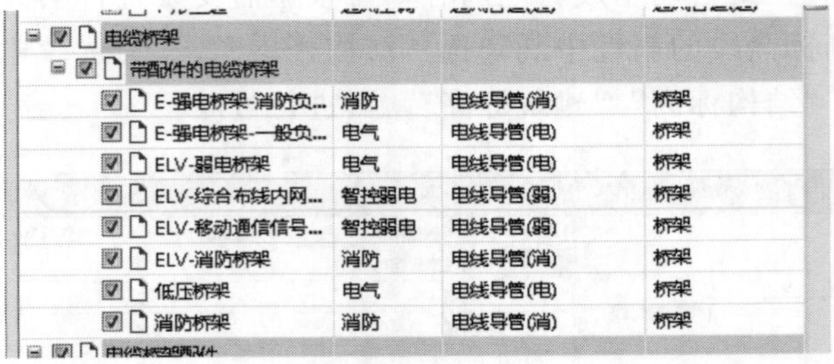

图 5-2-8

⑤ 桥架通头在广联达 BIM 安装计量中采用自动生成的方式，不采用 Revit 中的模型（图 5-2-9）。

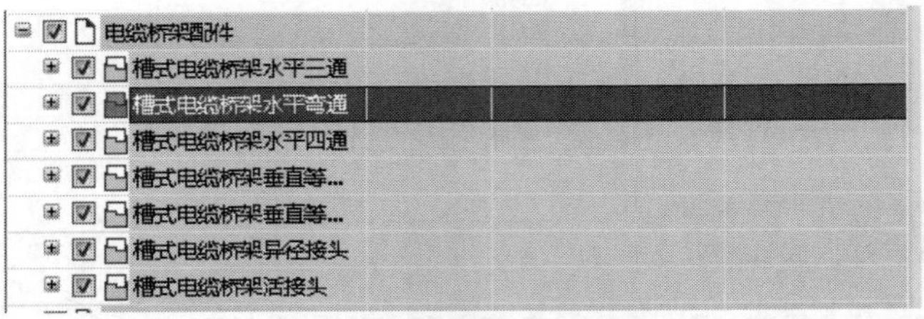

图 5-2-9

⑥ 风管管件在广联达 BIM 安装计量中采用自动生成的方式，不采用 Revit 中的模型（图 5-2-10）。

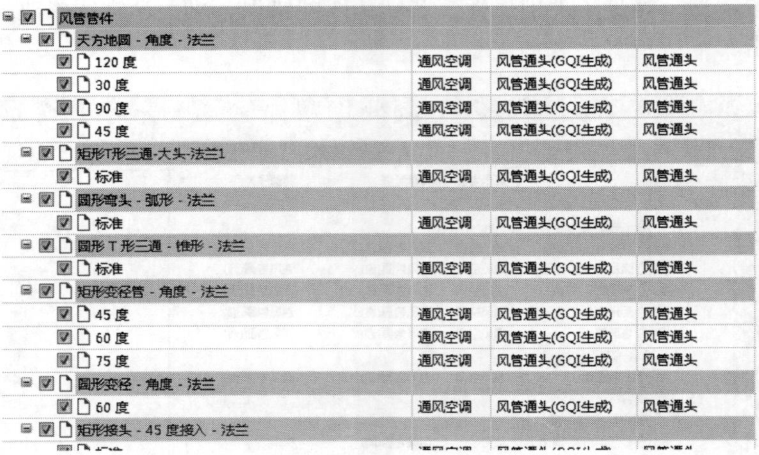

图 5-2-10

⑦ 管道对应的专业会根据关键字进行一次性自动匹配，所以一定要根据需要对算量专业进行调整（图 5-2-11）。

⑧ 卡箍、管件等工程量由广联达 BIM 安装计量自动生成，不采用 Revit 模型（图 5-2-12）。

⑨ 常规模型默认为没有对应 GQI 模型承接的情况（图 5-2-13），可以自行进行专业、算量类别的选择，或者不进行导入。

图 5-2-11

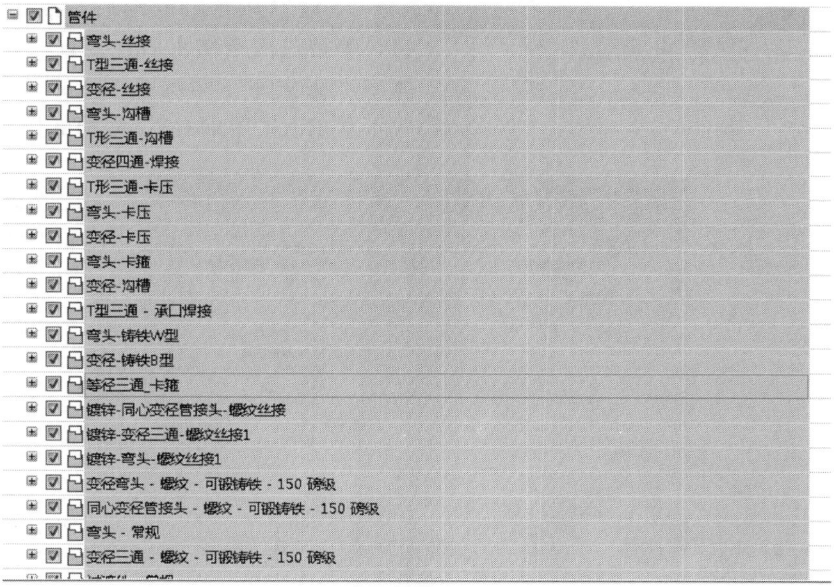

图 5-2-12

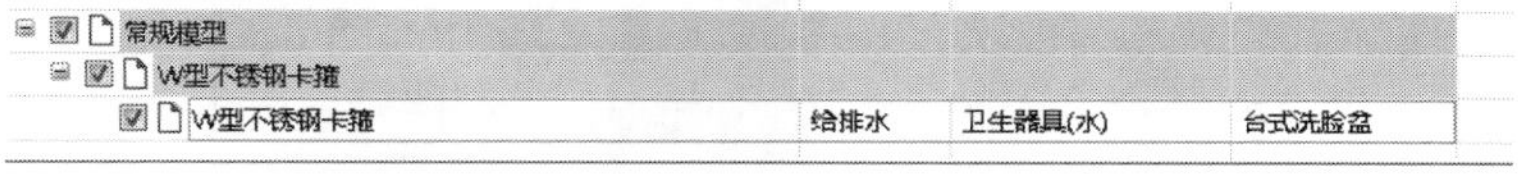

图 5-2-13

⑩"构件楼层归属"对应页面对 Revit 模型导入广联达 BIM 计量软件后的楼层归属转化原型进行了说明，可以直接点击"完成"，结束工程设置操作（图 5-2-14）。

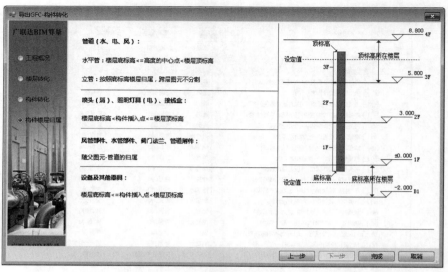

图 5-2-14

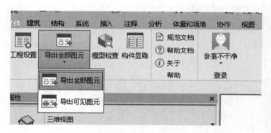

图 5-2-15

⑪ 鼠标左键触发"导出全部图元"功能按钮进行 GFC 文件的导出（图 5-2-15）。在弹出的"导出"窗体中选择导出范围（图 5-2-16）。

⑫ 设置好导出范围后，点击"导出"按钮，等待进度条结束后，查看"导出报告"窗体中"丢失率"情况（图 5-2-17），到此就完成了从 Revit 导出 GFC 文档的操作。

图 5-2-16

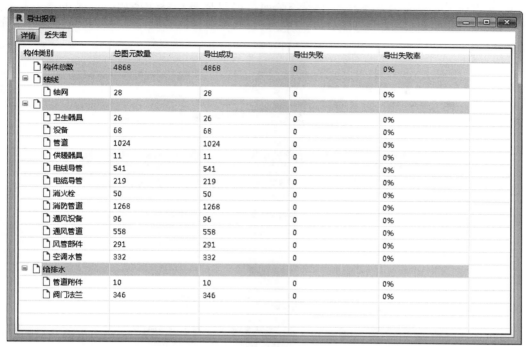

构件类别	总图元数量	导出成功	导出失败	导出失败率
构件总数	4868	4868	0	0%
轴线				
轴网	28	28	0	0%
卫生器具	26	26	0	0%
设备	68	68	0	0%
管道	1024	1024	0	0%
供暖器具	11	11	0	0%
电线导管	541	541	0	0%
电缆导管	219	219	0	0%
消火栓	50	50	0	0%
消防管道	1268	1268	0	0%
通风设备	96	96	0	0%
通风管道	558	558	0	0%
风管部件	291	291	0	0%
空调水管	332	332	0	0%
给排水				
管道附件	10	10	0	0%
阀门法兰	346	346	0	0%

图 5-2-17

5.2.2.2　GFC 文件导入到 GQI 安装计量软件操作流程

① 运行广联达 BIM 安装计量软件，新建工程。注意：选择"经典模式：BIM 算量模式"（图 5-2-18）。

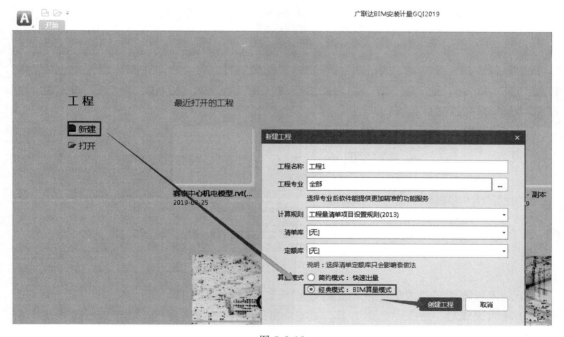

图 5-2-18

② 如果需要生成电气桥架系统的通头，需要进行设置，具体操作为：点击【工具】页签→"选项"功能→"其它"页签→"生成桥架/线槽通头"（图 5-2-19），进行勾选操作后，点击确定。

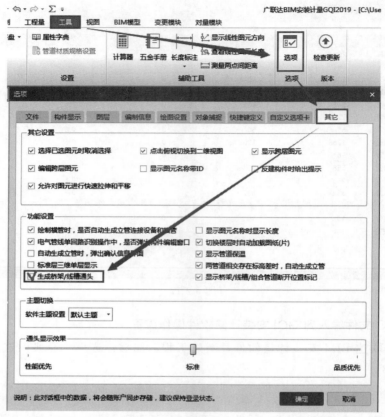

图 5-2-19

③ 鼠标左键触发"导入 Revit 三维实体"功能（图 5-2-20）。选择"导入 GFC 文件"，弹出"GFC 文件导入向导"窗体，选择需要导入的楼层和构件（图 5-2-21），设置完毕后，点击"确定"进行模型导入。

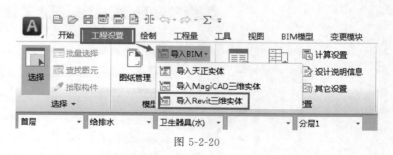

图 5-2-20

④ 导入过程中可以看到生成图元的过程和数量（图 5-2-22）。

⑤ 导入完成后，触发"汇总计算"功能，汇总计算后才可进行工程量查看或导出 Excel 格式的工程量文件。

图 5-2-21

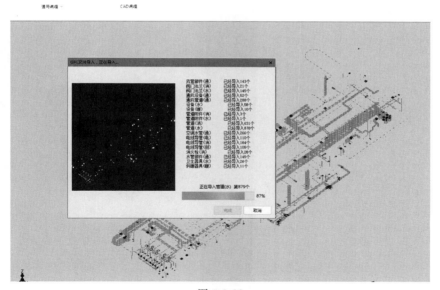

图 5-2-22

参考文献

［1］ GB 50856—2013 通用安装工程工程量计算规范.

［2］ TY02-31-2015（第八册）通用安装工程消耗量定额 第八册 工业管道工程.

［3］ TY02-31-2015（第二册）通用安装工程消耗量定额 第二册 热力设备安装工程.

［4］ TY02-31-2015（第九册）通用安装工程消耗量定额 第九册 消防工程.

［5］ TY02-31-2015（第六册）通用安装工程消耗量定额 第六册 自动化控制仪表安装工程.

［6］ TY02-31-2015（第七册）通用安装工程消耗量定额 第七册 通风空调工程.

［7］ TY02-31-2015（第三册）通用安装工程消耗量定额 第三册 静置设备与工艺金属结构制作安装工程.

［8］ TY02-31-2015（第十册）通用安装工程消耗量定额 第十册 给排水、采暖、燃气工程.

［9］ TY02-31-2015（第十二册）通用安装工程消耗量定额 第十二册 刷油、防腐蚀、绝热工程.

［10］ TY02-31-2015（第十一册）通用安装工程消耗量定额 第十一册 通信设备及线路工程.

［11］ TY02-31-2015（第四册）通用安装工程消耗量定额 第四册 电气设备安装工程.

［12］ TY02-31-2015（第五册）通用安装工程消耗量定额 第五册 建筑智能化工程.

［13］ TY02-31-2015（第一册）通用安装工程消耗量定额 第一册 机械设备安装工程.